rowohlt

RUTH OMPHALIUS

DER NEANDERTALER

NEUES VON EINEM ENTFERNTEN VERWANDTEN

ROWOHLT

1. Auflage Juli 2006

Lektorat Frank Wegner
Satz aus Life PostScript, InDesign,
bei Pinkuin Satz und Datentechnik, Berlin
Druck und Bindung Clausen & Bosse, Leck
Printed in Germany
ISBN 13: 978 3 498 03227 2
ISBN 10: 3 498 03227 5

Ich widme dieses Buch meiner Tochter Sarah Sophie,
die so viel Geduld für mich aufbrachte, als ich fast nur
noch Neandertalerinnen und Neandertaler im Kopf hatte,
und die sich für mein Filmprojekt zeitweise sogar selbst
in ein Neandertalerkind verwandelte.

Inhalt

Vorwort

Vor 150 Jahren machten Kiesgrubenarbeiter beim Kalkabbau in der Nähe von Düsseldorf einen Fund, der das damalige Welt- und Menschenbild nachhaltig erschütterte – und uns bis heute verwirrt zurücklässt. 1856 war die Entdeckung eines völlig anderen Menschentyps etwas Ungeheuerliches, das Ende der Vorstellung, wir seien die Krone der Schöpfung, ursprüngliches Ziel und Endpunkt göttlichen Schaffens. Selbst viele Gelehrte vermochten den Fund zunächst nicht zu deuten oder leugneten ihn einfach: Bald war der Neandertaler ein verkrüppelter Kosak, bald ein schwachsinniger Kelte. Zwar beschäftigten sich viele kluge Köpfe bereits mit der Erforschung der Tier- und Pflanzenwelt, aber noch drei Jahre nach dem Fund des Neandertalers bleibt der große Darwin in seinem Werk *Der Ursprung der Arten* bezüglich der Entwicklung des Menschen sehr zurückhaltend.

Im 21. Jahrhundert, dem Zeitalter der Raumfahrt und des World Wide Web, erscheint uns die Haltung der Menschen damals fremd, engstirnig vielleicht, auf jeden Fall zu einem anderen Jahrhundert oder gar Jahrtausend gehörig. Wir haben unseren Horizont enorm erweitert, können über das Internet jede beliebige Information abfragen und denken spätestens seit dem Marsflugprogramm der NASA ernsthaft darüber nach, andere Welten zu besuchen – einige sogar mit der Hoffnung, auf fremdes Leben zu treffen.

Doch interessanterweise scheint der technologische Fortschritt unser Verhältnis zum Neandertaler nicht entscheidend verändert zu haben. Surft man im Internet, findet man beileibe nicht nur hochkarätige Forschung und geballte Wissenschaft, sondern auch jede

Menge Belege der Alltagskultur, die unseren entfernten Vetter aus dieser oder jener Schublade wieder herauskramen, in die ihn schon die Generation seiner Entdecker gesteckt hatte. Comics und Karnevalskostüme reproduzieren immer wieder das Bild vom tumben Keulenschwinger, Romanautoren erwecken den edlen Wilden, der uns zu unseren eigenen Ursprüngen zurückführen kann, und selbst die Wissenschaft benutzt den längst Verblichenen, um in der einen oder anderen Weise über uns selbst Aussagen zu treffen.

Offenbar gelingt es uns nicht, den Neandertaler als «den anderen» anzuerkennen, ohne ihn zu werten. Während der Recherche für meinen Film «Der Neandertaler» aus der Reihe *ZDF Expedition* und für dieses Buch habe ich einige herausragende Wissenschaftler getroffen, die einen Großteil ihres Lebens damit verbracht haben, entweder der Erde weitere Neandertalerknochen zu entreißen oder besagten Knochen auf die ein oder andere Weise Informationen zu entlocken, die diese 30 000, 40 000, ja sogar 100 000 Jahre in ihrem Inneren gespeichert hatten. Jeder von ihnen hatte naturgemäß ein ganz persönliches Verhältnis zu seinem Forschungsobjekt. Die Unterschiede, die sich hier abzeichneten, waren außerordentlich. Während einige Forscher den Neandertaler als blutrünstigen Kannibalen sahen, hielten ihn andere für einen Softie, der Flötenmusik und Blumendekoration liebte. Unser technologischer Fortschritt wird uns immer neue Fakten über den Neandertaler liefern, trotzdem wird es vom jeweiligen Forscher mit seinem persönlichen Schicksal und vom aktuellen Zeitgeist abhängen, wie diese neuen Fakten in das alte Puzzlespiel eingepasst werden.

Ganz ähnlich ergeht es derzeit dem *Homo floriensis*, einer archaischen Menschenart, die in Indonesien gefunden wurde. Ganz nach dem alten Schema, dass nicht sein kann, was nicht sein darf, interpretierten sogar hochkarätige Wissenschaftler den Fund zunächst als kranken *Sapiens* mit deformiertem Gehirn. Die Parallele zum Umgang mit dem Neandertaler ist eindeutig. Die Entdecker des frühen Indonesiers gaben dem Neuling den Namen «Hobbit». Sicher zunächst nur eine Assoziation aufgrund der geringen Größe des Floresmenschen, aber auch eine Möglichkeit, «den anderen» einzuordnen, zu werten, fassbar zu machen. «Hobbit» klingt klein, handlich und damit wenig gefährlich. Der Neandertaler allerdings bleibt der andere Mensch, der uns an geistiger und körperlicher Kraft gleichgestellt, wenn nicht überlegen war. An ihm werden wir uns vermutlich noch lange messen.

Nichts in der Neandertalerforschung ist wirklich sicher. Immer wieder stößt die Wissenschaft an ihre Grenzen, weil der Neandertaler vor so unvorstellbar langer Zeit gelebt hat. Selbst wenn die Forscher irgendwann seinen kompletten genetischen Bauplan entschlüsselt hätten oder den Paläoanthropologen eine ähnlich gut erhaltene Gletscherleiche wie der Ötztalmann aus Südtirol in die Hände fiele, wüssten wir noch immer nicht, wie sich unser eiszeitlicher Vetter verhalten hat und welche Fähigkeiten wir bei ihm voraussetzen dürfen. War der Neandertaler ein brutaler Raufbold oder ein sanfter Schöngeist mit Hang zur Musik? Erledigte jeder Einzelne alle anfallenden Arbeiten, oder gab es bereits eine Spezialisierung? Beteiligten sich die Neandertalermänner an der Aufzucht der Nachkommen, oder war Kindererziehung «Frauensache»? Die Liste der Fragen ließe sich beliebig fortsetzen. Einigen Antworten nähern sich die Wissenschaftler mittlerweile mit neuen Technologien oder fachübergreifender Arbeitsweise, andere Antworten werden wir möglicherweise nie erhalten. Das aber sollte uns nicht davon abhalten, weiterhin Fragen zu stellen!

Der Tote aus dem Kalk

Fast ebenso spannend wie die Geschichte des Neandertalers selbst ist die Geschichte seiner Entdeckung und Erforschung. Wie den Kollegen der nah verwandten Archäologenzunft haftet auch den Paläoanthropologen etwas Abenteuerliches an. Als Laie neigt man gelegentlich dazu, sich den Ausgräber stets braun gebrannt mit Sonnenhut, als eine Art Indiana Jones der Knochen vorzustellen, wie er unter der heißen Sonne Afrikas immer neue Menschentypen anhand einzelner Zähne oder verwitterter Wirbel bestimmt. Auch vom «Krieg der Knochen» ist gelegentlich zu lesen, von Wissenschaftlern, die jeden Unterkiefer im Safe verschließen und eifersüchtig darüber wachen, dass «ihr» Fund nicht in die Hände eines anderen Forschers fällt, der womöglich Thesen zum Thema aufstellen könnte, die den eigenen widersprechen.

Die Entdeckungsgeschichte des Neandertalers ist von abenteuerlichen Gestalten bevölkert. Neid, Missgunst, Täuschung und Verrat, aber auch erstaunliches Glück und unerschütterliches Durchhaltevermögen waren im Spiel. Leider findet dieser handfeste Wissenschaftskrimi in der Literatur über den Neandertaler kaum Erwähnung. Dagegen wird die Geschichte, wie das Neandertal und damit der Neandertaler zu seinem Namen kam, immer wieder gern erzählt.

Ich versuche es einmal umgekehrt. Nur ganz kurz vorweg: Es gibt keinen Fluss mit dem Namen Neander, auch wenn ich im Verlauf meiner Recherchen immer wieder Menschen getroffen habe, die verzweifelt versuchten, das Neandertal anhand des mutmaßlichen Flussnamens auf einer Karte zu lokalisieren. Das bewusste

Tal wurde vielmehr von jenem Flüsschen in den Kalkstein gegraben, das auch der Metropole Düsseldorf zu ihrem Namen verhalf – der Düssel eben.

Das Tal dagegen wurde Mitte des 17. Jahrhunderts nach einem Mann mit dem Künstlernamen Neander benannt, der angeblich des Öfteren in den steilen Felsklippen herumstieg und sich von der Natur zu künstlerischem Schaffen anregen ließ. Anders allerdings als Goethe, der sich durch sein Naturerlebnis in der Höhle auf dem Großen Hermannstein bei Ilmenau zu höchst weltlichen Szenen inspirieren ließ, schuf der Theologe Joachim Neander angesichts der wilden Klamm geistliche Lieder wie «Lobet den Herren, den mächtigen König der Ehren», ein Kirchenlied, das bis heute bei Trauerfällen wie bei Hochzeiten gleichermaßen gern intoniert wird.

Bisweilen hat man den Eindruck, dass alles, was mit dem Neandertaler in Berührung kommt, unweigerlich Teil seines Mythos wird. So auch der ambitionierte, aber vergleichsweise erfolglose Dichter Neander, den die Welt ohne den bedeutenden Knochenfund in seinem Lieblingstal sicher längst vergessen hätte. Auf diese Weise aber wird sogar den Versen eines seiner Kirchenlieder scherzhaft neue Bedeutung eingehaucht: *«In der Höhle meiner Seele/ suchet dich, o Bräutigam./ Lass dich finden,/ starker Held aus Davids Stamm.»*[1]

Wir lieben es, Bezüge herzustellen. Das menschliche Gehirn ist einfach darauf angelegt, alles mit jedem zu verbinden. Aber angesichts der Diskrepanz, die sich zwischen Neanders Worten und dem auftut, was einige Interpreten hineinlesen wollen, bin ich ganz froh, dass bislang keine neue Urmenschenart unter Goethes Rastplatz am Hermannstein gefunden wurde. Wie wären wohl die Zeilen aus Wald und Höhle in Faust I «Und steigt vor meinem Blick der reine Mond/ besänftigend herüber, schweben mir/ von Felsenwänden, aus dem feuchten Busch/ der Vorwelt silberne Gestalten auf/ Und lindern der Betrachtung strenge Last» rückwirkend interpretiert worden?

So viel zu dem Dichter, dem der Neandertaler seinen Namen verdankt. Und hier endlich beginnt das Kriminalstück um den Eiszeitler – mit einem Schlag auf den Kopf, und zwar post mortem! Einer der italienischen Arbeiter, die sich 1856 im Kalkabbau verdingt hatten, ging seinem Tagwerk in der bereits erwähnten «Kleinen Feldhofer Grotte» nach. Er und seine Kollegen hatten den Auftrag, mit Spitzhacken und Schaufeln die Lehmschichten in den zahlreichen Höhlen des Neandertals abzutragen, die sich im Laufe der Jahrtausende abgelagert hatten. Diese steinharten, fest verbackenen Höhlenfüllungen mussten in schweißtreibender Handarbeit entfernt werden, damit der Kalkstein beim Abbau nicht verunreinigt wurde.

Nach mehreren Stunden Plagerei traf die Spitzhacke des Arbeiters jedoch nicht auf eine weitere versinterte Lehmschicht, sondern auf etwas, das er zunächst für den Knochen eines Höhlenbären hielt. Und dann geschah das, was vermutlich gar nicht so selten in der Wissenschaftsgeschichte passiert: Ein Fund wurde unterschlagen.

Und auch das Motiv für diese erste «Straftat» im Zusammenhang mit der Auffindung des Neandertalers ist wahrscheinlich verbreiteter, als man sich dies gemeinhin vorstellt: Ignoranz. Der Arbeiter und seine Kollegen erkannten nicht, welchen Schatz sie da geborgen hatten. Sie förderten nach und nach eine Schädelkalotte, die beiden Oberarmknochen, an denen rechts noch Elle und Speiche hingen, links nur die Elle, sowie beide Oberschenkelknochen und einige andere Skelettreste zutage. Dabei gingen sie nicht eben vorsichtig mit ihrer Entdeckung um. Bis heute sind am Neandertalerskelett im Rheinischen Landesmuseum in Bonn die Spuren zu sehen, die die Arbeiter den Knochen mit der Spitzhacke beigebracht haben. Ein Spalt in der Schädelkalotte und ein abgehacktes Stück des Oberschenkelknochens sind die auffälligsten «Verletzungen», die dem Neandertaler 42 000 Jahre nach seinem Tod zugefügt worden waren. Schon die erste Begegnung mit ihm war also von Unverständnis geprägt. Die Episode endete nicht weniger ernüchternd. Statt den Fund zu melden, warfen die Arbeiter die Gebeine zusammen mit dem Abraum aus der Höhle über 20 Meter tief ins Tal hinunter.

Diese Geschichte hat in der Tat nichts mit den Bildern von Ausgrabungen zu tun, wie wir sie aus dem Fernsehen kennen. Dort werden Funde stets mit größter Hochachtung, fast religiöser Ehrfurcht behandelt. Hochkonzentrierte Spezialisten arbeiten mit feinsten Werkzeugen wie Pinzetten und Pinseln, um selbst das kleinste Knöchelchen unversehrt zu bergen. Nun, diese respektvolle Behandlung blieb dem Neandertaler fürs Erste verwehrt.

Warum die Arbeiter so gehandelt haben, ist einfach zu erklären. Sie hielten die Knochen für die Überreste eines Tieres. Und da sie schon ihre Erfahrungen mit fossilen Knochen gemacht hatten, wussten sie, dass der «alte Kram» für sie nur Ärger und mehr Arbeit bedeutete. Die Besitzer des Steinbruchs, Wilhelm Beckershoff und Friedrich Wilhelm Pieper, standen in Kontakt mit dem Lehrer und Naturforscher Johann Carl Fuhlrott aus der nahe gelegenen Gemeinde Elberfeld. Dieser war ein eifriger Sammler fossiler Knochen, und die beiden Unternehmer überließen ihm gern, was beim Kalkabbau an Relikten aus der Vorzeit geborgen wurde.

An sich hätte die Story des Neandertalers an dieser Stelle schon zu Ende sein können. Mit dem Lehm aus den Höhlen des «Gesteins», wie man damals das Neandertal noch nannte, füllte man häufig Risse und Gräben auf, die durch den Kalkabbau entstanden waren. Die wertvollen Fossilien hätten erneut für Jahrtausende im Erdboden verschwinden können, aber an dieser Stelle kam offenbar Kommissar Zufall zu Hilfe. Wilhelm Beckershoff passierte ausgerechnet zu dem Zeitpunkt den Abraumhügel, als der Neandertaler dort bereits entsorgt, aber noch nicht mit neuen Lehmsedimenten überdeckt worden war.

Und so entgingen die unwilligen Arbeiter ihrem Schicksal nicht. Beckershoff ließ sie nicht nur die oberflächlich sichtbaren Knochen wieder zusammentragen, sondern auch noch den gesamten Lehmhügel durchsuchen. Insgesamt konnten 16 Knochen geborgen werden, unter ihnen das weltberühmte Schädeldach. Reines Glück hatte den wertvollen Fund gerettet.

Interessanterweise schützte die ursprüngliche Fehldeutung der Knochen als Überreste eines Höhlenbären den Neandertaler vor einer weiteren Bedrohung. Hätte Beckershoff selbst erkannt, dass es sich bei dem Skelett um einen Menschen handelte, hätte er womöglich nicht den befreundeten Lehrer Fuhlrott, sondern die Gendarmerie gerufen. Bekannt ist ein solcher Fall aus Frankreich. 1852 hatte man in der Höhle von Aurignac altsteinzeitliche Menschenfossilien der örtlichen Polizeibehörde gemeldet, die nach einer Untersuchung des «Falles» eine Beerdigung auf dem örtlichen Friedhof anordnete.[2] Auch dem Fund aus dem Neandertal wäre dieses Schicksal vermutlich nicht erspart geblieben, wäre er nicht quasi «inkognito» in die Obhut des Gelehrten Fuhlrott gelangt.

Fuhlrott war sich dessen offenbar bewusst, als er schrieb: «Es ist dabei nicht uninteressant, dass man – bei der auffallend abnormen Beschaffenheit der Schädeldecke und in Rücksicht auf das bekannte Vorkommen thierischer Ueberreste in andern Höhlen – nicht menschliche, sondern Höhlenbären – Knochen aufgefunden zu haben glaubte, und dass ich diesem Irrthum wahrscheinlich die Acquisition des Neanderthaler Fundes zu verdanken habe.»[3]

Fuhlrott erkannte sofort, womit er es tatsächlich zu tun hatte. Er wusste nicht nur, dass er Knochen eines Menschen in Händen hielt, sondern auch, dass diese Gebeine uralt waren und sich deutlich von den Knochen moderner Menschen unterschieden. Dies war nicht einfach nur ein Fund, der seine Sammlung ergänzte. Das war Sprengstoff, der dazu taugte, ein Weltbild in Fetzen zu reißen. Wie konnte ein gottesfürchtiger Mensch mit der Idee leben, der Schöpfer habe den Menschen nicht nach seinem Abbild, sprich perfekt und in der gegenwärtigen Form geschaffen. Dass sich womöglich auch die «Krone der Schöpfung» über viele Stufen bis zum gegenwärtigen Ergebnis entwickeln musste, war zu damaliger Zeit ein unerhörter Gedanke.

Wie schwer es Fuhlrott gefallen sein muss, diese Idee überhaupt zuzulassen, kann man vielleicht ermessen, wenn man bedenkt, dass sich selbst Darwin in seinem großen Werk *Die Entstehung der Arten*, das im Übrigen erst drei Jahre nach dem Neandertalerfund erschien, sehr zurückhaltend äußert, ob seine Erkenntnisse denn auch auf den Menschen anzuwenden seien. Erst einige Jahre später beschäftigte er sich in seinem zweiten Hauptwerk «Die Abstammung des Menschen und die geschlechtliche Zuchtwahl» mit dieser Frage.

Fuhlrott wurde in der Literatur immer wieder als «kleiner Dorfschullehrer» geschmäht, der der selbst gewählten Aufgabe nicht gewachsen war. Und in der Tat galt er in seiner Gemeinde zwar sicher als Respektsperson, in der damaligen Scientific Community war er allerdings ein völlig unbeschriebenes Blatt. Umso bemerkenswerter muss die Tatsache erscheinen, dass er mit seinem Fund an die Öffentlichkeit ging. Am 4. September 1856 druckten verschiedene Zeitungen des Umlandes folgende Meldung:

«Im benachbarten Neanderthale, dem sogenannten Gesteins, ist in den jüngsten Tagen ein überraschender Fund gemacht worden. Durch das Wegbrechen der Kalkfelsen, das freilich vom pittoresken Standpunkte nicht genug beklagt werden kann, gelangte man an eine Höhle, welche im Lauf der Jahrhunderte durch Thonschlamm gefüllt worden war. Bei dem Hinwegräumen dieses Thons fand man ein menschliches Gerippe, das zweifelsohne unberücksichtigt und verloren gegangen wäre, wenn nicht glücklicherweise Dr. Fuhlrott von Elberfeld den Fund gesichert und untersucht hätte. Nach Untersuchung dieses Gerippes, namentlich des Schädels, gehörte das menschliche Wesen zu dem Geschlechte der Flachköpfe, deren heute noch im amerikanischen Westen wohnen.»

Der Mann aus dem «Gesteins» war längst nicht der erste Neandertaler, den man in Europa gefunden hatte. Bereits 1848 war der vollständige Schädel eines vermutlich weiblichen Neandertalers in einer Höhle nahe der Meerenge von Gibraltar entdeckt worden. Der Schädel trägt heute den Namen Gibraltar 1. Hätte man ihn bereits als neue Art identifiziert und nicht jahrelang unerkannt in eine Museumsschublade verbannt, würden wir unseren eiszeitlichen Vetter vielleicht unter dem Namen «Gibraltarmensch» kennen. So musste die Dame aus dem Süden darauf warten, dass man in Deutschland einen Artgenossen ausgrub, um endlich auch als anderer Menschentyp erkannt zu werden. In Belgien waren bei Spy zwei weitere Exemplare ausgegraben worden, die von der Wissenschaftsgemeinde zunächst ebenso wenig zur Kenntnis genommen worden waren.

Auch in Bezug auf den Mann aus dem Neandertal beschleicht den Leser schnell das Gefühl, dass über Fuhlrotts Neuentdeckung niemand wirklich erfreut war und man das unliebsame Objekt ebenfalls am liebsten totgeschwiegen hätte. Aber Fuhlrott sorgte durch den Abdruck eines Artikels in verschiedenen regionalen Zeitungen dafür, dass der Neandertaler nicht sang- und klanglos in einer Holzkiste verschwand. Immerhin gelang es dem Lehrer auf diese Weise, einen Mann für den Fund zu interessieren, der seine Defizite an wissenschaftlicher Autorität und Durchsetzungsvermögen wettmachen konnte: der Anatomieprofessor Hermann Schaaffhausen aus Bonn.

Schaaffhausen war einer der Pioniere der Evolutionslehre. Bereits 1853, also sechs Jahre vor Darwins Veröffentlichung der *Entstehung der Arten*, hatte Schaaffhausen einen Aufsatz mit dem Titel «Ueber Beständigkeit und Umwandlung der Arten» veröffentlicht. Außergewöhnlich daran war vor allem, dass Schaaffhausen sich um die Frage, ob auch der Mensch dem evolutionären Wandel unterliegt, im Gegensatz zu den meisten anderen Wissenschaftlern seiner Zeit nicht herumdrückte. Er glaubte fest daran, dass Mammut und Mensch Zeitgenossen gewesen waren und man deshalb früher oder später auch fossile Menschenknochen finden müsse.

Fuhlrotts Entdeckung muss für Schaaffhausen wie eine kleine Offenbarung gewesen sein. Was er schon immer für möglich gehalten hatte, konnte nun vielleicht bewiesen werden. Allerdings bedurfte es größter Überredungskünste, um den Lehrer aus Elberfeld dazu zu bewegen, die fraglichen Knochen für eine nähere Untersuchung herauszurücken. Offenbar fürchtete Fuhlrott, das Skelett aus der Hand zu geben. Ob er annahm, man würde ihn, den Hinterwäldler, betrügen und den außergewöhnlichen Fund nicht zurückgeben, oder ob er Angst vor der Ablehnung seiner eigenen Überlegungen erwartete, ist unklar. Jedenfalls zogen sich die Verhandlungen eine Weile hin, bis Fuhlrott sich schließlich persönlich nach Bonn aufmachte, um den Urmenschen begutachten zu lassen.

Schaaffhausen untersuchte den Neandertaler so genau, wie es mit damaligen Methoden möglich war. Er erstellte einen anatomischen Befund, indem er das Skelett exakt vermaß und beschrieb. Er befasste sich näher mit den Verletzungen, die der Neandertaler zu Lebzeiten erlitten haben musste, und stellte zum ersten Mal einen Bezug zu anderen fossilen Schädeln her.

Schaaffhausen war ganz sicher, dass es sich bei dem Fund tatsächlich um einen Menschen handelte und dass dieser Mensch sich deutlich von uns unterschied. Offenbar hatte er aber insgeheim gehofft, auf das so genannte fehlende Glied zu stoßen, ein Wesen, das eindeutig den Übergang zwischen dem Menschen und der Tierwelt markierte.

Charles Darwin hatte in seiner Evolutionstheorie als Erster den Schluss gezogen, dass es bei der Entwicklung neuer Arten Übergangsformen geben musste, die sowohl Merkmale der alten, als auch der neuen Art aufwiesen. Zu Darwins Zeit gab es verhältnismäßig wenige Fossilienfunde, die dies hätten belegen können, daher bezeichnete man die fehlenden Glieder der Evolutionskette als «vermisst». Heute sind über 1000 «missing links» identifiziert.

Der bedeutendste dieser ehemals «Vermissten» ist der Archäopteryx. Der nur elstergroße Grenzgänger zwischen Reptil und Vogel wurde bereits 1860 im Solnhofener Plattenkalk in Bayern entdeckt. Sein Körper scheint von einem Witzbold zusammengepuzzelt worden zu sein, der sich mal aus der Kiste mit den Vogelmerkmalen, mal aus der mit den Reptilieneigenschaften bediente. Schließlich vereinte *Archäopteryx*, der «alte Flügel», einen Vogelschädel, Federkleid, flügelähnliches Armskelett, Gabelbein und opponierende Zehen, die ihn eindeutig als frühen Vogel auswiesen, mit ebenso klaren Reptilienmerkmalen wie Kegelzähne im Kiefer, Rippen ohne Versteifungsfortsätze, kleines Brustbein, drei Finger mit Krallen, eine lange Schwanzwirbelsäule und ein nicht verwachsener Mittelfußknochen.

Andere «Bindeglieder» sind beispielsweise die *Therapsiden*, die den Übergang zwischen Reptilien und Säugetieren markieren, oder *Ichthyostega*, ein Fisch mit Beinen, der zwischen Fischen und Amphibien anzusiedeln ist. Während wir diese Mischwesen noch mit einem gewissen Interesse betrachten, weil sie eine Brücke zwischen Tiergruppen schlagen, die in unserer eigenen Evolution eine Rolle spielten, entlocken uns Bindeglieder wie die Schnecke mit dem eleganten Namen *Neopilina galatea*, die den Übergang von Weichtieren zu Ringelwürmern markiert, nur wenig Begeisterung. «Missing links» treten heutzutage immer inflationärer auf. Die meisten wiederentdeckten Vermissten schaffen es schon lange nicht mehr in die Schlagzeilen.

Das hat mehrere Gründe. Zu Darwins Zeiten hatten die «missing links» noch eine enorme Bedeutung als Beweis für die Richtigkeit der Evolutionstheorie, heute wird die Lehre von der «gemeinsamen Abstammung» kaum noch angezweifelt. Vielfach lassen sich die Verwandtschaftsgrade durch genetische Untersuchungen relativ fein darstellen, sodass statt des einen optisch auffälligen, vielleicht sogar kuriosen «fehlenden Gliedes» eher eine große Anzahl von «fehlenden Gliedchen» definiert werden, die im Detail die Veränderung bestimmter Merkmale belegen, aber nicht für einen großen Sprung in eine neue evolutionäre Richtung stehen.

Einzig und allein das ursprünglich diskutierte «missing link», das die Abspaltung des Menschen von der Tierwelt markiert, hat nichts von seinem Mythos eingebüßt. Charles Darwin stellte in seinem Buch *Die Abstammung des Menschen* 1871 die These auf, Menschen und Affen könnten einen gemeinsamen Vorfahren haben. Dabei formulierte er schon sehr präzise: «Wir dürfen nicht in den Irrtum verfallen und annehmen, der erste Vorläufer der ganzen Affenlinie einschließlich des Menschen habe einem heutigen Affen geglichen oder auch nur geähnelt.»

Der Neandertaler war als mögliches «missing link» nicht lange in der Diskussion, dazu war der Fund zu eindeutig menschlich, und so resümierte schon Schaaffhausen: «Mit diesem Funde ist das fehlende Glied zwischen Mensch und Thier noch nicht gefunden. Immer bleibt noch eine Lücke, welche die Zukunft ausfüllen wird. Was der menschliche Geist in der Betrachtung der Natur mit Folgerichtigkeit erkannt hat, dafür wird der thatsächliche Beleg nicht ausbleiben.»[4]

1932 schien das verzweifelt gesuchte Zwischenwesen endlich gefunden zu sein, als G. Edward Lewis von der Yale-Universität in den Siwalik-Bergen in Nordindien ein ungewöhnliches Schädelfragment entdeckte. Wie der *Archäopteryx* mosaikartig Merkmale von Reptil und Vogel in sich vereinte, glaubte Lewis ein Wesen gefunden zu haben, das Merkmale von Affen und Menschen in sich trug. *Ramapithecus,* den der Wissenschaftler nach der indischen Gottheit «Rama-Affe» nannte, erfüllte die Hoffnungen seines Entdeckers jedoch nicht. Von Anfang an heiß diskutiert, gelang es Kritikern in den siebziger und achtziger Jahren des 20. Jahrhunderts, dem *Ramapithecus* das Prädikat «missing link» wieder abzuerkennen. Mittlerweile hatten weitere Ramapithecusfragmente gezeigt, dass die angeblich menschlichen Merkmale tatsächlich auf die falsche Rekonstruktion wesentlicher Teile zurückzuführen waren.

Dass die hysterische Suche nach dem «missing link», das zum Menschen führte, ebenfalls kriminelle Energien freisetzte, ist kein Wunder. Eher erstaunt die Tatsache, dass ein dreister Betrug viele Jahrzehnte unentdeckt blieb. 1912 schien endlich das Objekt der Begierde gefunden. Der Amateurpaläontologe Charles Dawsen hatte in einer Kiesgrube nahe des englischen Städtchens Piltdown fossile Schädelbruchstücke entdeckt, die genau dem entsprachen, was man zu finden hoffte: massige Kiefer und ein Gebiss wie bei einem Affen, daneben aber eine Hirnkapazität so groß wie bei einem modernen Menschen. Dawsen war von dem Fund so entzückt, dass er ihn *Eoanthropus*, Mensch der Morgenröte, nannte. Die Wissenschaftler seiner Zeit waren zwar weniger poetisch veranlagt, akzeptierten aber sofort den Fund als echt und nannten das vermeintliche Bindeglied zwischen Mensch und Affe *Piltdownmensch*. Erst 40 Jahre später wurde diese frühe Fälschung als solche erkannt und der *Eoanthropus* wieder von seinem Sockel gestoßen. Ein bis heute unbekannter Täter muss die Schädeldecke eines modernen Menschen mit einigen Bröckchen eines Orang-Utan-Unterkiefers kombiniert und beide «Zutaten» so präpariert haben, dass sie gleich alt aussahen.

Welche Motive der erste Fälscher der Paläoanthropologie hatte, lässt sich heute nur vermuten. Der einzige Nutznießer der Geschichte war zunächst Charles Dawsen, daher hatte man ihn lange im Verdacht, die Manipulation selbst durchgeführt zu haben. Heute ist Dawsen weitgehend entlastet, da man ihm nicht die präparatorischen Fähigkeiten für eine so überzeugende Fälschung zutraut. Vielmehr soll sich der hyperaktive Ausgräber den Unwillen einiger Forscher und Museumsangestellter zugezogen haben. Sehr wahrscheinlich hatte ein Witzbold den Schädel nur deshalb in die Kiesgrube gelegt, um Dawsen als unfähig zu entlarven. Dass der Schwindel unerkannt bleiben könnte, damit hatte der Fälscher offenbar nicht gerechnet.

Insgesamt sind wir in der Frage nach dem «missing link», das genau in der Mitte zwischen uns und der Tierwelt steht, noch nicht viel weiter als Schaaffhausen vor 150 Jahren gekommen, zumindest wenn man darauf besteht, dass eine einzige Entwicklungskette von ebenjenem «fehlenden Glied» bis zu uns existiert. Heute beginnt man stattdessen, die Fragestellung zu überprüfen, und erkennt langsam, dass es möglicherweise dieses eine eindeutig identifizierbare Übergangswesen gar nicht gab, sondern dass die Evolution in Bezug auf den Menschen eher recht verschlungene und einander vielfältig überlagernde Wege eingeschlagen hat. Schon jetzt sprechen Forscher nicht länger von einem Stammbaum des Menschen, sondern eher von einem Stammbusch, bei dem viele Äste über große Zeiträume parallel wuchsen und dann abrupt endeten. Die Entwicklung des Menschen als Versuchsanordnung nach dem Trial-and Error-Verfahren – ein solches Modell wäre vermutlich selbst dem weitsichtigen Schaaffhausen ziemlich gewagt vorgekommen.

Immerhin hatten er und Fuhlrott schon immense Schwierigkeiten, die damalige wissenschaftliche Gemeinde überhaupt davon zu überzeugen, dass der Mann aus dem *Gesteins* ein fossiler Mensch war. Erwartungsgemäß gab es viel Widerspruch und Anfeindungen. Die Ratlosigkeit, die die Vorträge und Veröffentlichungen der beiden hinterließen, trieb gelegentlich allerdings seltsame Blüten. So druckte der Naturhistorische Verein der preußischen Rheinlande und Westphalens zwar Fuhlrotts Aufsatz zur Auffindung des Neandertalers, distanzierte sich aber zugleich von den Schlussfolgerungen des Autors:

«Anm. der Redaction: Wir haben den vorstehenden Aufsatz des geehrten Herrn Verfassers unverkürzt wiedergegeben, können aber nicht umhin zu bemerken, dass wir die vorgetragenen Ansichten nicht theilen können, wie denn namentlich die Möglichkeit, dass der Mensch oder die Leiche durch irgend einen Zufall in die kleine Grotte hineingelangt sei, nicht widerlegt ist. Die Beweise von der

Existenz diluvialer Menschenknochen werden immer nur durch Einschlüsse in feste Gesteine und nicht lockere Schuttmassen geliefert werden können, falls nicht ganz besondere Umstände eine secundäre Einschließung auf das Bestimmteste widerlegen.»[5]

Die Ungeheuerlichkeit dieses Nachsatzes wird erst deutlich, wenn man sich vorstellt, die Redaktion von «Nature» oder «Spektrum der Wissenschaft» würde heute den Beitrag eines Forschers zwar veröffentlichen, aber im Anschluss daran erklären, man habe (aus welchen Gründen auch immer) zwar den Autor zu Wort kommen lassen, halte den Inhalt aber insgesamt für Schwachsinn. Die verwirrende Vorgehensweise der Redaktion lässt sich nur so erklären, dass die Verantwortlichen kurz vor Redaktionsschluss ihrer Sache nicht mehr so sicher waren. Heute hätte man den strittigen Beitrag einfach gekippt, damals waren möglicherweise die schwerfälligen und vergleichsweise teuren Produktionsverfahren dafür verantwortlich, dass sich eine weitere skurrile Fußnote in die Forschungsgeschichte des Neandertalers einschlich.

Der Zweifel saß tief. Und den Kritikern der Urmenschentheorie war klar, dass es vor allem darauf ankam, eine plausible Erklärung für das Erscheinungsbild des Skelettes zu liefern. Ganz einfach war dies nicht, aber es gab immer wieder Wissenschaftler, die sich mit neuen Theorien zu Wort meldeten. Einige Erklärungen erscheinen uns heute lächerlich, wurden damals jedoch ernsthaft diskutiert. Josef Carl Mayer von der medizinischen Fakultät in Bonn, der zunächst noch gemeinsam mit Schaaffhausen ein sehr hohes Alter des Fundes angenommen hatte, glaubte am Ende seines Lebens: «... es möchte vielleicht der Schädel von einem Flüchtling des Heeres der Russen herrühren, welches unter General Tschernitscheff und mit Winzigerodes Kosacken mehrere Monate in der Gegend von Mettmann oder in der Umgebung des Düsselthales lagerte.»[6]

Wie er zu dieser eigenwilligen Deutung kam, bleibt unklar. Für die sonderbare Form der Kalotte bot Mayer keine befriedigende

Erklärung, aber die verhältnismäßig krummen Beine des Skelettes stützten seiner Meinung nach die These. Er erklärte sie nämlich damit, dass der angebliche Kosak schon in seiner Kindheit viel geritten sei und sich auf diese Weise seine Beine verformt hätten. Heute wird Mayer wegen seiner Überlegungen immer wieder gern als lächerliche Figur abgestempelt.

Dazu sollte man allerdings wissen, dass noch bis vor 150 Jahren die Mehrzahl der Forscher den Ursprung ihrer Funde innerhalb der bekannten Geschichte suchten. Ein schönes Beispiel für diesen Umstand ist der Versuch, gewaltige Tierknochen, die der Gelehrte Leidenfrost 1750 bei Gartrop in der Lippe gefunden hatte, als die Überreste des Elefanten Abu-L-Abas zu deuten. Das Rüsseltier war ein Geschenk des Kalifen Harun ar-Rashid an Karl den Großen gewesen und wurde Handschriften zufolge im Jahr 802 von Gesandten nach Aachen gebracht. Für Leidenfrost und seine Schüler bot der Import eines historischen Tieres die einzig mögliche Erklärung für die fremdartigen Riesenknochen. Die Vermutung, Waldelefanten oder Mammuts hätten einst Europa bevölkert, war für die meisten noch nicht vorstellbar.

Selbst wenn sich andere Erklärungen aufdrängten, entschieden sich viele Forscher für die «historische Lösung», noch war man nicht bereit, Lebenswelten zu akzeptieren, die weit vor die Sintflut zurückreichten und damit den Wahrheitsgehalt der Bibel in Frage stellten. Der Neandertaler sollte unbedingt als moderner Mensch gelten, wenn auch als entstelltes Exemplar. Sobald man ihn als Menschen aus historischer Zeit identifizieren konnte, brauchte man sich nicht mehr mit der Evolution des Menschen zu beschäftigen. Sogar als sich einige große Naturforscher wie zum Beispiel Thomas Henry Huxley oder der britische Geologe Sir Charles Lyell für die Existenz des Altmenschen ausgesprochen hatten, stand für andere noch immer fest, dass nicht sein kann, was nicht sein darf.

1863 spöttelt der französische Wissenschaftler Pruner-Buy in einem Schreiben an Schaaffhausen über die britischen Kollegen: «Der Neanderthal-Schädel hat im orthodoxen England einen fruchtbaren Boden gefunden und ich habe mit wahrem Vergnügen in Lyell, Huxley, etc. Ihren werthen Namen gelesen. Ich bedaure nur, dass die beyden großen Gelehrten dem Neanderthaler auch nicht von ferne ansehen, wohin er eigentlich gehört. […] Ihr Neanderthaler ist wahrscheinlich ein Idiot; keltischer Herkunft sicher.»[7] Selbst der irische Anatom William King, der 1864 erstmals den Namen «Homo neanderthalensis» verwendete und damit dem Neandertaler zu seinem Namen verhalf, strich den umstrittenen Fund später einfach aus der Verwandtschaft des *Homo sapiens*.

Das Urteil der Zeitgenossen mag heute wie eine Kuriosität der Wissenschaftsgeschichte erscheinen. Dabei muss man allerdings in Rechnung stellen, dass seit dem Fund des Mannes aus dem Neandertal nicht nur 150 Jahre vergangen sind, sondern auch die Entdeckung von über 300 weiteren Neandertalerüberresten in Europa und Nordafrika sowie eine explosionsartige Entwicklung der technologischen Untersuchungsmethoden steht. Man könnte also erwarten, dass es ein neuer Menschentypus, der heutzutage entdeckt wird, leichter hat, seinen Platz in der Familie der Hominiden zu finden.

Betrachtet man allerdings die jüngste Forschungsgeschichte des erst kürzlich entdeckten *Floresmenschen*, fallen sofort einige grundsätzliche Ähnlichkeiten auf. Als die Ausgräber unverhofft auf die Überreste eines nur 90 Zentimeter großen Hominiden trafen, glaubten sie zunächst, das Skelett eines dreijährigen Kindes in Händen zu halten. Zahnuntersuchungen belegten jedoch schon bald, dass es sich bei dem Fund um eine Frau von mehr als 30 Jahren handelte. Die Entdeckung war zunächst nicht zu erklären. Wie waren die Zwerge auf das entfernte Eiland Flores gekommen? Woher stammten sie? Die große Ähnlichkeit des Schädels zum *Homo erectus* legte schließlich die These nahe, dass frühe Vertreter des

Erectus in normaler Größe die Insel erreichten und dann ein Verzwergungsprozess einsetzte, dessen Ergebnis schließlich eine winzige Hominidenart war. Ähnlich erging es einer Gruppe Stegodonten, Verwandte der heute lebenden Elefantenarten. Auch sie erreichten Flores übers Meer und konnten die Insel offenbar nicht mehr verlassen. Im Laufe der Jahrtausende schrumpften sie auf Ponygröße und blieben so ideale Jagdbeute des *Homo floresiensis*.

Mittlerweile sind sieben weitere Skelette der winzigen Hominiden ausgegraben worden, sodass die meisten Forscher sicher sind, es hier mit einer spezifischen Inselbevölkerung zu tun zu haben. Trotzdem gibt es immer noch Wissenschaftler, die in dem Fund nur eine Gruppe von verkümmerten modernen Menschen sehen, die an Mikrozephalie litten, einer Krankheit, die das Schädelwachstum stark einschränkt. Obgleich durch diese These weder erklärt wird, wie die Kranken auf eine einsame Insel kommen konnten, noch wie sie dort mit ihrem schweren Gebrechen überlebten oder warum keine *Sapiens* normaler Größe gefunden wurden, hält sich die These zäh im wissenschaflichen Diskurs. Ganz genau so wie dem Floresmenschen heute erging es vor 150 Jahren dem Neandertaler.

Nachdem der Fund an sich und seine Andersartigkeit nicht zu leugnen waren, erklärten auch damals einige Gelehrte den Neandertaler einfach zum *Homo sapiens*, dessen abweichende Körpermerkmale auf krankhafte Veränderungen zurückzuführen seien. Tatsächlich hatte der Mann aus dem Neandertal in seinem Leben einiges durchgemacht. Am Kopf waren Spuren einer Schädelfraktur zu entdecken, und der linke Ellbogen war so schwer beschädigt, dass er seinen Arm nicht benutzen konnte. Diese korrekten Diagnosen verleiteten einige Zeitgenossen Fuhlrotts offenbar dazu, alle Unterschiede zum gesunden modernen Menschen als pathologisch und nicht als artspezifisch zu werten.

Für diese Haltung stand vor allem der Anatom Rudolf Virchow: «Die Länge des Leidens, die Schwere desselben und die trotzdem erfolgte Heilung zeigen deutlich an, dass das Individuum während einer geraumen Zeit keine größeren Bewegungen ausgeführt haben kann. Bei einem Menschen würde man sagen können, dass er lange krank gelegen und eine gute Pflege genossen haben müsse. Dieselbe Deutung auf eine Affen anzuwenden, liegt etwas fern. Ich muss daher anerkennen, dass dieser pathologische Zustand stark für die Annahme spricht, dass dieser Knochen einem Menschen angehört habe.»[8] Virchow war einer der bedeutendsten Anatomen seiner Zeit. Seine Vermutung, der Neandertaler sei nichts anderes als ein schwer kranker oder behinderter *Sapiens* gewesen, hatte großes Gewicht und unterband in Deutschland über Jahrzehnte jede Forschung, die in eine andere Richtung ging.

Der Krimi um den Neandertaler wurde von ebenjenem Virchow um ein Kapitel «Vorspiegelung falscher Tatsachen» ergänzt. Virchow hatte sich über den Fund geäußert, lange bevor er ihn zum ersten Mal zu Gesicht bekam. Über 16 Jahre hatte er sich an Fuhlrotts Weigerung, die Knochen zu zeigen, die Zähne ausgebissen. Offenbar verspürte der Lehrer keine Lust, einem Gegner seiner Frühmenschenthese sein Allerheiligstes anzuvertrauen. Virchow passte jedoch wie ein Staubsaugervertreter einen Moment ab, in dem der Hausherr unterwegs war, und überredete stattdessen Fuhlrotts Tochter, ihn einen Blick auf die Knochen werfen zu lassen. Tatsächlich hatte er mit dieser Strategie Erfolg und konnte endlich das ihm so lange vorenthaltene Stück begutachten. Ob seine Beurteilung des Fundes auch nach der Begutachtung des Originals seine wirkliche Überzeugung zum Ausdruck brachte, oder ob nicht auch ein Quäntchen verletzte Forschereitelkeit bei der schroffen Ablehnung des Altmenschen eine Rolle spielte, bleibt für immer ungeklärt. Immerhin hatten der Lehrer aus dem Rheintal und der Bonner Anatom Schaaffhausen der Autorität Virchows zunächst wenig entgegenzusetzen, und so wurde es eine Weile still um den Fund aus dem Kalk.

Noch im 20. Jahrhundert blieb unser Verhältnis zum Neandertaler überschattet. 1908 wurde in der französischen Höhle La Chapelle-aux-Saints erstmals ein vollständiges Neandertalerskelett entdeckt. Marcellin Boule bearbeitete den Fund in Paris, der alles zu bestätigen schien, was man bisher über den entfernten Verwandten zu wissen glaubte: Ein Neandertaler war primitiv, grobschlächtig und konnte womöglich nicht einmal aufrecht gehen. Das Bestechende an dem Skelett war vor allem seine Vollständigkeit. Nun glaubte man, endlich alle Fakten in der Hand zu haben und nicht mehr auf Spekulationen angewiesen zu sein.

Tatsächlich irrte Boule sich bei der Interpretation des Skelettes völlig. Hatte man bei dem deutschen Neandertaler so viele Krankheiten diagnostiziert, dass man vor lauter pathologischen Befunden die artspezifischen Unterschiede gar nicht mehr zur Kenntnis nahm, so galten die Folgen einer langen Krankheit bei dem französischen Exemplar als Artmerkmale des Neandertalers. Die ungewöhnliche Schädelform des Mannes von La-Chapelle-aux-Saints entpuppte sich Jahre später weder als Folge seiner diversen Krankheiten, noch als ein Hinweis auf seine Spezies. Vielmehr war der Schädel schlicht nicht korrekt zusammengefügt. Erst in den achtziger Jahren des letzten Jahrhunderts wurde dem «alten Mann von La Chapelle» der Kopf im Wortsinn zurechtgerückt. Immerhin war spätestens zu diesem Zeitpunkt die These vom behinderten *Sapiens* endgültig vom Tisch.

Warum im Neandertal selbst keine offizielle Grabung stattfand, die schon früher für mehr Klarheit über den Fund gesorgt hätte, ist unverständlich, zumal schon Fuhlrott bemerkte: «Unter diesen Umständen ist es erklärlich, dass von einem möglicher Weise vollständig vorhandenen Skelette außer der genannten Schädeldecke und einem ansehnlichen Beckenfragmente vorzugsweise nur die größeren Bestandtheile der Gliedmaßen gerettet, die kleineren dagegen so wie namentlich auch alle Gesichtsknochen und Wirbel in ihrer Lehmhülle nicht erkannt und mit dem Schutt weggeschafft wurden.»[9]

Macht man sich klar, welche Schätze vermutlich mit den Höhlen verloren gingen, wie viele Überreste von Neandertalern, von ihren Werkzeugen, Waffen und Beutetieren, könnte man verzweifeln. Fuhlrott war offenbar nicht der Mann, der eine solche Grabung durchführen konnte, aber selbst Schaaffhausen äußerte sich nur ganz allgemein zu den Versäumnissen: «Bisher hat man den Inhalt einer solchen Höhle als ein Ganzes betrachtet und ohne Rücksicht darauf, dass die verschiedensten Zeiten nach und nach ihre Denkmale darin nieder gelegt haben können, zu Tage gefördert. Man kann nicht laut genug den Wunsch aussprechen, dass, wie es jetzt in Frankreich und Belgien geschieht, auch in den an Höhlen reichen Gegenden unserer beiden westlichen Provinzen eine jede solche Aufgrabung planmäßig unter Aufsicht eines Sachverständigen geschehen möge.»[10]

Man ist versucht, über die in der Vergangenheit begangenen Fehler die Hände über dem Kopf zusammenzuschlagen. Allerdings hat sich seit damals nicht wirklich viel geändert. Fundamente in der ganzen Welt werden mit Vorliebe etwas schneller betoniert, wenn ein Fund aus historischer oder gar prähistorischer Zeit aus dem Boden ragt. Baustopps sind unbeliebt, denn «time is money». Das galt für den Metrobau in Athen vor den Olympischen Spielen ebenso wie für die Neubauten von Kaufhäusern und Tiefgaragen in Tunis und anderswo.

Dass sich dann, nach fast 150 Jahren, als das ursprüngliche Tal schon lange nicht mehr existiert und die einstigen Landmarken durch Bagger und Sprengsätze längst zerstört sind, tatsächlich zwei Forscher mit einem kleinen Team auf den Weg machen, um den Inhalt der «Kleinen Feldhofer Grotte» zu suchen, mutet wie aus dem Drehbuch für eine neue Indiana-Jones-Verfilmung an. Ralf W. Schmitz und Jürgen Thissen hatten zu Beginn ihrer Arbeit nicht viel mehr als die Beschreibung von Fuhlrott: «Diese beiden Grotten, gegenwärtig durch Abbruch fast spurlos verschwunden, die zur Unterscheidung von den übrigen zusammen die ‹Feldhofer Grotten› genannt wurden, lagen ziemlich in der Mitte der Schlucht, der eigentlichen Neandershöhle auf der anderen Düsselseite gerade gegenüber, in der fast senkrecht aufstrebenden Felswand einer halbkreisförmigen Einbuchtung, 100 bis 110 Fuß von der Düssel entfernt und etwa 69 Fuß über der gegenwärtigen Thalsohle derselben. Sie mündeten, die größere mit portalähnlichem Eingange und unter dem Namen der ‹Feldhofer Kirche› bekannt, in der Richtung nach Westen, die kleinere in der Richtung nach Norden auf ein vorliegendes schmales Plateau mit unebener Oberfläche, unterhalb dessen die Felsmasse mit glatten Wänden steil in die Tiefe abschoss. Während daher von unten her das erwähnte Plateau und die Grotten fast unzugänglich waren, konnte man über den südlichen Rand der Schlucht auf zwar sehr abschüssigen, aber doch gangbaren Pfaden von oben herab auf das Plateau und zu den Grotten gelangen.»[11]

Fuhlrotts Beschreibung las sich recht vielversprechend, wie eine alte Wegbeschreibung zu einem Piratenschatz. Man brauchte doch nur … Aber halt, von all den erwähnten Bezugspunkten existierte in den späten neunziger Jahren nur mehr die Düssel. Den beiden Ausgräbern war keineswegs eine Schatzkarte in die Hände gefallen, auf der mit einem dicken, roten «X» der Punkt markiert war, an dem sich das Graben lohnte. Schmitz und Thissen sahen sich eher einer Gleichung mit zahlreichen Unbekannten gegenübergestellt, die sie weniger mit Schlapphut und Peitsche als vielmehr mit einer Mischung aus Logik und Kombinationsgabe zu lösen hatten. Allerdings waren mindestens ebenso viel Intuition und schieres Glück erforderlich, wie Filmheld Indiana Jones in seinem gesamten Leinwandleben hatte. Die Gegner der beiden schossen zwar nicht scharf, aber mit sehr spitzer Feder – und mehr als einmal war das Projekt gefährdet.

Als am Ende der ersten Grabungskampgne 1997 erstmals Höhlenmaterial wie Fledermausreste und zerbrochene Stalaktiten zum Vorschein kamen, war klar, dass der goldene Topf am Ende des Regenbogens in Reichweite gekommen war. Trotzdem dauerte es bis ins Jahr 2000, bis die beiden Glücksritter ihren Schatz endgültig heben konnten.

Dann galt es, über einen langwierigen Schlämmprozess die zu erwartenden Fundstücke der versinterten Lehmmasse zu entreißen. Insgesamt förderte das Team 700 Säcke mit je 25 Kilo Erde zutage, aus denen nach und nach zahlreiche Knochen und Steinartefakte ans Licht gespült wurden. Schmitz und Thissen hatten am Ende ihres Abenteuers nachweislich Fragmente des Mannes aus dem Neandertal gefunden, zum Beispiel das linke Jochbein oder das Gelenkteil, das der italienische Arbeiter einst mit der Spitzhacke von einem der Oberschenkel abgetrennt hatte. Beide Fragmente ließen sich nahtlos an die vorhandenen Knochen anfügen. Darüber hinaus hatten die Wissenschaftler Knochenteile eines weiteren, möglicherweise weiblichen Individuums entdeckt sowie den Milchzahn eines Kindes. Der Neandertaler war also nicht allein im «Gesteins» gewesen. Mit diesem sensationellen Fund findet die Geschichte der Ausgräber im Neandertal ihr vorläufiges Ende. Längst haben sich andere Forschungszweige des berühmten Fundes angenommen und versuchen, ihm seine letzten Geheimnisse zu entreißen.

Europa vor 42 000 Jahren

Sie standen völlig unbeweglich auf dem höchsten Felsen der schmalen Klamm. Nach Osten hin öffnete sich eine weite Ebene, durch die sich in weichen Kurven das glitzernde Band eines gewaltigen Stromes zog. An seinen Ufern drängten sich die wenigen Bäume, die den Neandertalern Rohstoffe für lebenswichtige Gerätschaften lieferten. Ihre weiß und schwarz gemusterte Rinde war die Basis für die Herstellung vieler Gegenstände und des Klebstoffes, der all ihren komplizierteren Werkzeugen und Waffen Stabilität verlieh. Jetzt im Frühling war die Zeit günstig, frische Birkenrinde zu sammeln, um den begehrten Werkstoff herzustellen, aber niemand achtete auf die hellgrün belaubten Bäume am Ufer des großen Flusses.

Alle Augen waren auf den südlichen Horizont gerichtet. Schon vor Tagen hatten die Alten die Zeichen des Himmels gedeutet und den Stand der zwei Polarsterne miteinander verglichen. Auf die Erfahrung der Alten war bisher immer Verlass gewesen. Seit Urzeiten hatten sie aus der Position der beiden hellsten Sterne am nördlichen Himmel die Jahreszeiten bestimmt und den Jägern das Zeichen gegeben, die Vorbereitungen für die Jagd zu treffen.

Nun waren schon viele Tage verstrichen, ohne dass sich in der kristallklaren, völlig trockenen Luft die ersten Staubwolken erhoben. Der Staub, den die wandernden Tiere auf ihrem Weg zu den nördlichen Sommerweiden aufwirbelten, war stets das letzte, endgültige Signal, den Aussichtsposten zu verlassen und zu einer bestimmten Stelle im Tal zu eilen, wo die gewaltige Herde einen Engpass überwinden musste. Durch diesen natürlichen Hinterhalt war es leicht, die dicht an dicht laufenden Tiere durch einen gezielten Lanzenstoß zu töten und reiche Beute zu machen. Größere Probleme bereiteten normalerweise die Raubtiere, die zum Teil dieselben Jagdplätze beanspruchten. Doch in diesem Jahr hatten sich die Jäger weder mit Großkatzen noch mit Wölfen herumschlagen müssen. Was bedeutete das? Und wo blieben die Herden? Eine Weile konnte sich der Clan sicher noch mit Kleintieren über Wasser halten, aber auch diese waren immer schwieriger zu fangen. Wenn die Herden nicht bald kamen, musste der Clan weiterziehen und nach neuen Nahrungsquellen suchen.

Wenn ein Ermittlungsbeamter versucht, einen kniffligen Fall zu lösen, dann bedient er sich zwangsläufig einer der ältesten kriminologischen Methoden. Er versucht, den Tathergang zu rekonstruieren, indem er zunächst das «Umfeld» der in die Sache verwickelten Personen untersucht. Ganz ähnlich gehen viele Wissenschaftler vor, die dem Neandertaler auf die Spur kommen wollen. Allerdings geht es bei dem Eiszeitler nicht um das soziale oder gesellschaftliche «Umfeld», sondern um die Landschaften, das Klima, die Pflanzen und Tiere, die sein Leben beeinflussten. Um unseren Vetter wirklich verstehen zu können, ist es notwendig, zunächst einen Blick auf seine Welt zu werfen. Der Neandertaler lebte in der Eiszeit. Das bedeutete grimmige Kälte, Hunger, Angst und Not. So zumindest wird der Alltag des Neandertalers in einem Teil der Literatur, in Pressemeldungen oder auch in Dokumentationen gern dargestellt. Einer genaueren Betrachtung hält das Bild vom Dauerkühlschrank

Europa allerdings nicht stand. Das einfachste Gegenargument liefert eine schlichte Umfrage unter Passanten. Die Frage «Frieren Sie 24 Stunden am Tag an 365 Tagen im Jahr?» wird vermutlich kein gesunder Mitteleuropäer der Gegenwart mit «Ja» beantworten. Und trotzdem leben wir bis heute im Eiszeitzeitalter! Um genau zu sein, im so genannten Quartär, immer noch in derselben Eiszeitära, in der sich auch der Neandertaler entwickelte und schließlich ausstarb.

Ein schockierender Gedanke, wenn man ihn auf sich wirken lässt: Das gegenwärtige Eiszeitalter dauert schon zwei Millionen Jahre an, und noch ist kein Ende in Sicht. Das Klima während einer Eiszeit zeichnet sich nicht allein durch dauerhafte Minusgradrekorde aus. Es ist auch von periodischen Schwankungen geprägt, wobei allerdings die Kaltphasen wesentlich länger andauern als die Warmzeiten. Vor allem die Nordhalbkugel wird bei jeder Kälteperiode zu großen Teilen von Eisschilden bedeckt, die während der Warmphasen wieder abschmelzen. Eine Eiszeit dauert rund 100 000 Jahre, davon entfallen auf die Kaltphase ungefähr 90 000 und auf das Interglazial, die Zeit zwischen den Kaltphasen, nur etwa 10 000 bis 15 000 Jahre.

Die gesamte Entwicklung unserer eigenen Kultur ereignete sich während einer einzigen Warmphase innerhalb der aktuellen Eiszeit, deren Kälteperiode vor rund 11 500 Jahren ihr vorläufiges Ende fand. Mit anderen Worten: Eine neue Kaltzeit steht – da sind sich die Forscher recht einig – mehr oder weniger direkt bevor. Der Neandertaler hat als Art mehrere gravierende Klimakapriolen überstanden, unsere eigene «Eisprobe» steht, wenn man so will, erst noch bevor.

Dass wir trotz all unserer Technologie nicht auf dramatische Klimawechsel eingestellt sind, zeigen die verheerenden Folgen, die Wetterphänomene wie beispielsweise El Niño weltweit immer wieder provozieren. Regionale Ereignisse wie Wirbelstürme in den Vereinigten Staaten oder Kanada kosten immer wieder Menschenleben. Offenbar kommen wir nicht einmal mit kleinsten lokalen Störungen zurecht. Ein Kälteeinbruch führte im November 2005 mitten in Deutschland zu so massiven Stromausfällen, dass über 90 000 Menschen in Dunkelheit und Kälte oft tagelang auf Hilfe warten mussten. Unsere Lebenswelt ist also enorm anfällig – und wir scheinen ganz und gar nicht auf eine kommende Kaltzeit vorbereitet zu sein.

Wie aber kommt es zu den klimatischen Berg-und-Tal-Fahrten? Es gibt eine ganze Reihe Thesen, die das Entstehen und Abklingen der Kaltzeiten erläutern sollen. Momentan tendieren die meisten Forscher zu einem eher multikausalen Erklärungsansatz. Sie vermuten, dass eine ganze Reihe unterschiedlicher Faktoren zusammenkommen musste, um eine bestimmte Wirkung, in diesem Fall eine Kaltphase, hervorzubringen. Wenn man sich die Erde als ein Haus vorstellt, dann reicht es nicht allein, dass es Winter wird, um das ganze Gebäude einzufrieren. Zugleich muss auch noch die Heizung ausfallen, Wasser auslaufen und womöglich das eine oder andere Fenster offen stehen.

Der Winter unseres Hausmodells, also die Reduktion von wärmendem Sonnenlicht, ist ein zyklisch wiederkehrendes Phänomen. Eine Ursache hierfür liegt darin, dass die Erde keine perfekten Kreise um das Zentralgestirn zieht, sondern gewissermaßen um die Sonne «herumeiert». Ihre Bahn ist elliptisch. Das bedeutet, sie ist mal näher an der Sonne, mal weiter entfernt. Außerdem zerrt die Anziehungskraft der anderen Planeten unseres Sonnensystems mal hier, mal da an unserem blauen Heimatplaneten, je nachdem, wie nah diese Himmelskörper der Erde kommen.

Dann spielt offenbar auch die Schräglage der Erdachse eine Rolle. Wie der sprichwörtliche Schluck Wasser hängt die Erde in der Kurve, mit 23 Grad 27 Minuten Neigung in Bezug auf ihre Bahnebene. Die Ausrichtung der Achse im Raum bleibt immer gleich auf ihrer Reise um die Sonne, sodass sie dem wärmenden Stern einmal die Nordpolseite zur Bestrahlung hinhält und dann wieder den Südpol. Die jeweils abgewandte Seite kühlt deutlich ab, es wird Winter. Unser Haus wird also ab einem bestimmten Zeitpunkt nur von einer Seite und in wechselnder Stärke beschienen. Die andere Seite des Hauses liegt ganztags im Schatten. Die Zimmer auf der Schattenseite des Hauses werden nicht mehr von außen erwärmt. Wenn nun noch die Heizung ausfällt, kühlen diese Räume rapide ab.

So ähnlich geht es den Polregionen. Sie sind entweder durch Kontinente oder einen ungünstigen Strömungsverlauf von der gewaltigen Heizanlage der Welt, den Ozeanen, abgetrennt. Es gibt so gut wie keinen Austausch zwischen den polaren Gewässern und wärmeren Strömungen. Andere klimarelevante Parameter können hinzukommen. Von Vulkanen in die Luft geschleuderte Staubmassen beispielsweise können zusätzlich Sonnenlicht abhalten. Als weiterer äußerer Faktor verschärfen sie die an sich schon zugespitzte Situation. Allein hätte ein Vulkanausbruch möglicherweise keine Eiszeit zur Folge, aber in der Kombination mit anderen Ursachen zeigt er Wirkung. Eine dicke Schmutzschicht auf den der Sonne zugewandten Fenstern könnte diesen Faktor in unserem Hausmodell repräsentieren. Durch die schmutzigen Scheiben dringt auch auf der Südseite kaum noch Sonnenlicht ins Haus ein, die Kältekammer ist perfekt.

Schließlich fehlt nur noch eine Wasserquelle, und die Vereisung größerer Teile des Gebäudes bzw. des Planeten ist unausweichlich. Was im Haus eine geplatzte Wasserleitung leistet, schaffen auf globaler Ebene die Weltmeere. Sie kühlen deutlich langsamer ab als die Landmassen, geben immer weiter Wasser an die Atmosphäre ab und sorgen so für ein Wachstum der Eisdecken, die sich nicht nur von den Polen, sondern auch von den Hochgebirgen aus über die Landmassen verbreiten. Wem es bei der Vorstellung einer zugefrorenen Wasserleitung von wenigen Zentimetern Durchmesser und ihren möglichen Folgen schon kalt den Rücken hinunterläuft, den wird die Vorstellung einer Eisschicht von zwei- oder dreitausend Metern Dicke vermutlich ganz und gar nicht begeistern. So mächtig waren die Gletscher, die sich während der Kaltzeiten über Skandinavien nach Süden bis zum Ruhrgebiet ausbreiteten. In den Alpen entstanden weitere Gletscher, aus denen nur noch die höchsten Berggipfel herausragten.

Wir wissen heute verhältnismäßig viel über Klimaveränderungen früherer Zeiten, weil winzige Meeresbewohner eine Art «Temperaturtagebuch» darstellen. Die hilfreichen Einzeller heißen Foraminiferen und zeichnen sich dadurch aus, dass ihre Kalkgehäuse die Isotope des Sauerstoffs in exakt dem Verhältnis einbauen, wie sie im Wasser des Ozeans vorliegen. Das Verhältnis der ^{16}O- und ^{18}O-Isotope zueinander ist wiederum von der Wassertemperatur abhängig, sodass das Gehäuse der Kleinstlebewesen nicht nur als fossiles Thermometer die jeweils herrschende Temperatur «misst», sondern die gesammelten Daten über lange Zeiträume in den abgelagerten Schichten konserviert. Die Bohrkerne aus der Tiefsee, die die Foraminiferenablagerungen enthalten, können viel dazu beitragen, die Klimaveränderungen der Vergangenheit zu verstehen. Momentan geben einige Befunde den Forschern aber noch Rätsel auf. Einerseits lassen Proben an verschiedenen Stellen der Welt ein grundsätzliches Muster der Klimaschwankungen erkennen, andererseits passt diese Klimakurve nicht 100-prozentig zu den Erkenntnissen über die Gletschervorstöße auf den Kontinenten.

Gerade bezüglich der Zeitspanne, die für Präneandertaler und Neandertaler relevant ist, gibt es besonders große Schwierigkeiten. Den beiden an Land nachgewiesenen Kaltphasen, dem Elster- und dem Saale-Glazial, stehen acht Kaltphasen in der Isotopenkurve gegenüber. Einige Forscher erklären das Phänomen mit dem Hinweis darauf, dass die Auswirkungen eines globalen Wetterphänomens in den einzelnen Regionen sehr unterschiedlich sein können. Dieser Effekt ist bei anderen zyklischen Wetterphänomenen wie beispielsweise El Niño ebenfalls zu beobachten. Während sich vor Peru die Wassermassen erwärmen und die Fischschwärme ausbleiben, kühlt der Ozean vor Australien und Indonesien ab. Auf den Galapagos-Inseln kann es zu schweren Regenfällen und Überschwemmungen kommen, während Südostasien von Dürre heimgesucht wird.

In West- und Mitteleuropa wirkten sich die Unterschiede zwischen Kalt- und Warmzeiten viel drastischer aus als auf anderen Kontinenten. Das Klima in Nordamerika und im nördlichen Teil Asiens inklusive Osteuropas war durchgehend viel stärker kontinental geprägt, das heißt, die Klimaveränderungen vollzogen sich gemäßigter und weniger plötzlich.

Im Gegensatz dazu bildeten West- und Mitteleuropa eine Art Verschiebebahnhof für Klimazonen, wie sie unterschiedlicher nicht sein könnten. Während der Kaltzeiten dominierte auch hier der kontinentale Einfluss. Es war eisig und vor allem sehr trocken, da fast alles Wasser in den Gletschern als Eis gebunden war. Zwischen den Winter- und Sommermonaten herrschten enorme Temperaturunterschiede. Der Meeresspiegel lag rund hundert Meter tiefer, und große Teile der Nordsee waren trockengefallen. Der Kanal trennte Großbritannien nicht mehr vom Kontinent, sodass sich eine Mammutherde bei Bedarf auch im heutigen England nach neuen Weidegründen umschauen konnte.

In den Warmzeiten dagegen bestimmte der Atlantik das Wetter in Europa. Der Meeresspiegel stieg wieder an, und der wärmende Golfstrom reichte teilweise sogar weiter nach Norden als heute. Als Folge davon wurde es in Europa nicht nur wärmer, sondern auch verhältnismäßig feucht. Die Winter waren mild und die Sommer weniger heiß. Der atlantische Einfluss zeigte zwar bis weit in den Osten hinein und sogar auf dem asiatischen Kontinent Wirkung, aber die Kraft nahm mit der Entfernung immer mehr ab. Nur in Europa vertauschten die Kapriolen der Wettermaschinerie immer wieder Lebensräume, die an das heutige Sibirien erinnern, mit solchen, die in der Gegenwart in Afrika zu finden sind. Teilweise geschahen dramatische Umwälzungen in Zeiträumen von wenigen Jahrzehnten, also in einer Zeitspanne, die ein Mensch durchaus wahrnehmen konnte. Die Ursache für dieses Switch-on-/Switch-off-System sehen Wissenschaftler in der Geographie West- und Mitteleuropas.[1] Im Norden und Westen umschließt das Meer den Kontinent, im Süden bilden Gebirge eine klimatische Barriere. Weder in Nordamerika noch in Asien gibt es ähnliche Voraussetzungen, die einen so starken Einfluss der Ozeane auf das klimatische Geschehen zugelassen hätten.

Die Unterschiede der Jahresdurchschnittstemperaturen während einer Kalt- und einer Warmzeit betrugen mindestens 15 °C. Die klimatischen Veränderungen erfolgten so schnell, dass sich die vorhandenen Tierarten nicht anpassen konnten. Mit jedem Wechsel starben alle Spezialisten aus, und nur wenige Opportunisten überlebten. Allerdings blieben diese *Survivors* nicht lange allein. Bei jedem neuen «Klima-Switch» wanderten andere Arten ein, die ihrerseits mit den neuen Verhältnissen besser klarkamen. Kältespezialisten wie beispielsweise Mammut und Wollnashorn eroberten Europa in jeder Kältephase von Norden und Osten her neu, wo sie in ihren Kerngebieten, zum Beispiel im heutigen Sibirien, auch dann noch ideale Lebensräume vorfanden, wenn in Europa tropische Wetterbedingungen herrschten. In den Warmphasen wanderten dagegen Bewohner südlicher Regionen aus dem Mittelmeerraum ein, die nicht unbedingt auf hohe sommerliche Temperaturen, aber auf milde Winter angewiesen waren. Der auffälligste Bewohner des warmzeitlichen Europas war der Waldelefant. Nach ihm nennt man die Tierwelt der Warmzeiten auch Waldelefantenfauna, während die Kältespezialisten nach ihrem markantesten Vertreter unter dem Begriff Mammutfauna zusammengefasst werden. Im Laufe der Eiszeit wechselte sich in Mitteleuropa die Waldelefantenfauna mehrfach mit der Mammutfauna ab.

Für die jeweils von den neuen ökologischen Bedingungen benachteiligte Artengemeinschaft bedeutete ein Klimawechsel das Ende. Einige Autoren beschreiben diesen Prozess als «Zurückweichen». Das ist missverständlich, denn das einzelne Tier hatte kaum Möglichkeiten, irgendwohin aus- oder zurückzuweichen. Die ökologischen Nischen, die es anderswo gegeben hätte, waren längst von Artgenossen besetzt. Die europäischen Populationen starben schlicht und einfach aus, sobald die Klimabedingungen ungünstiger wurden. Das aber bedeutet, dass es eine kontinuierliche Evolution der Arten in West- und Mitteleuropa während der Eiszeit nicht gab. Vielmehr wurden mit jedem Klimawechsel die Überlebenskarten neu gemischt. Unter günstigen Umständen vergrößerten die Arten der Mammut- beziehungsweise Waldelefantenfauna ihre Gebiete und besiedelten die Lebensräume Europas, solange die ökologischen Bedingungen ihren Ansprüchen entgegenkamen. Beim nächsten Wechsel verschwanden die meisten ohne jede Chance, sich auf die neuen Gegebenheiten einzustellen.

Knochenfunde spiegeln diese drastischen Veränderungen und lassen sich verhältnismäßig einfach bestimmten Kalt- oder Warmphasen zuordnen. Trotz moderner Datierungsverfahren spielt daher die so genannte Begleitfauna auch für die Altersbestimmung von Menschenknochen noch immer eine wichtige Rolle. Darüber hinaus stellt sich mehr und mehr die Frage, was diese Neubesiedlungs- und Aussterbeprozesse für die frühen Menschenformen bedeutet haben mögen.

Im Verlauf der letzten 600 000 Jahre, solange die Existenz von Menschen in Mitteleuropa nachweisbar ist, lösten sich Kalt- und Warmphasen in besonders heftigen Wechseln ab. Einige dieser Kälteperioden türmten kilometerdicke Eisschichten über Skandinavien, deren Ausläufer über die Ostsee bis an den Rand der Mittelgebirge bis ins Ruhrgebiet reichten. Die Alpenregion war ebenfalls mit einem Eispanzer bedeckt, aus dem lediglich die höchsten Gipfel herausragten. Die alpinen Gletscher bewegten sich durch die großen Täler bis weit in die Ebenen hinaus und schufen dort zahlreiche Seen. Die Zeiten maximaler Gletscherausdehnung machten glücklicherweise nur einen Bruchteil der gesamten Kaltphase aus. Viel länger und deshalb für die Tierwelt, aber auch für den Menschen bedeutsamer waren die Übergangszeiten, in denen West- und Mitteleuropa großteils von einer kaltzeitlichen Steppe überzogen war. In der so genannten Mammutsteppe gab es ein reiches Angebot an krautigen Pflanzen und niederen Sträuchern, für Bäume fehlte es allerdings an Wasser. Nur an Flussläufen oder an Seeufern kann man in beschränktem Maße eine Waldvegetation annehmen.

Während der Warmphasen verwandelte sich die Landschaft grundlegend. Ein Eichenmischwald breitete sich über den Kontinent aus, und das viel zitierte Gleichnis vom Eichhörnchen, das von Ast zu Ast springend bequem von Norddeutschland nach Gibraltar hätte gelangen können, ohne je mit seinen Füßen den Boden zu berühren, drängt sich anhand der üppigen Pollenfunde geradezu auf. Im Grunde leben wir heute unter ganz ähnlichen Bedingungen. Dass die heutigen Eichhörnchen auf ihrem Weg quer durch Europa immer wieder Fußmärsche auf dem kahlen Boden oder auf Asphalt einlegen müssten, liegt nicht am derzeitigen Klima, sondern vielmehr am Bau- und Rodungswahn des zeitgenössischen *Homo sapiens.*

Der bisher älteste Mitteleuropäer stammt aus der Gegend bei Mauer im Rheinland. Er lebte in einer Warmphase vor rund 600 000 Jahren. Einige sehr überlebenstüchtige tierische Zeitgenossen dieses Altmenschen teilen heute noch ihren Lebensraum mit uns. Wildschwein, Damhirsch und Reh gehörten schon damals zur typischen warmzeitlichen Fauna und durchstreiften die ausgedehnten Waldgebiete. Daneben gab es allerdings auch so ungewohnte ureuropäische Arten wie Waldelefant und verschiedene Waldnashörner. Im Neckar planschten sogar Flusspferde. Das bedeutet aber nicht, dass es durchgehend besonders heiß war. Nach dem Paläontologen Wighart von Koenigswald war nicht der Sommer, sondern der Winter die folgenreichere Jahreszeit: «Der Nachweis des Flusspferdes am Neckar setzt keine tropischen oder subtropischen Bedingungen voraus, sondern lediglich einen starken atlantischen Einfluss, bei dem die Winter so mild waren, dass Flüsse und Seen nicht zufrieren.»[2] Jahresdurchschnittstemperaturen und Pflanzenwuchs gestalteten sich ganz ähnlich wie heute in Mitteleuropa, nur die Winter waren möglicherweise eher englischer Art: weniger kalt, dafür aber sehr feucht; also ein Klima, das vermutlich auch frühen Menschentypen zusagte.

Aus dem saftigen Grün wurde allerdings vor 500000 Jahren wieder ein menschenunfreundliches Weiß. Erst in die Zeit nach dieser Kältephase um 400000 fällt ein weiterer *Erectus*-Fund, der bei Bilzingsleben in Thüringen entdeckt wurde. Auch die berühmten Speere von Schöningen sind rund 400000 Jahre alt und belegen eine weitere Siedlungsphase des *Homo erectus* in Europa. Im Großen und Ganzen deuten die Reste der Begleitfauna für den Schöninger Fund auf eine Warmzeit hin, in der sich aber zu den reinen Waldbewohnern Wildpferde gesellten, die sich offenbar sowohl in den Wäldern als auch in der Kaltsteppe wohl fühlten.

Wighart von Koenigswald schloss aus dem Verteilungsmuster der Besiedlungsnachweise: «… dass bis zum Saale-Glazial der frühe Mensch nur zusammen mit der Waldelefantenfauna, also in den Warmzeiten, in Mitteleuropa vorgekommen ist. Deswegen ist es biogeographisch zu erwarten, dass der Mensch jeweils zusammen mit den Arten der Waldelefantenfauna immer wieder neu in jene Gebiete gewandert ist, die in den Zwischenzeiten von kaltzeitlichen Steppen oder von Gletschern bedeckt waren.»

Homo erectus, der gemeinsame Vorfahr von Neandertaler und *Sapiens,* ist in den Kaltphasen der Eiszeit nicht in Europa nachweisbar. Das bedeutet, er war wie seine Jagdbeute dem klimatischen

Hin und Her ausgeliefert. Im schlimmsten Fall starben lokale Populationen aus, bei günstigeren Bedingungen entwich *Erectus* in wärmere Gefilde, sobald er in Europa kalte Füße bekam.

«Dabei ist es durchaus zu erwägen», so Koenigswald, «ob die Menschen stets aus dem gleichen Herkunftsgebiet, etwa Südfrankreich, eingewandert sind, oder ob auch Einwanderungen anderer Populationen etwa aus dem Südosten her erfolgt sein können. Wegen der mehrfachen Wiederbesiedlung von Mitteleuropa dürfen die dort gemachten Funde nicht als Glieder einer in dieser Region abgelaufenen Entwicklung angesehen werden. Die kontinuierliche Evolution konnte nur im Mittelmeerraum erfolgen, von wo sich die Populationen immer wieder nach Mitteleuropa ausbreiteten.»[3]

Auch die ersten «Präneandertaler» scheinen während einer Warmzeit zwischen 127 000 und 115 000 vor Christus eingewandert zu sein. In dieser Zeit herrschte ein subtropisches Klima. Die Jahresdurchschnittstemperatur lag mehrere Grad über dem Mittel unserer derzeitigen Warmphase. Genauso wie in den Interglazialen zuvor breitete sich auch diesmal überall in West- und Mitteleuropa ein üppiger Urwald aus Laubbäumen aus. Gewaltige Eichen, Ulmen oder Linden überragten zartere Hasel, Eiben und Erlen. Die Hainbuche verbreitet sich unter diesen günstigen Bedingungen explosionsartig. «Das Land war mit nahezu undurchdringlichem Urwald überzogen, sodass die Menschen wohl vermehrt an den Ufern von Flüssen und Seen lebten. Die Aktionsräume dieser frühen Neandertaler dürften sich weitgehend auf die Flussauen beschränkt haben»[4], schließt Ralf W. Schmitz aus dieser Situation. Tatsächlich beeinflusste der Präneandertaler seine Umgebung mit Sicherheit nicht in gleicher Weise wie spätere Vertreter seiner Art oder gar der *Homo sapiens*. Man kann aber erwarten, dass er alle Vorteile nutzte, die die Natur oder andere Waldbewohner ihm verschafften.

Urwälder, die uns so grün und voller Leben erscheinen, sind für ein menschliches Wesen nicht unbedingt ein Paradies, in dem man mühelos über die Runden käme. Die mitteleuropäischen Urwälder waren zur Zeit der Präneandertaler von Waldelefanten, Waldnashörnern, Flusspferden, Auerochsen, Wasserbüffeln, Rotwild, Rehen, Wildschweinen, Bären, Wölfen, Raubkatzen, Füchsen sowie zahllosen Kleinsäugern und Vögeln bevölkert.[5] An potenzieller Beute mangelte es also nicht, aber ebenso wenig an Nahrungskonkurrenten und Feinden.

Vor einer ähnlichen Situation stehen verschiedene Völker Zentralafrikas, die unter dem Begriff Pygmäen zusammengefasst werden. Ihr Lebensraum beispielsweise in Dzanga Bai in der Zentralafrikanischen Republik wird vor allem von den Aktivitäten der Waldelefanten geprägt. Die großen Rüsseltiere sind die Landschaftsarchitekten im Dschungel. Um ihren Lebensunterhalt zu bestreiten, vernichten sie rund hundert Kilogramm Pflanzennahrung pro Tag und schaffen so Platz für neue Keimlinge. Eine Herde, meist zwei bis drei Weibchen mit ihren Jungen, fräst ein komplexes Wegenetz zwischen den wichtigsten Futterstellen in das ansonsten undurchdringliche Grün und schafft an Knotenpunkten, zum Beispiel an einer Wasserstelle, Lichtungen, die sie über lange Zeiträume von höherem Pflanzenwuchs frei hält. Diese «Urwaldautobahnen» dienen nicht nur anderen Großsäugern als Wechsel, sondern sind auch für den Menschen die schnellste Verkehrsanbindung. Heute lebende Waldelefanten sind nur noch 2,40 Meter groß und halten immerhin ein Wegenetz frei, das ein Gebiet von rund 3000 Quadratkilometern durchzieht. Die Waldelefanten der Eem-Warmzeit vor 127 000 bis 115 000 Jahren überragten ihre in der Gegenwart lebenden Verwandten mit rund vier Metern um fast das Doppelte. Entsprechend größer könnte das Gebiet gewesen sein, das sie auf der Nahrungssuche durchstreiften.

Die Pygmäen ernähren sich hauptsächlich von Sammeln und der Jagd auf Niederwild. Gelegentlich erbeuten sie aber auch größere

Tiere wie Antilopen und älteren Berichten zufolge sogar Elefanten. Nimmt man für die Präneandertaler, die in einem vergleichbaren Ökosystem lebten, eine ähnliche Art des Nahrungserwerbs an, ist ein eher nomadisierendes Leben in einem zwar festgelegten, aber relativ weiträumigen Territorium wie bei den Pygmäen wahrscheinlicher als die Fixierung auf einen kleinen Lebensraum.

Der Präneandertaler erwies sich als wesentlich erfolgreicher als alle seine Vorgänger. Seine Werkzeuge fand man nicht nur in der Eemwarmzeit, sondern auch gemeinsam mit den Überresten der Tierwelt, wie sie für die Kaltsteppe typisch ist. Offenbar hatte er als erster europäischer Mensch den Wechsel von einer Warmzeit in eine Kaltphase überleben können. Statt Waldelefanten trampelten nun Mammuts durch die Landschaft, langhaarige Wollnashörner lösten ihre glatten Kollegen aus dem Dschungel ab. Rentiere und Steppenbison ersetzten Damwild und Reh. Die Waldbewohner waren einmal mehr durch die Bewohner der Mammutsteppe ausgetauscht worden. Der Präneandertaler war geblieben.

Allerdings ist der Mensch nicht die einzige Art, die diesen Sprung schaffte, auch andere Generalisten, die sich an keinen Lebensraum zu sehr angepasst hatten, überlebten den plötzlichen Austausch ihrer Umwelt. Vor allem große Raubtiere wie Löwe, Hyäne, Wolf und verschiedene Bärenarten gediehen in beiden Ökosystemen prächtig, aber auch einige Vegetarier wie Pferd, Riesenhirsch und Rothirsch hatten ihr Auskommen. Für das Menschengeschlecht war das Überleben in einer so feindlichen Umgebung wie der Mammutsteppe ein Novum, eine neue Herausforderung.

Es ist viel darüber spekuliert worden, ob sich der Präneandertaler während seiner Entwicklung zum Neandertaler auf biologische Weise gegen die Kälte geschützt hat – was immer das heißen mag: Legte er sich etwa wieder ein dichteres Haarkleid zu? Eine dicke Speckschicht? Unempfindlichkeit gegen Frost? Diese Vermutungen erinnern ebenso an moderne Mythen wie die These, dass Frauen an den Händen unempfindlicher gegen Hitze seien oder dass die Inuit Kälte nicht so spüren wie beispielsweise Europäer. Beides hat sich als reines Vorurteil herausgestellt. Der Neandertaler hat mit großer Wahrscheinlichkeit genauso unter der klirrenden Kälte gelitten, wie ein moderner Mensch dies täte. Zwar half seine kompakte Form, die Kerntemperatur des Körpers besser zu halten, aber unempfindlich gegen Frost war er nicht. Wir sind bis heute wärmeliebende Wesen. Nackt fühlen wir uns am wohlsten bei einer Temperatur von 28 Grad Celsius, ein längeres Entspannungsbad wird sogar erst bei 36 Grad Celsius als angenehm empfunden. Ständig wacht ein kompliziertes Regelsystem über die Temperatur in unserem Körper. Millionen von Rezeptoren in der Haut erstatten dem Hypothalamus ununterbrochen Bericht. Diese Zentrale unseres Temperaturregelsystems versteht keinen Spaß, die Vorgabe von 37 Grad Celsius muss auf jeden Fall eingehalten werden.

Wenn wir uns längere Zeit der Kälte aussetzen, entsteht ein Gefälle zwischen der Hauttemperatur und der Innentemperatur. Der von den Hautsensoren in Alarm versetzte Hypothalamus tritt in Aktion und veranlasst die Muskulatur zum Zittern. Dabei verengen sich die äußeren Blutgefäße, und die Haarbalgmuskeln ziehen sich zusammen. Der Blutstrom von innen nach außen wird dezimiert, um den Auskühlungsprozess zu vermindern. Gänsehaut entsteht, dabei stellen sich die Haare auf, ein Mechanismus, der offenbar noch aus einer Zeit stammt, als unsere Vorfahren ein Fell besaßen. Hätten wir immer noch ein dichtes Haarkleid, würde sich zwischen den aufgerichteten Haaren Luft ansammeln, die sich erwärmt und den Körper zusätzlich isoliert. Heute funktioniert dieser Trick mangels Masse nicht mehr. All diese ausgeklügelten Reaktionen sollen vor allem eines bewirken, die Solltemperatur innerhalb des Körpers muss gleich bleiben, koste es, was es wolle. Der Verlust eines Fingers, eines Zehs oder einer Nase gilt dem System als zweitrangig, Hauptsache, innen bleibt es warm.

Der Neandertaler und auch sein Vorfahr, der Präneandertaler, verfügten über ganz ähnliche Regelmechanismen. Es gibt keinen Grund anzunehmen, dass die Feinjustierung seiner Temperaturregler sich von der unseren wesentlich unterschied. Selbst wenn er sich eine dicke Speckschicht zulegte oder seine Körperbehaarung noch etwas dichter war als unsere, hätte er kaum Erfrierungen an den Extremitäten vermeiden können. Ob Neandertaler Frostbeulen und Erfrierungen an Nasen und Ohren hinnehmen mussten, ist heute nicht mehr nachzuweisen. Die Funde legen allerdings nicht nahe, dass es zu Amputationen an Fingern und Zehen gekommen ist.

Alles in allem war die wirksamste Anpassung an die Kaltzeit eher eine kulturelle als eine biologische. Das Feuer kannte bereits *Erectus* als Abwehrmittel gegen Raubtiere und Wärmespender in kalten Nächten. Zum Überleben in der Eiszeit trug die Wärme der Flammen sicher entscheidend bei. Allerdings erforderten die Jagd und das Sammeln von Rohstoffen, dass man sich für längere Zeiträume vom wärmenden Feuer entfernte. Die Neandertaler müssen bereits über einfache Bekleidung und Schuhwerk verfügt haben. Denn Kleidung war die einzige transportable Möglichkeit, sich auch außerhalb des Lagers warm und damit gesund und beweglich zu halten. Solange ausreichend Beutetiere vorhanden waren, blieben die Neandertaler in den Mammutsteppen Europas. Während der größten Ausdehnung der Gletscher fanden die Weidetiere allerdings keine Nahrung mehr, deshalb gilt nach Koenigswald auch für den Neandertaler: «Demnach muss man damit rechnen, dass der Mensch in den relativ kurzen Maxima der Glaziale aus Mitteleuropa verschwand und später wieder einwanderte.»[6]

Die letzte Warmzeit vor unserer heutigen ist durch die Funde in der nördlichen Oberrheinebene gut dokumentiert. Zum letzten Mal kehrten Waldelefant und Waldnashorn nach Mitteleuropa zurück. Neben Wildpferd, Wildschwein, Damhirsch und Reh streifte während dieser Warmphase auch der Auerochse durch die ausgedehnten Wälder. Es gab wieder Nilpferde am Rhein und diesmal sogar Wasserbüffel. Löwen, Leoparden und diverse Bärenarten dürften dem Präneandertaler als Konkurrenten das Leben schwer gemacht haben.

Allerdings ist heute nicht mehr feststellbar, ob die Präneandertaler, die schon während der Kaltphase in West- und Mitteleuropa gelebt hatten, sich nun stärker ausbreiteten, oder ob neue Gruppen, die wiederum mit den einwandernden Herden warmzeitlicher Tiere kamen, die Mehrheit stellten. Platzmangel herrschte zu jener Zeit jedenfalls nicht. Die Besiedelung Europas war so dünn, dass ein Sippenverband vermutlich wochenlang durch die Wälder streifen konnte, ohne auf einen anderen Trupp zu stoßen.

Kälter wurde es dann wieder vor 115 000 Jahren. Die Tiere der Warmzeit starben aus und wurden sukzessive durch die Bewohner der Mammutsteppe ersetzt. Die Laubwälder verschwanden langsam und machten Nadelbäumen Platz, die ebenfalls eingingen, bis sich schließlich über große Teile Europas wieder Mammutsteppe erstreckte. Die Zeit des klassischen Neandertalers brach an. Seine Werkzeuge und Knochen fand man an vielen Orten gemeinsam mit den Überresten der Tiere, die die Mammutsteppe bevölkerten. Man kann also sicher davon ausgehen, dass sich unser eiszeitlicher Vetter gut mit den harschen Lebensbedingungen während der Kaltzeit arrangiert hatte. In welcher Beziehung Neandertaler und einzelne Tiere zueinander standen, ist bis heute nicht endgültig geklärt.

Frühe Forscher nahmen an, die Neandertaler hätten eine Vorliebe für Höhlenbärenschinken gehabt, tatsächlich scheinen die großen Knochenansammlungen von Höhlenbären jedoch nicht durch Bejagung zustande gekommen zu sein, sondern dadurch, dass die Bären sich geschwächt in die Höhlen zum Winterschlaf gelegt hatten und dort erfroren sind. Auch belegen mit Klingen bearbeitete Knochen des Mammuts nicht unbedingt, dass der Neandertaler diese Tiere gejagt hat. Er könnte sich genauso gut hin und wieder als Aasesser betätigt haben.

Wighart von Koenigswald schilderte 1974 eine der seltenen Szenen, mit denen die Interaktion verschiedener Höhlenbewohner nachweisbar ist: «Wie sehr sich die verschiedenen Aktivitäten aber überschneiden können, zeigt ein Befund aus den Weinberghöhlen bei Mauern nahe Neuburg an der Donau in Bayern. Die Jäger hatten Segmente von Wirbelsäulen mehrerer Mammute in die Höhle gebracht und nach dem Abfleischen dort liegen gelassen. Bissspuren der Höhlenhyäne zeigen, dass diese sich bald danach über den Küchenabfall hergemacht hat.»[7]

Viele Vierbeiner erhielten völlig unberechtigt den Namenszusatz, der sie als Höhlenbewohner ausweist. Weder Höhlenbär noch Höhlenlöwe waren schwerpunktmäßig Höhlenbewohner. Man hat ihre Knochen bevorzugt in Höhlen gefunden, weil dort die Erhaltungssituation wesentlich besser ist als im Freiland, was übrigens genauso für die Neandertaler gilt.

Der Höhlenlöwe gehörte zur selben Art wie der afrikanische Löwe, der noch heute durch die weiten Savannen südlich der Sahara streift. Er war der gefährlichste Gegner des Neandertalers, ein fast unüberwindlicher Feind und möglicherweise direkter Nahrungskonkurrent. Bezüglich des Aussehens der Katze und ihrer Größe herrscht in der Fachliteratur mehr oder minder Übereinstimmung: In Form und Farbe war der Höhlenlöwe weitgehend identisch mit seinem überlebenden afrikanischen Artgenossen, allerdings deuten die Knochenfunde darauf hin, dass er im Schnitt rund 30 Prozent größer war. Mit einer Schulterhöhe von 1,50 Metern muss er für den nur 1,67 Meter großen Neandertaler ziemlich Angst einflößend gewesen sein.

Bemerkenswerterweise soll das mächtige Tier allerdings keine Mähne ausgebildet haben. Indizien für diese These liefern Höhlenmalereien wie zum Beispiel die prächtigen Tierdarstellungen der

Grotte Chauvet. Bei näherem Hinsehen erscheint diese Argumentation allerdings nicht zwingend. Im Falle der meisten Bilder handelt es sich um Abbildungen von Jagdszenen. In einer Darstellung scheint eine ganze Gruppe der riesigen Raubtiere eine Herde von Pflanzenfressern zu bedrängen.

Schaut man sich die Jagd afrikanischer Löwen an, erkennt man sofort, dass die Nahrungsbeschaffung in der Regel «Frauensache» ist. Die «Herren der Schöpfung» betätigen sich gelegentlich als Treiber, indem sie der Beute den Weg versperren. Den eigentlichen «Kill» führen dagegen die Weibchen einer Gruppe aus. Wenn der Höhlenlöwe sich wie der afrikanische Löwe verhielt, kann es also gut sein, dass die eiszeitlichen Höhlenmaler nur Löwinnen abgebildet haben, weil nur diese für die Jagd relevant waren.

Bei einigen figürlichen Darstellungen, zum Beispiel dem Löwenmenschen aus dem Hohlenstein-Stadel im Lonetal und einer der Elfenbeinplastiken aus dem Geißenklösterle, gibt es allerdings auffällige Ritzmuster an Kopf und Hals. Diese Linien könnten meiner Ansicht nach durchaus eine Mähne andeuten. Es besteht also durchaus die Möglichkeit, dass die Männchen der prähistorischen Höhlenlöwen ebenso wie ihre heute noch lebenden Artgenossen imposante Mähnen zur Schau stellten, um die Weibchen zu beeindrucken. Möglicherweise waren für die steinzeitlichen Künstler jedoch die Löwinnen wichtiger, weil diese als Repräsentanten des jagenden Raubtiers mehr Identifikationsmöglichkeiten boten. Vielleicht sind die Darstellungen von männlichen Löwen auch einfach nicht erhalten geblieben. Immerhin könnte es den Paläogenetikern irgendwann gelingen, auch diesem Rätsel auf die Spur zu kommen und dem Höhlenlöwen sein Haupthaar zurückzugeben.

Das markanteste Tier der Kaltzeiten war das Mammut. Bis heute ist es in unserer Vorstellung eng mit dem Neandertaler verbunden. Die meisten von uns haben noch das Was-ist-was-Coverbild vom speerschwingenden Neandertaler im Kopf, der sich einem in einer

Fallgrube gefangenen Mammut nähert. In jedem Film über den Neandertaler ist die Mammutjagd gewissermaßen ein «must». Wie der Mensch hat auch das gewaltige Rüsseltier seinen Ursprung in Afrika. Vor rund 50 Millionen Jahren tauchten die ersten Vorfahren des Mammuts, die allerdings eher an heute lebende Tapire erinnerten, in den afrikanischen Ebenen auf. Aus diesen noch verhältnismäßig kleinen Rüsselträgern entwickelte sich vor rund 20 Millionen Jahren der so genannte *Primelefas*, der gemeinsame Vorfahr von Mammut, afrikanischem und indischem Elefant. Genetische Untersuchungen der TU Darmstadt zeigten kürzlich, dass Mammut und afrikanischer Elefant näher miteinander verwandt sind als afrikanischer und indischer Elefant.

Die asiatischen Dickhäuter spalteten sich also früher von dem gemeinsamen Entwicklungsstrang ab, und die äußerliche Ähnlichkeit zwischen den heute noch lebenden Elefantenarten hat mehr mit der Tatsache zu tun, dass sie ähnliche Lebensräume bewohnen, als mit naher Verwandtschaft. Die ersten Mammuts in Europa sahen übrigens ebenfalls noch eher wie heutige Elefanten aus. Sie besaßen nämlich zunächst noch kein wärmendes Fell. Wie ihre afrikanischen und asiatischen Vettern waren sie lange Zeit ohne zusätzliche Isolierung ausgekommen. Erst als vor 750 000 Jahren eine Kaltphase in Europa einsetzte, zwang die dramatische Klimaveränderung die Dickhäuter, sich eine enorme Fettschicht und ein dichtes Haarkleid zuzulegen.

Erst vor kurzem gelang es Professor Pääbo vom Leipziger Institut für Paläogenetik, das Geheimnis der Haarfarbe des Mammuts zu lüften. Über lange Zeit gab es unter den Forschern keine Einigung. Die im Permafrost konservierten Felle wirken zumeist rotbraun, deshalb wurden Mammuts auf Zeichnungen häufig rötlich eingefärbt. Einige Forscher hielten dies für einen Irrtum. Husemann fasst diese Haltung noch 2005 so zusammen: «Diese Färbung entstand aber erst nach dem Tod der Tiere – ein ähnliches Phänomen ist an den Haaren menschlicher Moorleichen zu beobachten. Zu Lebzeiten trugen Mammuts Schwarz.»[8]

Im gleichen Jahr führten die Untersuchungen des Genetikers Pääbo zu einer Lösung des Rätsels, die fast ein wenig salomonisch daherkommt: Es gab sowohl rötliche als auch dunkle Mammuts. Pääbo, der sich seit den frühen achtziger Jahren mit fossiler DNS beschäftigt, hatte diverse Mammutknochen auf Reste von Genmaterial untersucht und war fündig geworden. Sein Team extrahierte das für die Haarfarbe verantwortliche Gen und verpflanzte es in Mäuse. Die Nager zeigten sowohl rotblonde als auch dunkelblonde Tönungen, die beim Menschen- wie beim Mammuthaar einem rotbraunen bzw. einem dunkelbraunen Farbton entsprechen. Vielleicht gelingt es den Wissenschaftlern irgendwann sogar, die Haarfarbe des Neandertalers zu bestimmen. Noch wissen wir nicht, ob der Eiszeitler schwarz, braun, blond oder rothaarig war oder ob – wie beim modernen Menschen – verschiedene Farbtöne möglich waren.

Neandertaler und Mammut werden gemeinhin als Jäger und Beute betrachtet. In der Forschung geben beide den Wissenschaftlern ähnliche Rätsel auf. Eine entscheidende Frage, die immer wieder gestellt und neu beantwortet wird, lautet: Warum sind beide ausgestorben? Das Mammut überlebte den Neandertaler um rund 20 000 Jahre. Wahrscheinlich führten nicht dieselben Ursachen zum Untergang der beiden Arten, wie man zunächst vermutete.

Die Schuld am Verschwinden des haarigen Kolosses soll nach Vorstellung der Forscher entweder der moderne Mensch getragen haben, der den Herden mit überlegener Jagdtechnik zusetzte, oder die letzte Klimaerwärmung, die die großen Kaltsteppen zerstörte. Möglicherweise jagte *Homo sapiens* tatsächlich effektiver als der Neandertaler. Zu seinen Erfindungen zählen vor allem verbesserte «Fernwaffen» wie etwa die Speerschleuder oder auch Speere mit Widerhaken an den Spitzen. Beide Innovationen scheinen jedoch vor allem dazu geeignet zu sein, gefährliche Beutetiere auf Distanz zu halten und damit das Risiko für den Jäger zu vermindern. Ein Mammut, das man aus größerer Entfernung mit mehreren Speeren verwundet und das langsam an seinen Verletzungen verblutet, hat wenig Chancen, die Angreifer zu stellen.

Durch verbesserte technische Möglichkeiten muss aber nicht zwangsläufig sofort die Zahl der getöteten Tiere dramatisch gestiegen sein. Ein Mammut wog bis zu 10 Tonnen, das heißt etwa so viel wie 130 Neandertaler oder *Sapiens*. Ein solches Gebirge aus Fleisch, Knochen, Fell und Sehnen musste erst einmal verarbeitet werden, bevor man neue Beute in Angriff nehmen konnte. Mittelfristig stieg vielleicht der Fleischbedarf, weil weniger Jäger verletzt oder getötet wurden und die *Sapiens*-Population schneller wachsen konnte. Dass diese Bevölkerungszunahme allerdings ausreichte, um das Mammut auszurotten, scheint recht unwahrscheinlich zu sein. Außerdem erklärt diese These nicht, warum andere Jagdbeute wie beispielsweise das Wildpferd bis heute überleben konnte. Hatte es der moderne Mensch etwa speziell auf das Mammut und das ebenfalls ausgestorbene Wollnashorn abgesehen? Wenn wir nicht annehmen wollen, dass schon die *Homo sapiens* der Eiszeit massiv unter Potenzproblemen gelitten haben und deshalb speziell den Großsäugern nachstellten, um an deren Stoßzähne oder Hörner zu gelangen, scheidet der Mensch in seiner Funktion als Jäger wohl als Ursache für das Aussterben von Mammut und Wollnashorn aus.

Der amerikanische Anthropologe Ross MacPhee vom Museum für Naturgeschichte in New York glaubt allerdings, dass der *Homo sapiens* trotzdem nicht ganz unschuldig am Ableben der eiszeitlichen Fauna ist. In Nordamerika fällt das Aussterben des Mammuts vor 11 000 Jahren zeitlich exakt mit dem Auftauchen der ersten modernen Menschen zusammen. Anders als viele Kollegen sieht er in den eiszeitlichen Jägern aber nicht die gefährlichen Mammutkiller, sondern etwas, das sie aus Asien mitgebracht hatten. MacPhee vermutet, dass entweder die Menschen selbst oder die von ihnen mitgeführten Hunde Krankheitserreger, möglicherweise Viren, nach Nordamerika einschleppten, die artübergreifend wirkten.[9]

Aus der Geschichte sind zahlreiche Beispiele bekannt, die deutlich machen, wie fatal sich die Übertragung unbekannter Erreger auf eine biologisch völlig unvorbereitete Population auswirken kann. Der moderne Mensch, als mobilste aller Arten, war dabei vergleichsweise häufig für die Verbreitung von Krankheitskeimen verantwortlich. Beispielsweise infizierten spanische Missionare und Eroberer nord-, mittel- und südamerikanische Indianer mit europäischen Krankheiten wie Masern oder Windpocken. Da die Urbevölkerung Amerikas keinerlei Abwehrkräfte gegen diese Seuchen hatte, starben ganze Völker an den fremden Erregern. Vermutlich sind sogar wesentlich mehr Ureinwohner an eingeschleppten Krankheiten verstorben als im Kampf mit den Eindringlingen.

Ob dem Mammut Ähnliches widerfahren ist, kann man heute kaum mehr rekonstruieren. Nur wenn sich Krankheiten auf die Knochen der Tiere ausgewirkt hätten, bestünde die Hoffnung auf eine späte Diagnose. Artübergreifende Seuchen sind glücklicherweise verhältnismäßig selten, aber nicht auszuschließen, wie die weltweite Ausbreitung der Vogelgrippe und ihre Übertragbarkeit auf Säugetiere zurzeit gerade überdeutlich zeigt.

Trotzdem scheint die Hauptursache in der letzten großen Erwärmung zu liegen. Für die Situation in Europa hatte sich in Bezug auf den Übergang von Kalt- zu Warmphase nicht viel geändert. Wie viele Male zuvor löschte ein abrupter Klimawechsel einen Großteil der kaltzeitlichen Lebewesen aus, darunter eben auch das Mammut. Grundsätzlich anders war die Situation deshalb, weil das Tier diesmal auch in seiner angestammten Heimat ausstarb, aus der es in früheren Kaltzeiten Europa immer wieder neu besiedelte.

Die langfristige Erwärmung veränderte auch in diesen kontinentalen Rückzugsgebieten das Klima. Das Mammut wich immer weiter nach Norden aus, sein Lebensraum schrumpfte. Auf dem gesamten eurasischen Kontinent gab es vor etwa 10000 Jahren keine Mammuts mehr, allerdings hatten sich einige Tiere auf die Wrangel-Insel vor der Küste Nordostsibiriens gerettet und überlebten dort. Russische Wissenschaftler entdeckten ihre Überreste 1993. Überraschend war vor allem die geringe Größe dieser letzten Mammuts. Die Verzwergung von inselbewohnenden Säugetieren, gerade von Elefanten und ihren Verwandten, ist seit längerem bekannt. Minimammuts waren allerdings noch nie zuvor entdeckt worden.

Große Tiere, die eine Insel besiedeln, schrumpfen im Verlauf vieler Generationen. Auf diese Weise können mehr Individuen einer Art das begrenzte Futterangebot des zur Verfügung stehenden Areals nutzen, und der genetische Pool wird trotzdem größer. 2004 entdeckten Wissenschaftler beispielsweise auf der indonesischen Insel Flores Stegodonten, ebenfalls Elefantenverwandte, die einen ähnlichen Schrumpfungsprozess hinter sich gebracht hatten.

Ob die Zwerge von Wrangel ausgereicht hätten, um in einer späteren Kaltphase wiederum ganz Europa mit Mammuts zu bevölkern, werden wir nie erfahren. Ganz offensichtlich hatte bei ihrem Untergang *Homo sapiens* schließlich doch seine Hand im Spiel. Erste Belege für seine Anwesenheit auf der Insel fallen exakt mit den letzten Funden der Mini-Mammuts zusammen. Und dass unsere Artgenossen vor 3700 Jahren in der Lage waren, den handlichen Zwergmammuts auf einem übersichtlich großen Eiland den Garaus zu machen, klingt wiederum sehr wahrscheinlich.

Auch in Bezug auf den Neandertaler ist häufig diskutiert worden, ob ihm die Wärme schließlich so zu schaffen machte, dass er ausstarb. Als Generalist, der sich weniger biologisch als vielmehr kulturell an die Eiszeit angepasst hatte, sollte er keine allzu großen Schwierigkeiten mit dem Klimaumschwung gehabt haben. Allerdings bot gerade die Umbruchphase für ihn nicht unbedingt günstige Lebensbedingungen. Der Begriff Wärme ist bei uns durchweg positiv besetzt und weckt freundliche Assoziationen wie Nestwärme, Sonnenbad und Entspannung. Katharina die Große, die sich sehr für neue wissenschaftliche Erkenntnisse interessierte, kommentierte die ersten Eiszeittheorien mit einem Augenzwinkern: «Die angenehme Vorstellung, in zwanzigtausend Jahren könnte Sibirien statt vom Eis von Orangen- und Zitronenbäumen bedeckt sein, macht mir schon jetzt Vergnügen.»[10] Für den Neandertaler hatte die Umwelterwärmung indessen dramatische Folgen, und er hatte mit Sicherheit keine Zeit, sich auszuruhen und ein wenig Sonne zu tanken. Durch die steigenden Temperaturen taute der Permafrost auf. Die großen wildreichen Tundren verwandelten sich schnell in undurchdringliche Sumpflandschaften. Jede Pfütze und jedes Schlammloch boten unzähligen Stechmücken die Möglichkeit, ihre Eier abzulegen. Der Invasion von Milliarden dieser Plagegeister hatte kein Lebewesen etwas entgegenzusetzen, und vielleicht übertrugen die Blutsauger sogar gefährliche Krankheiten. Wer, wie der Neandertaler, nicht einmal über ein dichtes Fell verfügte, hielt sich am besten von den großen Ebenen fern.

Am schlimmsten für die eiszeitlichen Jäger muss jedoch die Unberechenbarkeit der Herdenzüge gewesen sein. Wegen der aufgetauten Böden änderten die Beutetiere vermutlich immer wieder ihre Wanderrouten. Das muss das gesamte Leben der Neandertaler durcheinander gebracht haben. Statt sich an bestimmten Orten auf die Ankunft der Herden vorbereiten und an natürlichen Engpässen sichere Beute machen zu können, waren sie darauf angewiesen, immer wieder die neuen Wege des Wildes auszukundschaften und die Tiere an wechselnden Orten mit höherem Risiko anzugreifen. Die Jagd wurde weniger planbar, der Erfolg unsicherer. Sicherlich kompensierten die Jäger den Ausfall großer Beute teilweise durch verstärkte Jagd auf Kleintiere. Insgesamt brachte ihnen ein plötzlicher Klimaumschwung zunächst aber nur Nachteile: vor allem Hunger, möglicherweise mehr Verletzte und Kranke sowie eine Stechmückenplage.

Trotz dieser Unannehmlichkeiten deutet nichts darauf hin, dass der Neandertaler einer Warmzeit zum Opfer fiel. Schließlich siedelte der Eiszeitler auch im Mittelmeerraum und in Nordafrika. Und als die letzten Neandertaler vor 27 000 Jahren auf der Iberischen Halbinsel und in Osteuropa lebten, gab es keine bedeutenden Erwärmungsprozesse. Im Gegenteil, die Temperaturen bewegten sich in eiszeitlich chaotischem Zickzackkurs auf ein Kältemaximum zu, das vor 22 000 Jahren erreicht wurde.

Tatsächlich könnte dieser Klimastress das Aus für den Neandertaler bedeutet haben. Wahrscheinlich wich er wie die Tiere der Mammutsteppe vor den sich ausbreitenden Gletschern nach Süden und Osten zurück oder starb lokal dort, wo die Gletscher vordrangen, aus. Die Populationen, die in den südlichen und östlichen Regionen siedelten, überlebten zwar die klimatischen Pirouetten, möglicherweise aber nicht die direkte Konkurrenz der vorerst letzten Menschenart, die nach Europa vordrang.

Der moderne Mensch soll vor rund 35 000 bis 30 000 Jahren auf den europäischen Kontinent eingewandert sein. Damit wäre er der erste und einzige Menschentyp, der nicht warmzeitlichen Tierherden gefolgt ist. Zwar hatten sich unsere Vorfahren nicht gerade die eisigsten Minusgrade für ihren Umzug ausgesucht, trotzdem ist der Zeitpunkt erstaunlich. Was veranlasste sie zu diesem Vorstoß in die unwirtliche Welt des Nordens? Die Motivation früherer Menschentypen, nach Europa zu kommen, ist offensichtlich. Sie folgten ihrer Nahrung. Warum aber verließ der moderne Mensch die wärmeren und ihm damit viel zuträglicheren Klimazonen? Keine einzige Beutetierart ist laut der bisherigen Fundauswertungen zur selben Zeit wie *Homo sapiens* neu in Europa aufgetreten.

Über die Frage, warum sich der moderne Mensch aufmachte, die Welt zu erobern, ist viel spekuliert worden. Als Begründungen liest man Überbevölkerung in den ursprünglichen Lebensräumen, Entdeckerlust oder auch den Wunsch, sich afrikanischen Seuchen wie

Malaria oder ähnlichen Geißeln der Menschheit zu entziehen. Der älteste Beleg für die frühe Anwesenheit des *Homo sapiens* in Europa ist ein Unterkiefer, der erst kürzlich in der Höhle Pestera cu Oase in Rumänien geborgen wurde. Er soll nach neuesten Erkenntnissen tatsächlich ein Alter von rund 34 000 Jahren haben, allerdings ist seine Identifizierung als *Homo sapiens* noch immer umstritten. Ein weiteres verhältnismäßig altes Exemplar ist der Schädel von Mladec in Tschechien, der mit der ^{14}C-Methode auf ein Alter von 31 000 Jahren datiert wurde. Weitere angeblich ebenso alte Funde entpuppten sich allerdings nach der Untersuchung mit modernen Verfahren als deutlich jünger. Zum Teil klafften enorme Lücken zwischen ursprünglicher Einordnung und ^{14}C-Messungen. Bei den *Sapiens* der Vogelherdhöhle beispielsweise schrumpfte das nachweisliche Alter von 30 000 Jahren auf gerade mal 4000 oder 5000 Jahre. Aus den vielfach zitierten Einwanderungsveteranen wurden im Handumdrehen ganz gewöhnliche «Newcomer». Aufgrund dieser Fundsituation könnten unsere Vorfahren sich möglicherweise doch erst später als bisher angenommen in Europa ausgebreitet haben. Selbst die Funde von Cro-Magnon, nach denen die frühen *Homo sapiens* benannt wurden, sind laut ^{14}C-Tests «nur» 29 500 Jahre alt.

Einen letzten Tiefstwert erreichten die Durchschnittstemperaturen in der Zeit der maximalen Gletscherausbreitung zwischen 22 000 und 18 000 vor Christus. Für diese Periode lassen sich weder Nachweise für Menschen noch für Tiere finden. Der skandinavische Eisschild reichte bis Hamburg und Berlin. Sehr wahrscheinlich fanden die großen Pflanzenfresser nicht genügend Nahrung in dem schmalen Band zwischen dem nördlichen Eispanzer und den Alpengletschern.

Sobald sich der tödliche Griff der Eismassen wieder lockerte, kehrte die kaltzeitliche Tierwelt zurück und mit ihr der moderne Mensch. Der Neandertaler dagegen bleibt spurlos verschwunden. Mit ihm sind auch einige typische Eiszeittiere verschwunden. Von

Höhlenhyäne und Höhlenbär gibt es keinerlei Überreste aus dieser Zeit. In den Reihen der Pflanzenfresser fehlen Wollnashorn und Mammut. Der einzige Riese, dem es unter den herrschenden Bedingungen richtig gut gegangen zu sein scheint, war der Riesenhirsch. Möglicherweise profitierte er kurzfristig vom Verschwinden der anderen großen Weidetiere oder bevorzugte die Pflanzenauswahl, die sich auf den gerade erst wieder eisfreien Ebenen ausbreitete. Gegen Ende der Eiszeit hatte aber offenbar auch er seine Lebensgrundlage verloren und starb aus.

Dauerhaft von den Veränderungen profitierten Rentier und Pferd. Sie breiteten sich massenhaft aus. Hinzu gesellten sich Moschusochse und Saigaantilope. Das Rentier zählt zu den ältesten Säugetieren der Entwicklungsgeschichte. Es hat alle Kalt- und Warmphasen, die Bejagung durch Neandertaler und *Sapiens* überlebt und zeigt bis heute keine Neigung auszusterben. Lange vor dem Neandertaler, vor mehr als 900000 Jahren, besiedelten die Paarhufer ganz Europa. In den Warmphasen wurden sie jeweils in die nördlichsten Zipfel ihres angestammten Verbreitungsgebietes zurückgedrängt, um dann in den Kaltphasen wieder den gesamten Kontinent zurückzuerobern. Momentan befinden wir uns in einer solchen innereiszeitlichen Warmphase. Ob das Rentier wohl einen weiteren Menschentyp überleben wird wie einst den Neandertaler?

Durch den Beginn der heute noch andauernden Warmphase wurden diese Arten ebenfalls von einer warmzeitlichen Fauna aus Mitteleuropa nach Norden und Osten verdrängt. Saigaantilope und Przewalskipferd wären im vergangenen Jahrhundert fast vom Menschen ausgerottet worden. Dank umfangreicher Schutzmaßnahmen erholten sich die Bestände in den letzten Jahren wieder. Weitere Überlebende der Eiszeit sind Moschusochse, Wolf, Luchs, Polarfuchs, Wildkatze und Rothund. Ob sie den Sprung in die nächste Kaltphase schaffen, bleibt fraglich. Anders als das Ren stehen all diese Tiere bereits auf der roten Liste der bedrohten Arten.

Aber auch ohne unser Eingreifen ist die Tierwelt unserer Warmphase in Europa nicht mehr die gleiche wie in den Interglazialen zuvor. Vor zirka 11 000 Jahren war der Kontinent zwar weitgehend wieder von Wald überzogen, aber die großen warmzeitlichen Säugetiere blieben aus. Waldelefant und Waldnashorn waren an den Orten, wo sie während aller anderen Kaltphasen stets überlebt hatten, ausgestorben und konnten den Kontinent nicht wiederbesiedeln. Damhirsch und Flusspferd hatten im Zweistromland und am Nil überlebt, aber offenbar waren die Populationen nicht übermäßig groß, sodass eine Neubesiedelung Europas bis Rhein und Neckar ausblieb. Die Fauna zu Beginn der aktuellen Warmzeit hat sich bis heute kaum verändert, es fehlen ausschließlich Arten, die wir selbst im Laufe der Geschichte ausgerottet haben, etwa den Auerochsen, der im antiken Rom als Gegner für Gladiatoren äußerst beliebt war.

Starke Typen

Langsam schlichen sie sich von der Bergseite her an das Lager an. Kein Geräusch war zu hören. Sie hatten sich alte Felle um ihre Fußkleider gewickelt. Auf diese Weise würden die anderen niemals erfahren, dass die Späher das fremde Lager ausgekundschaftet hatten. Die Felle schluckten nicht nur jedes Geräusch, sie verwischten auch alle Spuren. Der Auftrag der sechs Freiwilligen bestand darin herauszufinden, wer die Fremden waren, wie stark ihre Bewaffnung war und ob es sich lohnte, das Lager zu überfallen. Ganz nebenbei konnte man auch feststellen, ob sich bei den Eindringlingen auch Weibliche im gebärfähigen Alter befanden. Schon lange hatte der Clan keine anderen Neandertaler mehr getroffen, und die wenigen Frauen waren seit vielen Sommern vergeben. Der Frauenmangel führte immer wieder zu Unruhe unter den Jägern, vielleicht war die Lösung des Problems in diesem Lager zu finden.
Endlich hatte sich der Trupp auf Sichtweite herangepirscht. An Gestellen hing Fleisch zum Trocknen, offenbar von Hasen oder anderen Kleintieren. Außerdem gab es Gefäße mit verschiedenen Pflanzenteilen. Es sah ganz so aus, als ob die Fremden das Grünzeug ebenfalls als Nahrung betrachteten. Der Anführer der Späher schüttelte sich bei dem Gedanken, etwas essen zu müssen, das aus dem Bauch der Erde kam. Tatsächlich gab es in dem Lager zahlreiche Kinder, die Frauen mussten wohlgenährt und in guter Verfassung sein, aber man sah es ihnen nicht an. Enttäuscht warf er einen

Blick in die Runde. Sie hatten ja schon von einigen Alten am Lagerfeuer von der Hässlichkeit der Sapiensfrauen gehört, aber was sie nun sahen, überraschte sie doch. Was hatten diese armen Wesen für ein plattes Gesicht, als wäre ein wolliges Nashorn über sie hinweggerast und habe dem Gesicht einen schweren Tritt verpasst. Und diese hohe Stirn – wie der Stirnhöcker bei einem Mammut. Immerhin gleicht das Mammut die Verzerrung durch eine entsprechend lange Nase aus, aber haben die Sapiensfrauen denn überhaupt ein Riechorgan? Das winzige Stummelchen an der Stelle, wo die Nase sitzen sollte, kann doch wohl nicht alles sein. Als hätte das Näschen seit dem Säuglingsalter das Wachsen vergessen. Dafür sprießt unter dem Mund ein skurriles, offenbar ganz nutzloses Etwas, das das Gesicht des anderen Menschen völlig verschandelt.

Nein, diese Wesen kamen wohl nicht in Frage, um das Blut des Stammes aufzufrischen. Wie sollte ihre lange, schlaksige Form die Begierde eines Neandertalermannes wecken. Diese seltsamen geraden Beine, die sie wie federlose Vögel einherstaksen ließen. Als der Anführer des Trupps die Erste der anderen genauer betrachtete, dachte er noch, sie sei vielleicht missgebildet, aber sie alle zeigten diese seltsamen Gehwerkzeuge. Neandertalerfrauen hatten einen angenehm wiegenden Gang und leicht gebogene, kurze Beine. Damit spiegelten sie die wahre Ordnung der Natur. Hatte nicht auch das Mammut gebogene Stoßzähne und das Ren ein fein geschwungenes Geweih? Ein missgebildeter Hirsch mit geraden Hörnern konnte zum Mörder werden und viele andere töten, aber er würde niemals Leithirsch werden und diese Eigenschaft an seine Nachkommen weitergeben. Das Gerade ist nicht willkommen in der Natur.

Ebenso lautlos, wie sie gekommen waren, verließen die

Späher ihren Aussichtspunkt. Die anderen hatten, wie zu erwarten war, nichts von den heimlichen Besuchern bemerkt. Enttäuschendes würde der Trupp dem Rest des Clans berichten müssen. Die Fremden waren schwächlich und offenbar leichtsinnig, denn sie hatten ihr Lager nicht besonders gut gesichert. Andererseits gab es auch nicht viel zu holen an diesem trostlosen Ort. Für das bisschen verwertbare Nahrung und die dürren, geistähnlichen Weiblichen lohnte sich ein Angriff nicht.

Über das Aussehen des Neandertalers wissen wir vergleichsweise gut Bescheid. Er war im Schnitt kleiner als wir und erreichte nur etwa 1,67 Meter Körpergröße. Sein Körper wirkt kompakt und kräftig, seine Gliedmaßen zeigen einen auffälligen Unterschied zu unseren auf. Arme und Beine sind nicht insgesamt kürzer, sondern nur die jeweils äußeren Teile. Oberarm und Oberschenkel haben durchaus ähnliche Ausmaße wie beim modernen Menschen, während Elle und Speiche beziehungsweise Schien- und Wadenbein deutlich nicht die Länge vergleichbarer *Sapiens*-Knochen erreichen.

Die gravierendsten Unterschiede weist allerdings der Kopf auf. Seine Form ist auffallend flach und wird als «brotlaibförmig» beschrieben. Könnten wir heute die Bekanntschaft eines lebendigen Neandertalers machen, würde uns vermutlich vor allem die fliehende Stirn, der lang gestreckte Hinterkopf sowie das fehlende Kinn auffallen – und besonders bei den Männern kräftige Überaugenwülste. Diese äußerlichen Merkmale, vor allem das Fehlen einer «hohen Denkerstirn», haben in der Vergangenheit sehr häufig dazu geführt, dass der Neandertaler für «dumm» gehalten wurde. Tatsächlich passen in einen Neandertalerschädel durchschnittlich etwa 1520 Kubikzentimeter Hirn, bei einem *Sapiens* der Gegenwart sind es nur 1400. Ganz so einfältig kann er also nicht gewesen sein.

Die Augenhöhlen des Neandertalers sind groß und gerundet, während unsere eher eine viereckige Form zeigen. Auch die Nasenöffnung ist größer als beim modernen Menschen. Ob der Neandertaler deshalb allerdings eine andere Augenform oder eine größere Nase hatte als wir, ist nicht nachweisbar. Allerdings könnten Klimabedingungen wie zum Beispiel kalte Winde oder möglicherweise Staubstürme tendenziell kleinere Augen begünstigt haben. Womöglich blickte der Neandertaler sogar durch Augen asiatischen Zuschnitts in die Welt. Doch darüber können wir bestenfalls spekulieren. Die große Nasenöffnung deutet auf ein entsprechend auffälliges Riechorgan hin. Ob der Neandertaler mit seiner etwas größeren Nase tatsächlich besser Gerüche wahrnehmen konnte, ist nicht geklärt. Einige Forscher vermuten eher einen zusätzlichen Kälteschutz hinter der Nasenvergrößerung. Die eiskalte, extrem trockene Luft einer Kaltzeit soll beim Einatmen in der Nase über einen längeren Weg entlang gut durchbluteter Schleimhäute befeuchtet und auf eine Temperatur gebracht worden sein, die für die Lungen besser verträglich ist.[1]

In groben Zügen wissen wir also, wie ein durchschnittlicher Neandertaler ausgesehen hat. Für meine ZDF-Dokumentation und dieses Buch wollten wir es genauer wissen. Konnte man auch die individuellen Züge eines bestimmten Neandertalers rekonstruieren? War es möglich, dem Mann aus dem Neandertal sein Gesicht wiederzugeben? Einige Wissenschaftler wagten sich anlässlich des Jubiläums an diese heikle Aufgabe.

Dies war lange Zeit undenkbar gewesen, denn bei der Auffindung im Jahre 1856 hatten die italienischen Arbeiter zwar die berühmte Kalotte geborgen, von den Gesichtsknochen fehlte allerdings lange Zeit jede Spur. Erst Ralf W. Schmitz und Jürgen Thissen förderten durch ihre Grabungen 1997 und 2000 einige Gesichtsknochen wieder zutage.[2] Nach und nach konnten aus dem Abraum der längst zerstörten Kleinen Feldhofer Grotte das linke Jochbein, ein Kinnstück und mehrere Zähne geborgen werden. Ein kleines Stück vom Hinterhauptbein rastet sogar heute noch so nahtlos in die Kalotte von 1856 ein, als wäre es nie von ihr getrennt gewesen.

Leider fehlen immer noch große Teile des Gesichtsschädels, sodass die Forscher tief in die wissenschaftliche Trickkiste greifen mussten, um dem Neandertaler sein Gesicht zurückgeben zu können. Zunächst wurden alle Teile des Schädels in einem Computertomographen geröntgt. Das Röntgen von Fossilien ist schon lange gängige Praxis. Bereits kurz nachdem Wilhelm Conrad Röntgen 1895 die Röntgenstrahlen entdeckt hatte, wendete man das Verfahren auch auf «alte Knochen» an. Mit der Computertomographie, die sich im medizinischen Bereich in den achtziger Jahren des 20. Jahrhunderts durchsetzte, hatte die Forschung ein Hilfsmittel zur Verfügung, das es ermöglichte, das «Innenleben» von Fossilien zu erkunden, ohne die Funde dabei zu zerstören.

Im Fall des namengebenden Neandertalers lieferte der Tomograph Schnittbildserien, aus denen Volumendaten gewonnen werden konnten. Marcia S. Ponce de León und Christoph Zollikofer von der Universität Zürich, zwei Wissenschaftler, die sich seit langem mit der Rekonstruktion von Fossilien beschäftigen, verwandelten mit Hilfe von Hochleistungscomputern und einer Spezialsoftware die abstrakten Daten in dreidimensionale virtuelle Objekte. Das Abbild der Schädelkalotte, des Jochbeins und der kleineren Fragmente konnten die Rekonstruktionsexperten nun bewegen, kopieren, spiegeln und wie ein dreidimensionales Puzzle zusammensetzen. «Anders als in der reellen Realität kann man in der virtuellen Realität fragmentierte und unvollständige Fossilien rekonstruieren», beschreibt Marcia Ponce de León das Verfahren. «Auf dem Bildschirm hat man den Vorteil, dass man die Gravitationskraft umgehen kann, sodass man sehr kleine Fragmente im dreidimensionalen Raum positionieren kann.»[3]

Im Fall des Neandertalers wäre jeder herkömmliche Versuch, die Einzelteile mit Gips, Wachs oder Klebstoff zusammenzufügen, spätestens an der Positionierung des Kinnstückes, das völlig ohne direkte Verbindung zu den restlichen Knochen steht, gescheitert. Ganz abgesehen davon, dass glücklicherweise niemand die Erlaubnis erhalten würde, der wertvollen Originalkalotte mit Leim «zu Leibe» zu rücken. Für Ponce de León und Zollikofer ist allerdings noch wichtiger, dass die gesamte Rekonstruktion nach genau festgelegten biologischen Kriterien ausgeführt werden kann: «Erstens geht es darum, nichts in das Fossil hineinzuinterpretieren, sondern nur allgemeine anatomische Kriterien zu verwenden, von denen man erwarten kann, dass sie allen Vertretern der Gattung *Homo* gemeinsam sind. Auf diese Weise vermeidet man, dass ein vorgefasstes morphologisches Bild oder Wunschvorstellungen in die Rekonstruktion hineinprojiziert werden. Ein zweites Problem stellen fehlende Skelettteile dar: Praktisch alle menschlichen Fossilien sind ziemlich fragmentarisch erhalten, sodass gewisse Teile ergänzt werden müssen, um die ursprüngliche räumliche Form möglichst korrekt zu rekonstruieren. Eine wichtige Hilfe bildet hier die Tatsache, dass der Bauplan des menschlichen Skeletts grundsätzlich spiegelsymmetrisch ist.»[4]

Diese Eigenschaft ermöglichte letztlich auch die Rekonstruktion des Altmenschen aus dem Neandertal. Ponce de León und Zollikofer setzten zunächst einmal das neu entdeckte linke Jochbein an die Kalotte von 1856 und spiegelten das Objekt, sodass die obere Hälfte des Gesichtsschädels aus Kalotte plus linkem und gespiegeltem rechten Jochbein verhältnismäßig einfach zu rekonstruieren war. Größere Probleme bereitete die untere Hälfte, von der nur das Kinnstück und einige Zähne wiedergefunden worden waren.

Immerhin gab das Kinnstück die Winkel vor, die das Verhältnis zu den anderen Knochen bestimmten, allerdings nicht die genaue Entfernung. Um zu einem realistischen Gesamtbild zu kommen, unterlegten die Wissenschaftler ihre Rekonstruktion probehalber mit verschiedenen anderen Neandertalerschädeln, deren Daten sie bereits bearbeitet hatten. Und dann verhalf das sprichwörtliche Quäntchen Glück den Forschern zu einem unerwarteten Ergebnis. Einer der Schädel war nicht nur geeignet, die ungefähren Proportionen der unteren Gesichtshälfte abzuschätzen, vielmehr entpuppte sich der Fund als nahezu identisch mit dem Mann aus dem Neandertal. Kalotte, Jochbein und Kinnstück ließen sich vollkommen mit dem Vergleichsschädel zur Deckung bringen, nur die Überaugenwülste waren bei dem Mann aus dem Neandertal stärker ausgeprägt.

Der Schädel, der diese überraschende Übereinstimmung bot, ist unter dem Namen La Ferrassie 1 bekannt und wurde in der Dordogne in Frankreich gefunden. Ralf W. Schmitz hält es für denkbar, dass diese frappierende Ähnlichkeit der Gesichtsschädel dadurch zustande gekommen sein könnte, dass die Neandertaler über einen eingeschränkten Genpool verfügten. Vermutlich hat es in der Neandertalerzeit so wenige Individuen in Europa gegeben, dass zwangsläufig immer wieder Partner mit ähnlichen Genen zur Paarung zusammenfanden.

Nachdem so die Schädelform des Neandertalers exakter und vollständiger wiederhergestellt werden konnte als erhofft, stand einer Rekonstruktion des Gesichts nichts mehr im Wege. Zunächst ließen das ZDF und das Rheinische Landesmuseum, Bonn, im Institut caesar eine Stereolithographie aus den neu gewonnenen Schädeldaten herstellen. Bei diesem Verfahren steuert ein Computer einen Laserstrahl, der ein quadratisches Gefäß mit speziellem Kunstharz durchzieht. Der Laser härtet das goldgelbe Harz Schicht um Schicht genau an den Stellen, die der Computer anhand des dreidimensionalen Schädelmodells von Ponce de León und Zollikofer ansteuert. Nach rund 24 Stunden ist der gesamte Datensatz auf diese Weise von der virtuellen Realität in eine reale Realität in Form einer Stereolithographie verwandelt worden.

Auf der Basis dieses Kunstharzschädels gestalteten Brigitte Frank und Katharina Pade vom Atelier Manufaktur in München schließlich eine Büste und gaben dem Originalneandertaler nach 150 Jahren sein Gesicht zurück. Informationen über Dicke und Verteilung der Weichteilauflage lieferte neben Marcia S. Ponce de León und Christoph Zollikofer auch Fred Smith, der Anatom, der den Mann aus dem Neandertal kürzlich für ein fachübergreifendes Forschungsprojekt untersucht hatte. Außerdem stand Ausgräber Ralf W. Schmitz dem Team von Manufaktur mit Rat und Tat zur Seite. Natürlich sind noch immer viele Details wissenschaftlich nicht geklärt. Wir kennen weder Haar-, noch Haut- oder Augenfarbe des Originalneandertalers, Merkmale, die uns heute als sehr wichtig erscheinen, um individuelle Züge einer Person zu beschreiben. Frank und Pade setzten um, was die Wissenschaftler für die wahrscheinlichste Variante hielten. Möglicherweise wird die noch verhältnismäßig junge Wissenschaft der Paläogenetik irgendwann auch diese letzten offenen Fragen zum Aussehen des Neandertalers lösen und seinen Augen, seiner Haut und seinen Haaren die authentische Farbe zurückgeben. In meinem Film wiederum versuchte ich, das neu gefundene Gesicht des Neandertalers ebenfalls umzusetzen, indem ich einen Schauspieler auswählte, der zumindest in Ansätzen eine gewisse Ähnlichkeit mit dem Originalneandertaler hatte. Allerdings zeigt die Büste den Mann aus dem Neandertal am Ende seines ereignisreichen Lebens, während ich im Film versuchte, Augenblicke aus seiner Jugend zu rekonstruieren.

Abgesehen von den erstaunlichen Möglichkeiten moderner Rekonstruktionswissenschaften ist es natürlich sinnvoll, über die körperlichen Eigenschaften und ihre Bedeutung für das Leben des Neandertalers nachzudenken. Beispielsweise geben die enormen

Muskelmassen des Neandertalers noch immer Rätsel auf – gelegentlich ist der Neandertaler als «Schwarzenegger der Steinzeit» bezeichnet worden. Tatsächlich muss der Eiszeitmensch über enorme Kraft verfügt haben, wie die Muskelansätze auf den erhaltenen Knochen deutlich zeigen. Trotzdem hinkt der Vergleich, denn der Neandertaler hatte natürlich keine Verwendung für eine reine Showmuskulatur, die ihn bei jedem schnellen Lauf während der Jagd oder auf der Flucht unweigerlich hätte kollabieren lassen. Die Muskulatur des Neandertalers muss ganz im Gegensatz dazu auf Ausdauer und Leistung angelegt gewesen sein. Dazu gehört ein entsprechend leistungsfähiges Atmungs- und Kreislaufsystem.

Unsere eigene Art hat nur wenige vergleichbare «Muskelprotze» hervorgebracht. Grundsätzlich wird von den Wissenschaftlern gerade der leichtere, weniger kompakte Körperbau als eines der Unterscheidungsmerkmale zwischen unserem entfernten Vetter und uns genannt. Und doch gab es sie, die Kraftmeier unserer Spezies jenseits des Bodybuilding-Booms der Neuzeit. Der Anthropologe William S. Laughlin von der Universität Connecticut untersuchte über mehrere Jahre hinweg die Jäger der Aleuten und kam zu erstaunlichen Ergebnissen. Einer seiner Probanden von der Insel Umnak zerstörte im Verlauf eines Versuchs den Apparat zur Kraftmessung, weil er ihn zu stark presste. Die Stärke dieses Mannes lag offenbar völlig außerhalb des für möglich gehaltenen Rahmens.

Zahlreiche Knochenfunde belegen, dass dieser Jäger nicht etwa ein Einzelfall ist. 1950 wurde beispielsweise der Oberarmknochen eines Aleutenjägers gefunden, der die gewaltigsten Muskelansätze aufweist, die überhaupt jemals bei einem modernen Menschen festgestellt wurden. Laughlin, der den Knochen untersuchte, konstatierte kopfschüttelnd, dass sich jeder andere Oberarmknochen dagegen wie ein «Pfeifenstiel» ausnahm.[5]

Die Ursache für den außerordentlichen Muskelaufbau der Aleutenjäger ist hinreichend bekannt. Diese Jäger stellten ihrer Beute in

Kajaks nach. Ihre Armkraft und Ausdauer waren legendär. Händler, Missionare und Forschungsreisende des 19. und frühen 20. Jahrhunderts berichteten mit großem Erstaunen von den Leistungen der Kanuten. Berichten zufolge sollen die Jäger mühelos mehrere Stunden bei einer Durchschnittsgeschwindigkeit von über 8 Knoten (ca. 15 Kilometer pro Stunde) gepaddelt sein.

Beim Neandertaler scheidet das Dauerpaddeln als Muskeltraining nach dem heutigen Forschungsstand aus. Nichts deutet bisher darauf hin, dass der Eiszeitler sich anders als auf Schusters Rappen vorwärts bewegt hat. Trotzdem muss eine schweißtreibende Beschäftigung dafür gesorgt haben, dass der Neandertaler gerade auch im Armbereich extreme Muskelmassen aufgebaut hat. In der Forschung wird meist Anpassung an das eiszeitliche Klima vage als Grund genannt. Ob damit gemeint sein soll, dass der Neandertaler seine Riesenmuskeln nutzte, um den Körper zu erwärmen, ist nicht klar. Auch die Frage, warum unsere Vorfahren, als sie nach Europa kamen, nicht muskelmäßig nachgerüstet haben, obwohl sie doch innerhalb einer Kaltphase eingewandert sein sollen, bleibt unbeantwortet. Dass eine Anpassung des Körpers innerhalb weniger Generationen möglich ist, zeigt die Geschichte unserer Art immer wieder.

Auf der Halbinsel La Florida am Südostzipfel des nordamerikanischen Kontinents beispielsweise wurde 2000 eine Grabung durchgeführt, die Aufklärung über den Gesundheitszustand der einheimischen Bevölkerung während der Versklavung durch die Spanier bringen sollte. Neben der Erkenntnis, dass die Einheimischen durch die einseitige Maiskost sehr schlechte Zähne bekamen, war das wichtigste Ergebnis der Untersuchungen, dass die Sklaven, die zunächst einen normalen Knochenbau mit durchschnittlichen Muskeln aufwiesen, innerhalb weniger Generationen durch die dauerhafte Beanspruchung schließlich enorme Muskelberge aufbauten, die entsprechende Marken auf den Knochen hinterließen, und auch die Knochen selbst hatten schon nach einer Generation mehr Material angelagert und waren dicker geworden.[6]

Für die Neandertaler ist ebenfalls andauernde, schwere körperliche Arbeit als Grund für ihren starken Muskelaufbau anzunehmen. Darauf deutet auch der medizinische Befund des Mannes aus dem Neandertal hin. Er konnte seinen linken Arm wegen einer Verletzung am Ellbogen nicht bewegen. Trotz seiner Behinderung versuchte dieser Neandertaler, seinen Beitrag zur Arbeit der Gruppe zu leisten. Ergebnis dieser Bemühungen ist eine Überbeanspruchung des rechten, gesunden Arms, bei dem die übergroßen Muskeln so stark am Knochen rissen, dass dieser an einigen Stellen geschädigt wurde.[7]

Was genau die Neandertaler mit ihren Muskelbergen anfingen, ist sehr schwer zu sagen. Sie hatten eine ausgeprägte Beinmuskulatur, aber Form und Länge der Beine wiesen sie nicht gerade als Laufprofis aus. Unsere eigenen Vorfahren, die größer und schlanker waren und über lange Gliedmaßen verfügten, gelten vielmehr als die begnadeten Läufer. Den Neandertaler weist sein Körperbau weder als Kandidaten für einen schnellen Sprint noch als Marathonläufer aus.

Auch als Erklärung für die ausgeprägte Armmuskulatur sind viele Tätigkeiten angeführt worden, die sich allerdings nicht grundsätzlich von denen unterscheiden, die der moderne Mensch im selben Lebensraum bewältigte, ohne vergleichbare Muskelmasse anzusetzen. Ich sehe im Moment keine plausible Erklärung für die auffällige Muskulatur des Neandertalers. Möglicherweise hat der Eiszeitler im Gegensatz zum *Homo sapiens* seine Muskeln durch das dauernde Tragen schwerer Lasten erworben. So banal dieser Gedanke zunächst klingen mag, könnte er doch unser Bild des Neandertalers verändern.

Trug er nämlich bei seinen Umzügen von einem Lager zum anderen stets seine ganze Habe bei sich, könnte das ein Hinweis darauf sein, dass die transportierten Gegenstände am nächsten Ort nicht leicht wiederzubeschaffen waren oder sehr viel Mühe in der Herstellung erforderten. Wenn die Neandertaler Gerätschaften länger nutzten und sorgfältiger bearbeiteten, dann müssen wir uns eine sehr viel entwickeltere Kultur vorstellen als bisher. Wir könnten es mit einem Menschen zu tun haben, der den Wert seiner Arbeit schätzte, vielleicht sogar Freude an der Schönheit der Dinge empfand und in gewissem Sinne Traditionen schuf.

Der Jäger des Mammuts

Schon seit den frühen Morgenstunden lauerten die Jäger in ihren Verstecken. Wie Generationen vor ihnen hockten die Neandertaler bewegungslos und schienen völlig mit ihrer Umgebung verschmolzen zu sein. Tatsächlich mussten sie, um Muskelkrämpfe zu vermeiden, ständig das Gewicht verlagern, aber sie taten es im Gleichklang mit dem Wind, der die Gräser um sie herum bewegte. Keines der Weidetiere würde sich von diesen unbeweglichen Gestalten bedroht fühlen.

Den ganzen gestrigen Tag hatten sich die Neandertaler auf die Jagd vorbereitet. Sie hatten die Spitzen der neuen Lanzen immer wieder im Feuer gehärtet und die Steinmesser geschärft. Jedes alte Gerät war auf seine Tauglichkeit überprüft worden. Nichts hatten sie dem Zufall überlassen. Trotzdem konnten sie einige Faktoren nicht einschätzen. Sie hatten seit den Anfängen ihres Clans immer nur Rentiere gejagt. Doch die Hornträger waren ausgeblieben, und nun musste man sich auf eine neue Beute einstellen.

Zum ersten Mal würden die Jäger des Clans heute Wildpferde jagen. Sie hatten die fremdartigen Geschöpfe schon seit längerem beobachtet und in ihrem Verhalten vieles wiedergefunden, was sie von den Rentieren bereits kannten. Die Stuten würden sich sicher in gleicher Weise in einen Hinterhalt locken lassen, aber der Hengst schien wehrhaft und unberechenbar zu sein. Sie konnten es sich nicht leisten, noch einen Jäger zu verlieren, aber sie brauchten dringend das Fleisch. Was blieb ihnen übrig, als ihr Glück zu versuchen. Schließlich ließ sich einer der Jäger in Zeitlupe auf den Boden nieder und horchte. Die Erde bebte. Mit dem Ruf des Schneehuhns signalisierte er den anderen das Eintreffen der großen Herde.

Nicht nur die Liebe – das ganze Leben geht in gewisser Weise durch den Magen. Oder im Jargon moderner Lifestyle-Berater gesprochen: «Du bist, was du isst.» Unter diesem Gesichtspunkt scheint die Frage, ob der Neandertaler vorzugsweise Mammutsteaks zu sich nahm, pflanzliche und tierische Nahrung mischte oder als reiner Vegetarier sein Leben fristete, eine der nächstliegenden Fragen überhaupt zu sein.

Carl W. Neumann, ein im Deutschland der 30er Jahre recht angesehener populärwissenschaftlicher Autor, hatte sich eine eindeutige Meinung über die Essgewohnheiten des Neandertalers gebildet: «Die Pflanzenkost wurde knapper, je stärker der Eishauch von Norden blies, und mit der Schrumpfung des Pflanzenreichtums schwand auch die niedere Tierwelt dahin, die ihrer ganzen Veranlagung nach von bestimmten Gewächsen abhängig war. Der Mensch geriet in die Lage des Raubtiers, das so oder so einen Unterhalt, seinen Lebensbedarf sich erjagen musste.»[1]

Im Großen und Ganzen blieb es bis in die Gegenwart bei dieser Vorstellung, die Neandertaler seien wie etwa die Inuit Konsumenten rein fleischlicher Nahrung gewesen. Gelegentlich schlugen einige Forscher eine durch Früchte, Kräuter, Wurzeln und Nüsse bereicherte Mischkost vor, aber unterm Strich bleib es beim Fleischessermodell.

Einer der wenigen Forscher, der fundiert etwas zu den Essgewohnheiten unserer eiszeitlichen Verwandten sagen kann, ist Mike

Richards vom Max-Planck-Institut in Leipzig. Schon seit vielen Jahren beschäftigt er sich mit dem Speisezettel der Neandertaler. Die Arbeitsthese ist so einfach wie bestechend. Alles, was wir zu uns nehmen, hinterlässt Spuren in unserem Körper. Die Zusammensetzung unserer Knochen verrät ganz zweifelsfrei, ob wir lieber ein saftiges Schnitzel oder einen frischen Salat auf dem Teller haben. Um nun eine genaue Vorstellung von den Essgewohnheiten des Neandertalers zu erhalten, entnahm Richards Proben aus den Knochen mehrerer Individuen. Zuletzt rückte Richards 2005 sogar dem Typusexemplar in Bonn mit seinem Bohrer zu Leibe.[2]

Abgesehen hatte er es auf die in den Knochen enthaltenen Kohlenstoff- und Stickstoffisotopen. An ihnen konnte der Wissenschaftler ablesen, welche Nahrung ein Organismus in den letzten Jahren vor seinem Tod zu sich genommen hat. Natürlich reichte eine rein quantitative Analyse der Isotopen nicht aus, um daraus zu schließen, was der Neandertaler tatsächlich verzehrte. Richards musste die Neandertalerdaten mit Werten von eindeutig identifizierten Pflanzen-, Fleisch- oder Allesfressern vergleichen, um einen Blick in die Töpfe oder auf die Grillfeuer der Neandertaler werfen zu können.

Mit Knochenmaterialien von heute lebenden Menschen oder Tieren kann man die Neandertalerproben nicht vergleichen, weil die Bedingungen, unter denen die Knochen der Eiszeitmenschen über so große Zeiträume gelagert waren, das Ergebnis verfälschen könnten. Daher arbeitete Richards mit Proben aus dem gleichen Zeithorizont. Er wählte zum Beispiel die fossilen Knochen eines Wolfes als Vertreter der Fleischfresserfraktion, eines Riesenhirsches als Vegetarier und eines Schweins als Beispiel für einen Allesfresser. Alle Tiere sind nicht nur wie der Neandertaler an die 42 000 Jahre alt, sondern stammen auch aus derselben Region. Die Umwelteinflüsse, die auf das Material einwirkten, waren in allen Fällen gleich. Wenn nun die Zusammensetzung der Isotopen im Neandertalerknochen ähnlich oder sogar identisch mit einer der anderen Proben wäre, könnte man relativ sichere Aussagen über die kulinarischen Vorlieben des Eiszeitlers machen.

Das Ergebnis beim namengebenden Fund aus dem Neandertal war für Richards keine Überraschung: «Ich habe bereits andere Neandertaler in Europa untersucht, in Kroatien zum Beispiel. Andere Wissenschaftler haben Neandertaler aus Frankreich und Belgien getestet und wir haben herausgefunden, dass die Neandertaler anscheinend sehr erfolgreiche Jäger gewesen sind – auch das jetzt getestete Typusexemplar. Sie besaßen die gleichen Isotopenwerte wie Wölfe. Anscheinend haben sie sehr viel Fleisch gegessen und so gut wie nie pflanzliche Nahrung. Sie standen eindeutig am Ende der Nahrungskette!»[3]

Damit ist einmal mehr bewiesen, dass sich die Eiszeitmenschen von rein fleischlicher Kost ernährten. Vor Richards hatten sich in gleicher Weise auch schon die amerikanischen Anthropologen Erik Trinkaus und Mary C. Stiner in einer Studie darum bemüht, die Essgewohnheiten der Neandertaler zu erforschen. Dabei waren sie bei der Untersuchung von mehreren anderen Individuen, die in einem Zeitraum von vor 100 000 bis vor 28 000 Jahren gelebt hatten, zu vergleichbaren Ergebnissen gekommen. Stets ähnelten die Werte der Eiszeitmenschen am ehesten denen der anderen Topjäger am Ende der Nahrungskette: Wölfen, Hyänen und Großkatzen.

Die Wissenschaftler vermuteten aufgrund ihrer Untersuchungen auch, dass die Neandertaler nicht einmal Fisch und Wassergeflügel zu sich nahmen. Vielmehr, so scheint es, hatten sie sich rein auf vierbeinige Landsäuger spezialisiert. Trinkaus und Stiner verglichen die Daten der Neandertaler mit denen von modernen Menschen aus der Jungsteinzeit, die vor etwa 25 000 bis 20 000 Jahren gelebt hatten. Der Unterschied war erstaunlich. Die untersuchten *Sapiens* hatten sich alle zumindest teilweise von Fischen und Vögeln ernährt, ein Individuum sogar zu über fünfzig Prozent.

Daraus folgerten die beiden Wissenschaftler, dass der Neandertaler durch sein weniger breites Nahrungsspektrum «anfälliger für saisonale und längerfristige Ressourcenschwankungen» gewesen sei. Einige Forscher sehen in dieser Anpassungsleistung des modernen Menschen den Grund für seine Überlegenheit. Während *Sapiens* zu einer Zeit, als das Mammut ausstarb und die großen Rentier- und Wildpferdherden schrumpften oder durch klimatische Einflüsse ihre Wanderzeiten oder -routen veränderten, einfach seinen Speiseplan umstellte, verhungerte der unflexible Neandertaler. Der amerikanische Anthropologe Kent Flannery fasste diese These in dem griffigen Ausdruck «broad spectrum revolution» zusammen. Unklar bleibt dabei indessen, wie es dem Neandertaler gelungen war, all die früheren, nicht eben seltenen Klimaschwankungen zu überleben.[4]

Andere Wissenschaftler sehen nicht die mögliche Einschränkung oder den Verlust der Nahrungsquellen, sondern die einseitige Fleischdiät selbst als Hauptproblem der Neandertaler an. «Höchst ungesund!», würde ein Ernährungsberater dem Neandertaler heute sagen und versuchen, seinen Patienten zur Mischkost zu überreden. Die Anthropologin Susan Cachel hält den Speiseplan der Neandertaler denn auch für völlig unzureichend und sieht in der einseitigen Ernährungsweise die mögliche Ursache für Kalziummangel und Knochenprobleme wie zum Beispiel Osteoporose.[5] Immerhin scheint sich das Essverhalten innerhalb des Untersuchungszeitraums von vor 100 000 bis vor 28 000 Jahren nicht verändert zu haben. Während dieses Zeitraums ist der Neandertaler offenbar prächtig mit seiner Vorliebe für Fleisch zurechtgekommen.

Von indigenen Völkern wissen wir, dass sie sich bis zu einem gewissen Grad an den Mangel an bestimmten Substanzen, die für uns ganz selbstverständlich zur ausgewogenen Ernährung gehören, anpassen konnten. Außerdem erschließen sie Quellen für Vitamine und andere lebenswichtige Stoffe, die uns nicht unbedingt geläufig sind. Die Inuit beispielsweise konnten auch ohne Grünanteil in der

Nahrung ganz gut überleben, bis sie von der Zivilisation des weißen Mannes eingeholt wurden:

«Da Fleisch, vor allem Leber, oft roh gegessen wird, die Fleischnahrung außerdem viel Fett enthält, wird der Bedarf an Vitaminen gedeckt und ein Überangebot an Eiweiß vermieden. Bei den hohen Wärmeverlusten ist der große Fettkonsum kein Problem», berichtet der Arktisreisende Wilhelm Müller von seinen Beobachtungen. Der Fleischkonsum – vor allem Meeressäugetiere und Fische – lag, solange sie ihrer traditionellen Lebensweise folgten, bei über neunzig Prozent. Die wichtigste Pflanzennahrung vor der Einführung von Salat und Gemüse war der Mageninhalt von erlegten Rentieren. Diese breiige, schon vorverdaute «Suppe» aus den Überresten von Flechten und Gräsern wurde sofort im Anschluss an die Jagd verzehrt und galt als außergewöhnliche Delikatesse.[6]

Die Neandertaler schätzten diese Art der Beilage vermutlich ebenfalls schon. Selbst Raubtiere wie Löwen oder Tiger bereichern gelegentlich ihren Speisezettel um Grünes, indem sie den Magen ihrer Beutetiere zu sich nehmen. Besonders in den langen, eiszeitlichen Wintern dürfte dies die einzige Möglichkeit gewesen sein, Mangelerscheinungen vorzubeugen.

Dass die Neandertaler gänzlich auf Fisch und Geflügel verzichtet haben sollen, akzeptieren ebenfalls noch längst nicht alle Wissenschaftler. In Buhlen im nördlichen Hessen konnte Anne Eastham bei der Auswertung der Fundstücke eines Neandertalerlagers erstaunlich viele Eierschalen und Vogelknochen verzeichnen. Offenbar lebten zumindest an diesem Ort einige Eiszeitmenschen, die Geflügel als Nahrungsmittel zu schätzen wussten. Für die Neandertaler rund ums Mittelmeer standen vermutlich sogar Austern, Muscheln und Krebse auf der Speisekarte, wie Funde zum Beispiel in Gibraltar belegen. Die Bewohner eines Lagers im Tal der Dordogne hatten offenbar sogar Süßwasserfische wie Forellen und Hechte gebraten.[7]

Vielleicht sollte man Neandertalerüberreste, die mit so eindeutigen Begleitfunden geborgen wurden, einmal auf ihre Isotopenzusammensetzung hin überprüfen. Dann erst könnte man sicher feststellen, ob beispielsweise die mediterranen Neandertaler sich in unserem Sinne eher «ausgewogen» ernährten. Forscher aus ferner Zukunft würden sicherlich auch ziemlich danebenliegen, würden sie beispielsweise die Knochen eines halben Dutzend Inuit des vorletzten Jahrhunderts ausgraben, untersuchen und davon auf die Ernährungsgewohnheiten unserer gesamten Art schließen.

Noch wesentlich heftiger als über die Nahrung des Neandertalers ist über die Art und Weise ihrer Beschaffung gestritten worden. Während die einen im Neandertaler den ersten Großwildjäger sahen, der sogar Mammut und Waldelefant zur Strecke brachte, glaubten andere, dass er es lediglich mit Niederwild aufnehmen konnte und sich ansonsten mit Aas über Wasser halten musste. Interessanterweise assoziiert man die Jagd auf riesenhafte Beute stets mit einer Zunahme von Intelligenz. Noch 1992 argumentiert Lewis R. Binford mit Hilfe dieser Faustregel: «Kein Fundensemble, das älter als 100 000 Jahre alt ist, lässt bei genauerer Nachprüfung eine jägerische Lebensweise erkennen. Ja, man kann behaupten, dass systematische Jagd […] nicht vor dem Auftauchen des modernen Menschen, das heißt vor vielleicht 60 000 Jahren, ausgeübt wurde.»[8]

Andere, beispielsweise Clive Gamble und Christopher Stringer, sprechen dem Neandertaler zwar nicht grundsätzlich die Fähigkeit zu jagen ab, halten ihn gleichwohl aber nicht für einen Großwildjäger: «Obgleich es unzählige künstlerische Darstellungen von Neandertalern gibt, die Felsblöcke auf Mammuts schleudern und ausgewachsene Bisonbullen und Wollnashörner mit zerbrechlich aussehenden Speeren und knotigen Keulen töten, gibt es unserer Ansicht nach kaum Belege dafür, dass dies ein regelmäßiges Vorkommnis oder die wahrscheinliche Art der Tötung solch großer

Tiere war. Die langen Fundsequenzen der Grabungsstätten im Mittleren Osten liefern vielmehr Hinweise darauf, dass mittelgroße und kleine Tiere das Hauptziel der Jagdstrategie bildeten. […] Das Vorkommen von Großtieren wie Auerochse, Nashorn und Flusspferd in einigen Fundstellen ist wahrscheinlich das Resultat einer Nutzung als Aas.»[9]

Die Frage, ob es nun intelligenter sei, große Tiere zu erlegen oder kleine, soll hier nicht diskutiert werden. Immerhin scheint es doch vor allem um ein sinnvolles Verhältnis von Aufwand und Nutzen zu gehen. Zu einer erfolgreichen Jagd gehört ja nicht nur das Auskundschaften, Verfolgen, Planen und Töten des Tieres, sondern auch das Zerteilen der Beute, das Verteidigen gegen Aasfresser und möglicherweise das Konservieren von Vorräten. All diese Aufgaben erfordern Arbeitsleistungen von der gesamten Gruppe und die Bereitschaft, Risiken auf sich zu nehmen.

Um das Überleben aller sichern zu können, muss sich eine Jägergemeinschaft zweifellos auf eine Beute einstellen, deren Bejagung so wenig Gefahr und Arbeit birgt wie möglich und dabei so viel Fleisch bringt wie nötig. Schaut man sich die Beutetiere an, kristallisiert sich schon bald heraus, welche darunter die wahrscheinlichsten sind: Ein Schneehase wiegt ca. 2 bis 3 Kilogramm, ein Rentier 60 bis 300 Kilogramm, ein Wildpferd 200 bis 300 Kilogramm, ein Bison 300 bis 920 Kilogramm, und ein Mammut dürfte um die 4000 bis 6000 Kilogramm auf die Waage gebracht haben.

Wenn ein Neandertaler im Schnitt ca. 1 Kilogramm Fleisch pro Tag verzehrt hat (bei einem ursprünglich lebenden Inuit geht man von 300 bis 500 g pro Mahlzeit bei zwei Mahlzeiten am Tag aus), verbrauchte ein Neandertalertrupp von 25 Personen im Verlauf einer Woche 175 Kilogramm Fleisch, also wahlweise 88 Schneehasen, ein bis zwei Rentiere oder Wildpferde, ein Fünftel des Bisons oder ein Dreißigstel des Mammuts. Man sieht auf einen Blick, dass das Verhältnis von Aufwand und Nutzen bei den Tieren mittlerer

Größe am günstigsten ist. Schneehasen und andere kleine Säuger sind zwar ohne beträchtliches Risiko zu fangen, aber man braucht eine erhebliche Menge, um den ganzen Trupp satt zu bekommen. Sie kommen allenfalls als Beigabe in Frage, wenn sie in großer Zahl vorhanden waren und man sie energiesparend mit Schlingen oder anderen Hilfsmitteln fangen konnte. Viel besser sieht die Bilanz bei den mittelgroßen Beutetieren aus. Es ist zwar relativ arbeitsintensiv und nicht ganz ungefährlich, sich Rentieren oder Wildpferden zu nähern, aber ein einziger Jagderfolg pro Woche reichte aus, um die Familie durchzubringen. Zudem kann das Fleisch innerhalb einer vertretbaren Zeit vollständig konsumiert werden, sodass sich keine Lagerungsprobleme ergeben.

Die risikoreiche Jagd auf ein Mammut oder einen Elefanten war so lange nicht sinnvoll, wie die Neandertaler nicht in der Lage waren, Fleisch haltbar zu machen. Warum sollte man sich mit einem Giganten einlassen, wenn man nicht mehr Fleisch nutzen konnte als bei einem leichter erlegbaren Rentier oder Pferd. Selbst wenn sich mehrere Clans, wie in einigen Szenarien beschrieben, zusammengetan hätten, um ein Tier zu erbeuten, hätte man über 700 Personen gebraucht, um einen solchen Riesen innerhalb einer Woche aufzuessen. Das wiederum hätte bedeutet, dass sich rund 28 Gruppen zur Mammutjagd oder zumindest zum Zerlegen und zum großen Festschmaus hätten einfinden müssen.[10]

Ein solches Riesentreffen aber ist nicht sehr wahrscheinlich. Wenn es also Mammutjagden gegeben hat, dann vielleicht deshalb, weil der Bedarf an wertvollen Rohstoffen wie Knochen als Baumaterial, Fell für Kleidung und Zelte oder auch Fett so hoch gewesen ist, dass sich die Gefahren und Anstrengungen einer Großwildjagd trotzdem lohnten. Von fast allen Naturvölkern ist allerdings bekannt, dass sie ihre Ressourcen stets vollständig aufbrauchen, im wahrsten Sinn des Wortes «ausschlachten». Die Jagd auf Großsäuger ergibt nur dann einen Sinn, wenn die Neandertaler bereits in der Lage waren, das Fleisch der Großsäuger in irgendeiner Weise dauerhaft haltbar zu machen.

Betrachtet man aber die wahrscheinlichsten Beutetiere wie Rentier und Wildpferd genauer, die aufgrund ihrer Größe am besten in das gedachte Beuteschema passen, so zeichnen sie sich vor allem durch eines aus: Sie sind viel schneller als die Neandertaler. Wie gelang es dem Eiszeitmenschen, diese flinken Vierbeiner zu erlegen? Der Neandertaler verfügte laut Forschungslage noch nicht über Fernwaffen wie Pfeil und Bogen, selbst den Gebrauch von Wurfspeeren trauen ihm einige Wissenschaftler nicht zu.

Es gibt überhaupt nur ein einziges gesichertes Beispiel für eine Jagdwaffe, die zumindest dem Präneandertaler zuzuschreiben ist. Bei diesem zentralen Fund handelt es sich um die so genannte Lehringer Lanze, die 1948 in einer Mergelgrube bei Verden an der Aller entdeckt wurde. Die Lanze ist ungefähr 125 000 Jahre alt, aus einem Eibenstamm gearbeitet und hat eine Länge von etwa 2,35 Metern. Leider ist der außergewöhnliche Fund entweder unter dem Druck der Sedimente oder durch die überstürzte Bergung in 11 Bruchstücke zerfallen. Es ist allerdings noch immer gut erkennbar, dass die Waffe sorgsam bearbeitet und im Feuer gehärtet worden war. Eine geschäftete Steinspitze gibt es bei der Lehringer Lanze zwar nicht, aber insgesamt lautet das Urteil der Wissenschaftler vergleichsweise einhellig, dass es sich bei dem Fund um ein wohl durchdachtes Jagdinstrument handelt.

Die Urgeschichtler Hartmut Thieme und Stefan Veil bestätigten der Lehringer Lanze in ihrer Studie von 1985, «dass kein Gelegenheitswerkzeug vorliegt, sondern ein sorgfältig zugerichtetes Gerät»[11]. Die Meisterschaft der alten Waffenbauer zeigte sich bereits in der Auswahl der Holzart. Eibenholz gilt als besonders fest und dabei extrem biegsam. Noch die Lanzen mittelalterlicher Ritter waren vorzugsweise aus Eibenholz gearbeitet, weil dieses Material weder brach noch splitterte und zugleich jeden Stoß ein wenig abfederte. Dadurch war es möglich, den Gegner aus dem Sattel zu heben, ohne sich selbst beim Aufprall schlimme Verletzungen zuzufügen. Bis heute findet das vielseitige Material im Bogenbau Anwendung.

Auch die Art der Bearbeitung zeugt von hoher Meisterschaft. Anscheinend hatten die präneandertalischen Waffenbauer nichts dem Zufall überlassen. Besonders bemerkenswert erscheint hier die Bearbeitung der Spitze. Offenbar vermieden die Schnitzmeister bewusst das weichere Mark im Inneren des Stammes und ließen die Spitze in einem leichten Bogen im umgebenden härteren Holz auslaufen. Das optimierte nicht nur die Festigkeit der Spitze, sondern war auch für die Handhabung der Stoßlanze möglicherweise von Vorteil. Insgesamt scheinen Material und Verarbeitung so hochwertig gewesen zu sein, dass die Lehringer Lanze nicht nur einmal, sondern wiederholt zum Einsatz kam.

Wie aber hat der Neandertaler das Wild mit einer solchen Waffe zur Strecke gebracht? Bei einem Gegner wie dem Wildpferd oder dem Rentier geht es ganz offensichtlich nicht nur um den Einsatz von Muskelkraft. Man muss nahe genug an die Beutetiere herankommen, um einen tödlichen Stoß mit einer Nahkampfwaffe ausführen zu können. Neandertaler müssen im Anschleichen also mindestens so erfahren und talentiert gewesen sein, wie man es spätestens seit Karl May den nordamerikanischen Indianern zutraut.

Aber selbst, wenn ein Jäger sich unbemerkt bis auf wenige Meter seiner Beute nähern konnte, musste er, um erfolgreich zu sein, das Opfer völlig überraschen, das letzte, entscheidende Stück in schnellem Sprint überwinden und die Beute durch einen gezielten Stich töten. Das gelang vermutlich nur, wenn mehrere Jäger hinreichend effektiv zusammenarbeiteten, denn sonst war die Gefahr, dass die Beute in letzter Sekunde entkam, sehr hoch. Die neuzeitlichen Indianer Nordamerikas und Kanadas erlegten ähnlich große Tiere wie man für sie vermutet, nämlich Bisons, Karibus und Hirsche, indem sie sich an die Herden anschlichen und dann ein Tier aus nächster Nähe mit Pfeil und Bogen töteten.

Eine möglicherweise weniger elegante, aber sehr effektive Methode erdachten einige Inuitgruppen, die noch im vorletzten Jahrhundert vor allem Rentiere jagten. Um ihre Ausbeute zu erhöhen, wendeten sie einen ebenso einfachen wie genialen Trick an. Sie trieben die Tiere in einen natürlichen Engpass, eine Schlucht oder sogar in einen extra vorbereiteten Pferch. Da die Gruppe in der Regel über zu wenige Treiber verfügte, richteten sie auf den Engpass zulaufend Steintürmchen auf, die weitere Treiber andeuten sollten. In ihrer Panik wichen die Tiere den «Steinmenschen» ebenso aus wie den lebendigen und liefen genau dorthin, wo die Jäger sie haben wollten. Schließlich mussten die Inuit die in die Enge getriebenen Tiere nur noch mit Pfeil und Bogen aus kurzer Distanz erlegen. Die Gefahr für Leib und Leben war gering, die Ausbeute groß.

Auch mit einer einfachen Lanze wären die Erfolgsaussichten sicher sehr viel besser gewesen, wenn man das schnelle Wild auf irgendeine Weise am Weglaufen hätte hindern können. Tatsächlich gibt es einige Funde aus der Zeit der Neandertaler, die belegen, dass auch die Eiszeitler ihrem Jagdglück ein wenig auf die Sprünge halfen. In einem kleinen Tal nahe des südfranzösischen Pyrenäenstädtchens Mauran beispielsweise benutzten Neandertaler vor 40 000 Jahren über einen längeren Zeitraum immer wieder dasselbe Jagdcamp. Dort erwarteten sie offenbar den jährlichen Zug der Wisente zu ihren Winterweiden. Die Jäger nutzten die örtlichen Gegebenheiten und fanden sich immer dann wieder ein, wenn die Bedingungen für ihre Zwecke besonders gut waren. Der Fluss, der das Tal durchzog, sorgte für Vegetation und damit für ausreichend Deckung, um sich an die Beute anzuschleichen. Außerdem fanden sich während der Wanderung viele Tiere zusammen und standen in dem engen Tal vermutlich so dicht, dass sie sich gegenseitig bei der Flucht behinderten.

Um in jenem Tal die Wisente anzutreffen, also zur rechten Zeit am rechten Ort zu sein, müssen die Neandertaler in der Lage gewesen sein, die richtige Jahreszeit für die Wanderung zu erkennen und an der Wettersituation oder am Pflanzenwuchs die zu erwartende Ankunftszeit der Wisente vorauszusehen. Als Orientierung könnte den Eiszeitjägern das Sternenpaar Deneb und Vega gedient haben. Diese damals hellsten Sterne am Himmel zeigten als Polarsternpaar nicht nur die Nordrichtung an, sondern halfen durch ihre Kreiswanderung um den Nordpol auch bei der jahreszeitlichen Orientierung. Wahrscheinlich sandten die Neandertaler Späher aus, um auf den genauen Ankunftszeitpunkt der Beute vorbereitet zu sein. Dass sie in der Lage waren, sich sowohl räumlich als auch geographisch zu orientieren, belegt die Tatsache, dass das Lager in Mauran immer wieder genutzt wurde und dass an dieser Stelle die Überreste einer stattlichen Anzahl von mehr als 100 Wisenten nachgewiesen werden konnten. Da bislang nur ein kleiner Teil des Geländes freigelegt wurde, könnte die Zahl der hier getöteten Tiere erheblich größer sein. Die Ausgräberin Catherine Farizy glaubt, dass möglicherweise um die 4000 Wisente bei Mauran gejagt und geschlachtet wurden.[12]

Ein ebenfalls jahreszeitlich begrenzt genutzter Jagd- und Schlachtplatz scheint ein Lager in Salzgitter-Lehnstedt, in der Nähe von Braunschweig, gewesen zu sein. Hier wurden die Knochen von nicht weniger als 86 Rentieren identifiziert. An Geweihen und Zähnen können die Forscher heute noch ablesen, dass die Tiere über einen längeren Zeitraum jeweils im September oder Oktober erlegt worden waren. Zum einen waren drei Jungtiere unter den Fundstücken, die jünger als sechs Monate waren. Da Rentiere ihre Jungen im Frühsommer bekommen, können die Kälber nur im Herbst getötet worden sein. Auch die Geweihe der erwachsenen Tiere bestätigen diese Vermutung. Sie waren komplett ausgebildet, aber noch nicht zum Abwerfen bereit. Ein deutlicher Verweis auf den Herbst, wenn die Rentiere ihre Sommerweiden in den Bergregionen verließen und talwärts in die Norddeutsche Tiefebene zogen. Die Neandertaler wussten auch in diesem Fall offenbar ganz genau, wann sie wo sein mussten, um gute Beute zu machen.

Wie aber gelang es unseren begabten Vettern, lange Zeiträume wie Wochen, Monate oder sogar ganze Jahreszeiten zu überblicken und ihre Wanderungen den zu erwartenden Beuteverhältnissen anzupassen? Sita Venkateswar untersuchte über mehrere Jahre das Jagdverhalten der Onge. Diese Ureinwohner einer Insel im Indischen Ozean sind eine Jäger- und Sammlergemeinschaft, die sich vor allem anhand der verschiedenen Winde orientiert:

«So ziehen die Onge, sobald die heiße Trockensaison beginnt – in der Regel von März bis April –, von der Küste, wo sie Schildkröten gejagt haben, in die Wälder, um dort *tanja* (Honig) zu sammeln. Dieser Umzug markiert den Beginn der Jahreszeit *Torale*, in der die Geister die Inseln verlassen. Die Familien einer *bera* versammeln sich dann in der großen, bienenkorbförmigen Gemeindehütte, unter der die Gebeine der Vorfahren begraben liegen. Die Ankunft des *Dare*-Geistes, der im Juni auf dem Rücken des Südwestmonsuns in den Wald reitet, markiert das Ende der *Torale*-Zeit. Das ist für die Jäger das Zeichen, ihr Leben im Wald wiederum aufzugeben und stattdessen ihr Lager an Bächen und Mangrovenhainen aufzuschlagen. Hier sammeln sie Mangrovenfrüchte und machen Jagd auf Garnelen und Fische. Ende September verschwindet das Windzeichen, und die Onge wechseln zurück in die Wälder, wo nun vorwiegend Wildschwein auf dem Speisezettel steht, bis im Oktober der *Kwalokange*-Geist das Ende des Waldlebens einläutet und die Onge sich nun aufmachen, um an der Küste Seekühe zu jagen. Von November bis Februar bläst der Nordostwind *Mekange*, der den Onge signalisiert, dass es nun an der Zeit ist, wieder auf Schildkrötenpirsch zu gehen.»[13]

Die Fähigkeit, die Nahrungssuche passgenau auf jahreszeitliche Veränderungen und saisonal beschränktes Vorkommen von Futterquellen abzustimmen, entstand vermutlich nicht erst mit der Jagd, sondern ist viel älter. Bereits Vor- und Frühmenschen und sehr wahrscheinlich unsere gemeinsamen Vorfahren mit den heute noch lebenden Primaten kannten ihren Lebensraum sehr genau und wussten exakt, wann sie wo welche Nahrung vorfinden würden.

Die Untersuchungen von Jane Goodall legen das nahe. Sie beschrieb detailliert die ausgezeichnete Gedächtnisleistung der Schimpansen von Gombe: «Früchte, die Hauptnahrungsquelle, sind saisonbedingt. Gewöhnlich bevorzugen Schimpansen ausgereifte Früchte. Auch Vögel, Affen und andere Tiere essen Früchte, sodass der Bestand schnell verschwindet, sobald die Reifezeit da ist. Deshalb müssen Schimpansen, wenn sie diese Nahrungsquelle effektiv ausschöpfen wollen, zur Stelle sein, sobald die Früchte reif sind. Auch Blüten und zarte Sprossen sind saisonabhängig. Und selbst Termiten findet man am Gombe vorwiegend während der drei Wochen zu Beginn der Regenzeit.»[14]

Die Leistung der Schimpansen besteht nicht allein darin, sich genau die Zeit zu merken, wann ein bestimmter Leckerbissen zur Verfügung steht, sondern auch, sich geographisch zurechtzufinden. Die Schimpansen von Gombe durchstreifen bei der Nahrungssuche ein Gebiet von 15 bis 26 Quadratkilometern. Um nun pünktlich zum Dinner vor Ort zu sein, müssen sie außer der Reifezeit den genauen Standort der Nahrungsquelle kennen und wissen, wie viel Zeit sie für den Weg benötigen. Darüber hinaus scheinen sich die Schimpansen sogar mehrere Nahrungsquellen merken zu können und gezielt zunächst ihre Leibspeisen anzusteuern und erst dann auf die Alternativen auszuweichen, wenn das bevorzugte Futter nicht mehr zur Verfügung steht. Schimpansen verknüpfen und verarbeiten zeitliche, geographische und qualitätsspezifische Informationen also sehr genau.

Das Gehirn des Neandertalers ist um ein Vielfaches größer als das eines Schimpansen. Und auch, wenn man nicht zwingend von Masse auf Klasse schließen kann, darf man als sicher annehmen, dass es dem Neandertaler keine Schwierigkeiten bereitete, sich in seiner Umwelt zeitlich und geographisch so zu orientieren, sodass er zur jeweiligen Jahreszeit die beste Beute erlegen konnte. Die beste Beute war in seinem Fall nicht unbedingt die schmackhafteste, sondern vor allem die, deren Beschaffung im Verhältnis zum Gewinn am ungefährlichsten und am wenigsten energiezehrend war. Die regelmäßige Jagd auf mittelgroße Säugetiere bereitete ihm offenbar keine Schwierigkeiten. Die Frage, ob sich die eiszeitlichen Trupps auch an Großwild herantrauten, bleibt allerdings bestehen.

In Neandertalerlagern wurden immer wieder Mammut- und Wollnashornknochen gefunden. Aber beweisen diese wirklich, dass der Neandertaler mit seiner Taktik des Anschleichens und Überrumpelns auch die Riesen unter den Eiszeitlebewesen besiegen konnte? Oder hat sich der Neandertaler gelegentlich auch über Aas hergemacht? Anders gefragt: Konnte ein Neandertaler es sich überhaupt leisten, einen Fleischberg von mehreren tausend Kilogramm in der Tundra liegen zu lassen? Stammen die Knochen, die er zum Bau von Lagern verwendet hat, gar von Mammut- und Elefantenfriedhöfen, die die Giganten eigens zum Sterben aufgesucht hatten? Das zumindest legen diejenigen nahe, die dem Neandertaler eine Elefanten- oder Mammutjagd nicht zutrauen.

Dass die steinzeitlichen Jäger möglicherweise gelegentlich doch kapitales Großwild erbeuteten, belegt die oben schon erwähnte Lehringer Lanze. Denn vor 125 000 Jahren, zur Zeit der Präneandertaler, hatte ein Jäger diese Waffe einem rund 5 Meter großen Waldelefanten zwischen die Rippen gerammt. Fast genauso bedeutend für das Verständnis der Neandertaler wie die Lanze selbst ist ihre Fundsituation, denn sie belegt eindeutig, dass die Neandertaler schon recht früh in ihrer Geschichte zu den Großwildjägern gehörten. Der Elefant befand sich in der seichten Uferzone eines Sees, als der Neandertalertrupp zuschlug. So weit die aus dem Fund ablesbaren Fakten, die allerdings immer noch zahlreiche Interpretationen zulassen. In der Forschung stehen derzeit drei Erklärungsversuche des Szenarios gleichberechtigt nebeneinander:

- In einem ersten Erklärungsmodell kannten die Jäger den See und nutzten ihn regelmäßig zur Jagd. Sie beobachteten ihre Beute eine bestimmte Zeit lang, um eine günstige Möglichkeit auszukundschaften. Die Planung dieser Jagd sieht vor, dass sich alle Jäger in Bäumen verstecken, um den Hals oder die seitlichen Rückenpartien zu attackieren. Die Vertreter dieses Szenarios gehen davon aus, dass «ein Stoß von oben in die seitlichen Rückenpartien, an denen die Haut besonders straff und damit einfach zu durchdringen war, denkbar [sei]. Er muss aber sicher platziert sein, da kaum Zeit für einen zweiten Versuch bleiben wird. In unserem Fall blieb der Jäger erfolgreich.» Nach diesem einzelnen Stoß soll das Tier tödlich verwundet in den See geflüchtet sein, wo es schließlich seinen Verletzungen erlag.
- Einige andere Wissenschaftler bevorzugen die Annahme, der Waldbestand um den See habe einen Angriff vom Boden aus ermöglicht, da die Jäger hier über eine hervorragende Deckung verfügten. Auch in diesem Fall sei planmäßiges Handeln unbedingt erforderlich. Die Jäger schlichen sich im Dickicht bis dicht an das Tier heran und führten den todbringenden Stoß in Bauch oder Brust des Tieres aus. Auch in diesem Fall flüchtete der verwundete Elefant in den See und versank dort zum Teil.
- Das letzte Szenario beruht auf der Annahme, die Präneandertaler hätten in Lehringen einen reinen Zufallserfolg zu verzeichnen gehabt. Die Jäger sahen im See einen Elefanten, der durch Bad oder Tränke abgelenkt war oder sich im Morast des Sees nicht schnell fortbewegen konnte. Sie reagierten sofort und töteten den nicht mehr wehrfähigen Giganten.[15]

Jedes der drei Szenarien bietet eine mögliche Erklärung für die außergewöhnliche Elefantenjagd der Präneandertaler von Lehringen. Aber wie wahrscheinlich sind die unterschiedlichen Ansätze? Der erste Erklärungsversuch erscheint mir besonders problematisch. Zum einen fehlt jegliche Parallele bei den Jagdtechniken heutiger Völker, zum anderen stehen die Chancen für einen Jagderfolg im Vergleich zum Aufwand relativ schlecht. Der Jäger muss sich positionieren, ohne genau zu wissen, ob das Tier überhaupt hinreichend dicht an seinem Baum vorbeikommt. Selbst wenn mehrere Jäger warten und die Bäume direkt an einem Elefantenwechsel stehen, ist die Annahme, dass Wohl und Wehe einer ganzen Gruppe von einem einzigen gezielten Stoß abhängt, sehr gewagt. Auch erscheint eine Position in den Bäumen als zu gefährlich. Immerhin bewegte sich der Jäger dort mit dem Elefanten auf Augen- oder – noch schlimmer – auf Rüsselhöhe. Bei seinem ausgezeichneten Geruchssinn hätte ein Elefant die Gefahr sicherlich rechtzeitig orten können und Gegenmaßnahmen ergriffen.

Das zweite Szenario hat im Vergleich zum ersten einen außerordentlichen Vorteil: Es gibt Vergleichbares von historischen Menschen zu berichten. Der Forscher Jean Janmart hat in den dreißiger Jahren in Belgisch-Kongo, der heutigen Demokratischen Republik Kongo, folgende Jagdtechnik beobachtet: «Der Jäger kriecht unter den stehenden Elefanten und stößt den Speer aufwärts mit einer blitzschnellen Bewegung in dessen weichen Bauch. Dies ist ein ausgesuchter Platz, weil der kurzhalsige Elefant weder unter seinen Bauch sehen noch mit seinem Rüssel dorthin reichen kann. Der Jäger benutzt dann den ersten Augenblick, während das Tier über das, was ihm widerfuhr, verdutzt ist, um zur Seite zu springen. Manchmal hat er Zeit, dem Schaft noch einen Stoß zu geben und dadurch die Wunde zu vergrößern.»[16] Ungewöhnlich erscheint mir allerdings die Vermutung, dass der Elefant in Richtung See flüchtete.

Das dritte Szenario wirkt insofern nicht konsequent durchdacht, als nicht erläutert wird, wie sich die Jäger im Morast besser hätten fortbewegen sollen als der Elefant. Wasser ist zudem ein enormes Hemmnis bei der lautlosen Fortbewegung eines Zweibeiners. Sehr wahrscheinlich hätte auch der abgelenkteste Elefant das Herannahen eines Jägertrupps im Wasser oder auch im Morast mitbekommen. Einzig der Einsatz eines kanuähnlichen Fortbewegungsmittels hätte eine lautlose Annäherung an die Beute übers Wasser erlaubt. Leider gibt es keinerlei Hinweise darauf, dass sich der Neandertaler bereits auf dem Wasser fortbewegen konnte. Doch ganz abwegig scheint mir diese Überlegung nicht zu sein: Zwar gibt es nicht einen einzigen Fund, der den Neandertaler in die Reihe der Flößer und Bootfahrer einreihen würde, aber eine ganz außergewöhnliche Entdeckung am anderen Ende der Welt legt nahe, dass sogar der Vorfahr des Eiszeitmenschen, *Homo erectus*, bereits ein hervorragender Seemann war.

Gemeint ist der Sensationsfund des *Homo floresiensis* auf der indonesischen Insel Flores, zirka 550 Kilometer westlich von Bali. Eine der kniffligsten Fragen, die sich den Entdeckern des winzigen Urmenschen sofort aufdrängte, lautete nämlich: Wie kam der Winzling überhaupt auf die isolierte Insel? Mike Morwood von der Universität von New England im australischen Armidale hat für diesen seltsamen Sachverhalt eine Erklärung: «Die Fauna auf Flores ist sehr inseltypisch. Die meisten asiatischen Tierarten gibt es dort nicht. Selbst Schweine und Affen, die bekannt dafür sind, dass sie auf Inseln gelangen, fehlen hier. Die ersten Urmenschen erreichten Flores vor rund 840 000 Jahren. Auf einem Floß? Auf einem Boot? Ein zufälliges Antreiben irgendwelcher Gestrandeter kann man wohl ausschließen, da die Entfernung zwischen dem Festland und der Insel über 20 Kilometer beträgt.»

Klein wurden die Zwerge von Flores, die Morwood und seine Mitstreiter mittlerweile in Anlehnung an Tolkiens Romanfiguren liebevoll «Hobbits» nennen, erst durch die besondere Situation auf dem schwer erreichbaren Eiland: «Verzwergung ist ein Phänomen auf isolierten Inseln, wo Nahrungsmittel knapp sind. Reptilien wurden größer, große Tiere und Menschen wurden kleiner. Die ersten *Homo erectus*-Gruppen, die auf die Insel gelangten, waren noch weitaus größer als unsere Hobbits. Das hat sich jedoch im Lauf der Evolution geändert. Selbst die Gehirne schrumpften entgegen der Evolution des modernen Menschen, bei dem die Masse des Denkorgans stetig wuchs.»[17]

Wenn wir also annehmen müssen, dass *Homo erectus* bereits vor 840 000 Jahren mit einfachen Wasserfahrzeugen gefährliche Meeresströmungen überwinden konnte, wäre es dann nicht auch denkbar, dass sein Nachfahr, der viel weiter entwickelte Neandertaler, in der Lage war, Flüsse und Seen zu befahren? Ähnliche Rückschlüsse werden beispielsweise in Bezug auf die Waffentechnologie durchaus gezogen. Die *Erectus*-Speere von Schöningen werden allgemein in der Forschung auch als Beleg dafür gewertet, dass der Neandertaler über Fernwaffen verfügt haben soll. Dass einmal erworbenes Wissen in der Menschheitsgeschichte wieder verloren gegangen sein soll, nimmt man gemeinhin nicht an. Konsequenterweise müsste man dann allerdings auch rudernde oder paddelnde Neandertaler in Erwägung ziehen, zumal diese Art der Fortbewegung auch die extrem ausgebildeten Muskeln der Eiszeitler besser erklären würde als der sehr allgemeine Verweis auf Kälteanpassung.

Kanu oder Floß fahrende Neandertaler wären in der Tat eine provokante Vorstellung. Aber leider kann man nicht mehr dazu sagen, als dass sie vermutlich den Intellekt und die Materialien dazu hatten. Einige neuzeitliche Indianerstämme Nordamerikas stellten ihre Kanus aus Birkenrinde her und verleimten die einzelnen Rindenstücke mit Birkenpech, Werkstoffe, die dem Neandertaler durchaus vertraut waren. Doch da es nicht das winzigste Fundstück gibt, um diese Hypothese zu belegen, muss der Neandertaler in unserer Vorstellung vorerst ein reiner Fußgänger bleiben.

In Anbetracht des Lehringer Elefanten sei indes die folgende Deutung des Fundes vorgeschlagen: Um den Tathergang besser verstehen zu können, ist es sinnvoll, alle Informationen über Täter, Opfer und Tatort noch einmal genau zu betrachten. Was wissen wir zum Beispiel über das Opfer, den Elefanten?

Untersuchungen an den Stoßzähnen haben ergeben, dass es sich um ein ungefähr 45 Jahre altes Exemplar gehandelt hat. Das Tier befand sich also, sofern es nicht krank oder verletzt war, auf dem Höhepunkt seiner Leistungsfähigkeit. Das Geschlecht war leider nicht bestimmbar gewesen, sonst hätte man Aufschluss darüber erhalten können, ob der Dickhäuter allein oder in der Herde unterwegs war.

Elefantenbullen durchstreifen die Wälder in der Regel als Einzelgänger, während die weiblichen Tiere unter der Leitung einer erfahrenen Matriarchin in einer Herde zusammenleben. Diese Information könnte helfen einzuschätzen, mit wie viel Wachsamkeit und Gegenwehr die Jäger zu rechnen hatten. Das dritte Szenario scheidet beispielsweise vollkommen aus, wenn man von einer ganzen Herde ausgeht, die zur Tränke an den See gekommen war. Sicher würden sich nie alle Tiere gleichzeitig «ablenken» lassen oder wären in ihren Bewegungen eingeschränkt.

Unklar bleibt, warum der Elefant ausgerechnet in den See geflüchtet sein soll und nicht in den Wald. Relativ gut dokumentierte Elefantenjagden der kongolesischen Bambuti-Pygmäen belegen, dass Tiere, die von den Jägern an ihren Tränken überrascht wurden, grundsätzlich in Richtung Wald flohen, um dort Deckung zu suchen. Eine Flucht in Richtung See erscheint vor diesem Hintergrund eher unwahrscheinlich.

Ebenso wichtig für die Rekonstruktion des Tathergangs ist die genauere Untersuchung des Tatortes. Der prähistorische Waldelefant starb in einem See, dessen Größe die Forscher heute auf 250 × 80 Meter schätzen. Zwischen 8 und 20 Meter soll das Tier ins Wasser geflohen sein, bevor ihn sein grausames Schicksal ereilte. Daran besteht für die Wissenschaftler kein Zweifel, da sowohl Wasserschnecken- und Muschelschalen als auch der Pollen von Wasserpflanzen in unmittelbarer Umgebung des Elefantenskeletts belegen, dass der Dickhäuter keinesfalls an Land zu Tode kam. Die Frage lautet also: Bestand für die Präneandertaler ein Vorteil darin, das sterbende Tier in den See zu treiben? Und die Antwort muss eindeutig heißen: «Nein!» Wenn die Beute erst einmal tödlich verletzt war, wäre es viel sinnvoller gewesen, das Wild irgendwo an Land sterben zu lassen, als sich nachher den Mühen zu unterziehen, die Beute aus dem Wasser bergen zu müssen.

Wenn aber der Elefant keinen Grund hatte, ins Wasser zu flüchten, und die Neandertaler ebenfalls keine Veranlassung hatten, ihn hineinzutreiben, wieso verstarb das Tier dann einige Meter weit im Wasser des Sees? Die Szenerie erinnert sehr stark an das berühmte Teerloch in Los Angeles. Hier hatten neben vielen anderen Pflanzenfressern auch Mammuts ihr vorzeitiges Ende gefunden. Zahllose Räuber waren durch das Angstgeschrei der im Teer gefangenen Tiere angelockt worden und hatten versucht, die versinkende Beute zu bergen. Dass es vielen nicht gelang, sich selbst wieder aus den schwarzen Schlieren des tödlichen Teers zu retten, belegen die zahlreichen Knochen von Wölfen, Säbelzahntigern und anderen Räubern.

In Lehringen hat es natürlich keinen Teer gegeben, aber dafür vielleicht etwas anderes, das eine ebenso verheerende Wirkung hatte. Die Zutaten für diese ebenso unscheinbare wie tödliche Falle sind Wasser und Sand. In der richtigen Mixtur ergeben sie Treibsand, ein Naturphänomen, das bis heute überall auf der Welt viele Opfer fordert. Die mörderische Mischung entsteht an Meeresküsten, an den Ufern von Flüssen und Seen, aber auch in Kiesgruben und bei plötzlichen Regenfällen auf sandigen Böden. Obwohl die meisten Menschen Treibsand nur aus Hollywoodfilmen kennen, ist diese natürliche Falle kein seltenes Phänomen.

Der Lehringer Elefant könnte in den flachen Uferbereich des eiszeitlichen Sees hineingewandert sein, um beispielsweise zu trinken oder ein Bad zu nehmen. Möglicherweise kannte er den See und war schon früher ganz in der Nähe zur Tränke gewesen. Dann aber – und das sollte seinen Todestag markieren – suchte er sich ausgerechnet eine Stelle aus, die beim Gehen zunächst noch völlig fest wirkte. Sobald er allerdings stehen blieb, um das zu tun, wofür er gekommen war, fühlte sich der Boden sonderbar an: seltsam und wabbelig wie Gelee. Der Elefant geriet in Panik und versuchte loszulaufen. Dabei rammte er seine Beine immer weiter in den Treibsand hinein. Schließlich steckte er fest und konnte nicht mehr entkommen. Bei jedem Versuch schloss sich die Sandfessel nur stärker um seine Beine, bis er völlig bewegungsunfähig war.

Wasser und Sand bilden eine teuflische Kombination. Durch die Bewegung des Opfers wird der Sand im Wasser aufgewirbelt. Wenn er zurücksinkt, lagert er sich umso enger an die Beine oder auch den gesamten Körper des Eingesunkenen an. Ein Waldelefant hätte keine Chance gehabt, sich wieder aus dem Treibsand zu befreien. Die Kraft seiner Beine hätte ihn nicht gerettet, mit jedem Strampeln wäre er nur noch tiefer eingesunken.

In Hollywoods Gruselschockern verschlingt der Treibsand sein Opfer stets recht schnell mit Haut und Haaren. Tatsächlich ist dieses Naturphänomen nur die Falle, den Tod bringen dann meist Kälte, Durst, Nierenversagen oder auch die Flut, wenn sich das Treibsandfeld am Meer befindet. Durch den enormen Druck des Sandes kann auch die Blut- und Sauerstoffversorgung der Beine so lange unterbrochen werden, bis das betroffene Gewebe abstirbt und Wundbrand entsteht.

Einige Forscher haben die Jäger der bisher letzten großen Eiszeit in Nordamerika, der Wisconsin-Eiszeit, als Vergleich für die Präneandertaler von Lehringen herangezogen. Diese so genannten Clovis-Jäger waren zwischen 11 800 und 10 700 im Gebiet der heutigen USA und Mexikos verbreitet. Auch sie jagten mit einfachsten Mitteln gewaltige Beutetiere wie das Mammut. Den Fund zweier Hobbyarchäologen in der Nähe des kleinen Ortes Naco beschreiben die Autoren Lund und Möller-Wiering so:

«Zunächst stellte man fest, dass sich dort, wo die Mammutknochen lagen, zur damaligen Zeit eine Art Sandbank direkt neben einem kleinen Fluss befand. Die Knochen selbst stammten alle von einem ausgewachsenen Tier. Sie waren bis auf wenige Ausnahmen nicht mehr exakt im anatomischen Verband und auch nicht mehr vollständig. Allerdings ließ sich der Bereich des Brustkorbs sowie des Halses und des Schädels recht gut erkennen und rekonstruieren. Acht Clovis-Spitzen fanden sich zwischen den Überresten, davon allein fünf im Bereich einer besonderen Häufung von Rippen, Wirbeln und anderen Knochen des Schulterbereichs in einem Quadratmeter Fläche. Aufgrund der Lage der einzelnen Spitzen zwischen den Knochen ist sich der Ausgräber dieses Fundplatzes sicher, dass die Spitzen von der rechten oberen Seite dicht hinter dem Schädel in das Tier eindrangen, woraufhin das Mammut auf der Sandbank zusammenbrach.»[18]

Interessanterweise verweisen die Forscher zwar auf die Ähnlichkeit zu Lehringen, die sich durch die Jagd in unmittelbarer Umgebung eines Gewässers und der einfachen Waffentechnologie ergibt, verfolgen andere Hinweise allerdings nicht weiter. Denn etwa der Hinweis, dass die meisten Clovis-Spitzen sich im Schultergürtel des Mammuts befanden, erscheint hochinteressant. Und auch der Verweis auf die Sandbank, auf der das Tier verstarb, scheint ein wichtiges Detail zu offenbaren.

Ein nur etwa 1,68 Meter großer Clovis-Jäger wird einem mehrere Meter hohen wehrhaften Mammut im Normalfall keine Stoßwaffe in den Bereich des Schultergürtels gerammt haben können. Um einen solchen Stich zu setzen, hätte er sich selbst zu sehr in die Nähe der gefährlichen Stoßzähne, des Rüssels und der Vorderbeine begeben. Er hätte außerdem ein gutes Stück springen müssen, um die Schulter des Mammuts erreichen zu können. Ein solches Szenario gehört eher in die cineastischen Gefilde unter die Rubrik «mission impossible» als in ernsthafte Betrachtungen über die Möglichkeiten prähistorischer Jäger.

Wesentlich wahrscheinlicher erscheint es da doch, dass der Elefant die bewusste Sandbank betrat, um wie gewohnt zur Tränke zu gehen. Falls aber am Tag der Jagd oder in der Nacht zuvor ungewöhnlich starke Regenfälle niedergegangen waren, könnte sich die Sandband wie das Lehringer Seeufer in ein Treibsandfeld verwandelt haben. Als die Clovis-Jäger erschienen, steckte das Tier längst in der Falle. Sie töteten das halb eingesunkene Mammut, dessen Schultergürtel sie nun einfach erreichen konnten, mit ihren Speeren und versuchten so viel Fleisch wie möglich aus dem gefräßigen Treibsand zu retten.

Lund und Möller-Wiering liefern sogar weitere Hinweise, die die Treibsandtheorie stützen könnten: «Ein anderer berühmter Mammut-Jagdplatz ‹Lehner› liegt nur wenige Kilometer nordwestlich. Ebenso wie in Naco fanden sich die Skelettreste der Beutetiere im Uferbereich eines ehemaligen Flusses, und zwar direkt vor einer Flussschleife, wo das Wasser flach und relativ ruhig war. Hier lagen die Reste von nicht weniger als neun Mammuts, allerdings ausschließlich von Kälbern und noch nicht voll ausgewachsenen Tieren. Außerdem konnten wenige Knochen von wenigstens einem Pferd, einem Bison und einem Tapir geborgen werden.»[19]

In und vor Flussschleifen ist bis heute am ehesten mit Treibsand zu rechnen. Auch der Hinweis, dass die Clovisjäger hier vor allem Jungtiere erbeutet haben, muss nicht unbedingt damit zu tun haben, dass sie sich eine kleinere, leichter zu erbeutende und wohlschmeckendere Beute ausgesucht haben, sondern könnte auch schlicht damit zusammenhängen, dass eher junge, unerfahrene Mammuts den Fehler machten, sich in Treibsand zu begeben. Ältere Tiere hatten möglicherweise bereits unliebsame Erfahrungen mit dem unsicheren Grund gemacht und mieden gefährliche Stellen.

Im Falle der Lehringer Präneandertaler sollte daher ein weiteres Szenario erwogen werden. Es könnte sein, dass der See den Jägern als guter Jagdort bekannt war. Sie entsandten regelmäßig, zum Beispiel immer nach starken Regenfällen, wenn der Uferbereich sich in eine Treibsandfläche verwandelt hatte, Späher aus, die herausfinden sollten, ob sich ein Tier in brauchbarer Größe in der natürlichen Falle gefangen hatte. Es war sicher sinnvoll, die Beute so früh wie möglich für sich zu beanspruchen, da das Opfer einerseits innerhalb von wenigen Stunden im Treibsand versinken konnte, andererseits Nahrungskonkurrenten wie Wölfe oder Raubkatzen von den Schreien des sterbenden Tieres angelockt wurden.

Der Lehringer Elefant hat in seiner Todesangst vermutlich laut geschrien und damit die Jäger angelockt. Dass diese die Treibsandfalle regelmäßig kontrollierten, dafür spricht der Umstand, dass sie sich offenbar mit der gefährlichen Materie auskannten. Immerhin gelang es ihnen, nicht nur selbst wieder ans sichere Ufer zu gelangen, sondern auch erbeutete Fleischstücke über den Treibsand zu retten.

Welche Leistung dies für die Neandertaler bedeutet, kann man vielleicht abschätzen, wenn man weiß, dass in Morecambe Bay im englischen Arnside jedes Jahr im Schnitt dreißig Menschen aus dem Treibsand gerettet werden müssen. Oft genug geschieht dies unter hohem Zeitdruck, denn die Flut ist in der Bay neun Meter hoch und läuft entsprechend schnell ein. Um sich dem Opfer nähern zu können, spannt die Rettungsmannschaft Brücken über den Sand oder legt zumindest Bohlen aus, die das Gewicht der Helfer verteilen und das Einsinken verhindern sollen. Auch die Lehringer Präneandertaler müssen entsprechende Hilfsmittel benutzt haben, um zu ihrer Beute gelangen zu können.

Die Jäger töteten den Waldelefant dann mit einem oder mehreren Lanzenstößen und begannen sofort mit der Zerlegung des Tieres und dem Abtransport des Fleisches. Dabei bildeten sie möglicherweise eine Kette zum Ufer hin und stellten sich auf mitgebrachte Stämme und Hölzer. Diese Hypothese erklärt mehrere Sachverhalte zufrieden stellend: zum einen nämlich, warum sich der Elefant im See befand. Er flüchtete nicht etwa nach einem Angriff ins Wasser, sondern wurde im See bei der Tränke von einem Naturphänomen festgesetzt. Die Präneandertaler erkannten ihre Chance und töteten die gewaltige Beute, ohne allzu große Gegenwehr erwarten zu müssen.

Diese Variante erklärt auch, warum die Gruppe nicht das gesamte Tier verwertete und die Lanze im Kadaver zurückblieb. Man konnte schlicht nur aus dem Teil des Tieres, das noch nicht versunken war, Stücke herausschneiden und auf den sicheren Uferrand transportieren. Langes Stehen war nicht möglich, da man selbst in Gefahr geriet einzusinken. Alles, was der Sand verschlungen hatte, war für die Jäger unwiederbringlich verloren.

Ganz gleich, welchem Szenario man folgen möchte, die meisten Forscher, die sich heute mit den Jagdmethoden der Neandertaler beschäftigen, scheinen mehr und mehr zu dem Ergebnis zu gelangen, dass der Neandertaler kein dummer Haudrauf gewesen sein kann, der unter permanenter Lebensgefahr versuchte, blindwütig die Lebewesen seiner Umgebung niederzumetzeln. Vielmehr gestehen die Wissenschaftler den Eiszeitjägern die Fähigkeit zu, das Verhalten der Beutetiere genau zu kennen und aus diesen Beobachtungen geeignete Strategien zu entwickeln, wie ohne allzu große Verluste ausreichend Wild für die gesamte Sippe erlegt werden konnte.

Der obige Entwurf einer Treibsandjagd schließt sich dieser Haltung ausdrücklich an. Der Lehringer Altmensch kannte sich in seinem Jagdgebiet hervorragend aus. Er konnte das Verhalten und die Gewohnheiten der Beutetiere ebenso einschätzen wie die Besonderheiten der Natur, die ihm einen Vorteil bei der Jagd verschaffen konnten. Darüber hinaus musste er sich trotzdem todesmutig auf einen vielfach größeren Feind stürzen und ihn mit einer einfachen Waffe niederstrecken. Ein einziges Aufbäumen des Giganten hätte vermutlich genügt, den Angreifer wahlweise unter sich zu begraben oder in den See zu schleudern.

Auch die Bergung der Beute erforderte eine intelligente Lösung. Ganz gleich, ob sich die Präneandertaler dem Elefanten auf Hölzern balancierend oder auf dem Bauch robbend genähert haben. Sie hatten offenbar eine Möglichkeit gefunden, nicht nur ihr eigenes Gewicht sicher zum Beutetier zu bringen, sondern auch sich selbst und zusätzliche Fleischgewichte wieder zurück ans rettende Ufer. Dass es nicht einfach ist, dieses Problem zu lösen, sondern viel Erfahrung und vermutlich des Einsatzes bestimmter Hilfsmittel sowie der Zusammenarbeit in der Gruppe bedarf, belegen die zahlreichen Treibsandopfer unserer eigenen Art, die jährlich nur knapp vor dem Versinken im Sand gerettet werden.

Ob sich aus der Jagd auf Beutetiere, die sich quasi selbst in einer natürlichen Falle gefangen haben, beim Neandertaler schließlich die Jagd mit selbst gegrabenen Fallgruben entwickelt hat, ist nicht nachzuweisen. Frühe Autoren sahen in der Fallgrubenjagd die einzige Möglichkeit für den in ihren Augen tumben Neandertaler, Großwild zu erbeuten. Besonders der Paläontologe und Geologe Wolfgang Sörgel prägte mit seinem 1922 erschienenen Buch «Die Jagd der Vorzeit» das Bild vom Fallgrubenjäger Neandertaler. Noch heute zieren entsprechende Darstellungen vor allem Kinder- und Jugendsachbücher. Ihren Ursprung haben solche Überlegungen in damals sehr gern gelesenen Berichten über die Jagd bei Naturvölkern.

Beispielsweise erzählte der Jäger Arthur Berger 1928 über die Wandorobbo in Ostafrika, dass sie Fallgruben «gegen Elefanten und Büffel an(wenden), die sie sonst nicht so leicht zur Strecke bringen können, und zwar in der Weise, dass in viel begangenen Wechseln eine etwa vier Meter lange, anderthalb Meter breite und reichlich zwei Meter tiefe, unten sich verjüngende Grube ausgehoben wird, aus deren Sohle vielfach noch ein spitzer, anderthalb Meter langer Stamm emporragt. Die ganze Anlage wird sorgfältig mit Reisig, Blättern und Staub bedeckt, sodass sie sich in nichts von dem übrigen Erdboden unterscheidet. Diese Fallgruben sind gewöhnlich schachbrettartig angeordnet, um auf diese Weise einem etwaigen Ausbrechen der Tiere vorzubeugen. Solche Anlagen herzustellen bedarf es naturgemäß, namentlich da die Jäger ja nicht Hacke und Spaten, sondern nur den Grabstock und ihre Hände zur Verfügung haben, einer langen Zeit.»[20]

Verschiedene Fundsituationen wurden in der Vergangenheit als mögliche Fallgruben oder Stolperfallen gedeutet, die die Neandertaler angeblich angelegt hatten, um Tiere leichter jagen zu können. Meist konnte jedoch nachgewiesen werden, dass die entdeckten Mulden oder Vertiefungen natürlichen Ursprungs waren. Vielleicht hatten die seltsamen Trichter, die Otto Hauser 1907 in der unmittelbaren Nachbarschaft der bedeutenden Neandertalerfundstätte Le Moustier in der Dordogne entdeckte, tatsächlich etwas mit Jagd zu tun, wie der Ausgräber vermutete. Auch bei Rheindahlen sind 2 bis 3 Meter lange Gruben entdeckt worden, die als Jagdhilfe gedient haben könnten. Aber selbst diese beiden offenbar bewusst angelegten Vertiefungen werden von einigen Forschern abgelehnt. Die Argumentation bleibt allerdings unverständlich. In beiden Grubentypen seien nur Werkzeuge, aber keine Tierknochen entdeckt worden, daher könne es sich bei diesen Beispielen des Neandertaler-Tiefbaus nicht um Fallgruben handeln.

Dieses Argument ist nicht überzeugend, da die Neandertaler, wenn sie schon die Anstrengung auf sich genommen haben, eine Fallgrube zu bauen, diese sicher auch hätten wieder verwenden wollen. In diesem Fall scheint es jedoch unabdingbar, die Grube zu säubern. Der Geruch von Aas hätte in zweierlei Hinsicht negative Begleiterscheinungen gehabt: Einerseits hätte der Geruch eines toten Artgenossen mögliche Beute sicher abgeschreckt, andererseits kann man davon ausgehen, dass sich zugleich ernst zu nehmende Konkurrenten eingestellt hätten, wenn ein Kadaver auch nur teilweise in der Grube zurückgeblieben wäre. Beides wäre aus der Sicht der Neandertaler kontraproduktiv gewesen. Die Fallgrube, die dazu gedacht war, Verletzungen durch Beutetiere zu minimieren, wäre dann dafür verantwortlich, dass Auseinandersetzungen mit Räubern und Aasfressern die Gefahr für Leib und Leben wieder erhöht hätten.

Und wie lernfähig Beutetiere sind, beschrieb Berger in seinem Bericht über eine Wandorobbojagd: «Im Laufe der Zeit lernt das Wild, namentlich die Elefanten, [...] die gefährlichen Plätze kennen, sie meiden oder wenigstens sie doch recht vorsichtig zu passieren. Deshalb verstecken sich die Jäger in der Nähe solcher Fallen und scheuchen die Tiere durch plötzliches Aufspringen oder Geschrei. Dadurch lassen die Tiere leicht, namentlich unerfahrene, jüngere, für einen Augenblick die Vorsicht außer acht, prellen vor und stürzen in eine Grube.» Ebenso, wie die Beutetiere sich an die Fallen erinnern und ihnen zunehmend ausweichen, merken sich Raubtiere und Aasfresser Orte, wo sie leichte Beute erwarten können.

Ich denke, man kann dem Neandertaler durchaus genug Intellekt zutrauen, dass er imstande war, eine Fallgrube als Hilfsmittel für die Jagd zu ersinnen. Ob allerdings Aufwand und Nutzen immer in einem günstigen Verhältnis standen, halte ich für zweifelhaft. Wenn der Neandertaler an Flüssen und Seen ohnehin mit natürlichen Fallen aus Treibsand oder in Schluchten und an Engpässen in Taleingängen arbeiten konnte, wird er sich die mühevollen Grabungsarbeiten im Großen und Ganzen gespart haben.

Wie auch immer die Neandertaler und ihre Vorfahren in den Genuss des Großwildfleisches gekommen sind, neben einer gehörigen Portion Intelligenz gehörte auch außerordentlicher Mut dazu, sich mit einem Riesen wie dem eiszeitlichen Mammut anzulegen. Wie schafften es die Jäger, ihre Angst vor dem Giganten zu überwinden und die stoßzahnbewehrten Monster einzig mit Lanzen bewaffnet im Nahkampf zu besiegen? Selbst wenn diese mit ihren Füßen im Treibsand feststeckten, mussten die Jäger bei jedem Angriff mit todbringenden Verletzungen rechnen.

Arthur Berger berichtete 1928 ausführlich von einem Unfall, als seine afrikanischen Jagdhelfer einen angeschossenen Elefanten mit der Lanze töten wollten: «Der Häuptling war der erste, der seinen Speer stieß, kam aber beim Seitensprung zu Fall, wurde von dem erbosten Tier gepackt, und nur dem Umstand, dass der Elefant im selben Augenblick von der anderen Seite eine Lanze bekam, hatte er es zu danken, dass er nur in die Büsche geworfen und nicht zerstampft und aufgespießt wurde. Ich hatte hinterher mit der ärztlichen Behandlung seiner Wunden recht viel zu tun.»[21]

Es ist schwer, heute einen Vergleich für eine so unglaubliche Tat zu finden. Ein bisschen wirken diese Neandertaler wie die Drachentöter aus zahllosen Mythen und Märchen, verwegene Gestalten, die sich einem schier unüberwindlichen Feind gegenüberstellten. Vielleicht könnte man ihre Entschlossenheit am ehesten mit dem Kampfgeist einiger Völker Afrikas und Amerikas vergleichen, die sich mit einfachsten Mitteln gegen den technologisch weit überlegenen «weißen Mann» zur Wehr setzten. Obwohl in einigen kämpferischen Auseinandersetzungen die einheimische Bevölkerung den Invasoren sowohl zahlenmäßig als auch waffentechnisch völlig unterlegen war, konnte sie einige Schlachten für sich entscheiden.

Ein gutes Beispiel für einen solch überraschenden Ausgang ist die Niederlage, die die Zulu 1879 der Armee Großbritanniens bei Isandhlwana beibrachten. Bis heute versuchen Wissenschaftler des Königreichs herauszufinden, warum die technologisch weit überlegenen Kronsoldaten schmachvoll gegen die «grausamen Zulu» verloren hatten. Steckte ein teuflischer Zauber dahinter? Waren die neuen Waffen nicht dschungeltauglich? Half eine Sonnenfinsternis den Afrikanern? Fakt ist, dass ein kleines Zulu-Heer, das nur mit Lanzen bewaffnet war, eine ganze Abteilung der britischen Krone auslöschte. Nur eine Hand voll Soldaten flohen und entkamen so dem Gemetzel.

Was hatte dazu geführt, dass die jungen Zulu-Männer sich mit solcher Todesverachtung in den Kampf stürzten? Der Nachfahr des damaligen Medizinmannes erläuterte in einem Interview mit der BBC, dass eine besondere Droge den Kriegern half, über sich hinauszuwachsen. Sie versetzte sie in einen Zustand, in dem sie sich für unbesiegbar hielten, zugleich waren ihre Sinne enorm geschärft, möglicherweise halluzinierten sie sogar. Die vom Medizinmann präparierten Zulu-Kämpfer waren bei den Nachbarvölkern schon lange vor der Schlacht gegen die Briten eine Legende.

Auch der Neandertaler verfügte möglicherweise über euphorisierende Drogen. Im Grab Shanidar IV im heutigen Irak wurden neben mehreren anderen Blütenpollen auch Reste von Eibisch nachgewiesen. Eibisch gilt als stimulierend und euphorisierend. Ralph Solecki, der Ausgräber des so genannten Blumengrabes, war der Meinung, dass man den Toten möglicherweise auf Eibisch gebettet habe, um ihm mit Hilfe dieser Droge die Reise ins Jenseits zu erleichtern. Warum sollten sich die Neandertaler nicht auch bei Lebzeiten durch eine entsprechende Zeremonie und eine unterstützende Droge gegen gigantische Feinde gewappnet haben? Leider besteht so gut wie keine Chance, solche Praxis jemals nachzuweisen.

Dass der Neandertaler möglicherweise nicht immer nur im Nahkampf gegen seine übermächtig erscheinende Beute antrat, legt ein Fund nahe, den der Archäologe und Urgeschichtler Hartmut Thieme zwischen 1994 und 1997 im Abraum des Braunkohletagebaus Schöningen in Niedersachsen machte. Thieme legte im Verlauf seiner Arbeit einen richtigen Schlachtplatz mit über 20 000 Tierknochen, zahlreichen Steinwerkzeugen und schließlich den Überresten von insgesamt acht Holzspeeren, von denen sechs fast vollständig erhalten sind, frei. Allerdings hinterließ uns nicht der Neandertaler, sondern sein und unser direkter Vorfahr *Homo erectus* diesen außergewöhnlich reichen Fundort.

Vor fast 400 000 Jahren hatten *Erectus*-Jäger an dieser Stelle ihre Beute, vorzugsweise Wildpferde, gejagt, zerteilt und verzehrt. Die verwendeten Speere sind zwischen 1,80 und 2,50 Meter lang, und ihr größter Durchmesser variiert zwischen 3 und 5 Zentimetern. Als Material bevorzugte *Erectus* offenbar Fichtenstämmchen, nur ein einziger Speer ist aus Kiefer gefertigt. Interessant an diesen ungewöhnlichen Waffen ist neben ihrem hohen Alter vor allem die Tatsache, dass die präzise gearbeiteten Speere nach Meinung des Entdeckers keine einfachen Stoßwaffen waren, sondern bereits «ballistisch ausbalancierte Fernwaffen»[22]. Mit dem größten Durchmesser im vorderen Drittel, liegt der Schwerpunkt wie bei modernen Wurfspeeren vorn. Ganz offensichtlich waren Menschen lange vor dem Auftauchen des Neandertalers in der Lage, ihre Beute mit Hilfe von technisch routiniert hergestellten Fernwaffen zur Strecke zu bringen.

Vom Neandertaler sind keinerlei Wurfspeere erhalten geblieben. Das kann daran liegen, dass sich insgesamt nur wenig von dem möglicherweise recht umfangreichen hölzernen Hausstand des Eiszeitmenschen erhalten hat. Andererseits ist zwischen den *Erectus*-Jägern von Schöningen und dem Erscheinen der ersten Neandertaler viel Zeit vergangen. Vielleicht war die Jagd mit dem Wurfspeer gar nicht überall verbreitet, und die «Erfindung» ging für eine Zeit verloren, um später erneut entdeckt zu werden. Dieses Phänomen ist uns aus der Geschichte wohl bekannt. Bereits die Punier waren in der Lage, Stahl herzustellen. Als die Römer Karthago 201 v. Chr. vernichtend schlugen, ging diese einmalige Technologie wieder verloren, und es dauerte bis in das vorindustrielle Zeitalter, bis die Stahlherstellung erneut gelang. Das Schießpulver war in China bereits seit dem 9. Jahrhundert bekannt. Doch diese Erkenntnis hatte für Europa keine Bedeutung. Erst als Berthold Schwarz den gefährlichen Staub im 14. Jahrhundert ein zweites Mal erfand, revolutionierte seine Entdeckung die Kriegsführung der Alten Welt.

Ganz gleich, ob der Neandertaler mit Stoßlanzen oder Wurfspeeren jagte, zusammenfassend muss man ihm zugestehen, dass er ein erfolgreicher Jäger war. Als Opportunist passte er sich an das jahreszeitlich wechselnde Wildangebot an und hatte offenbar unterschiedliche Methoden entwickelt, um den Beutetieren nachzustellen. Er nutzte geographische Besonderheiten wie Schluchten, Spalten und vielleicht auch natürliche Gruben oder sogar Treibsandfelder, die einen höheren Jagderfolg ermöglichten. Seine häufigste Beute waren mittelgroße Tiere, aber auch die Jagd auf Großsäuger ist ihm durchaus zuzutrauen.

Allerdings bleibt die Frage, was der Neandertaler mit einem solchen Fleischberg tatsächlich angestellt und wie er ihn beispielsweise gegen Aasfresser verteidigt hat. Zunächst mussten die Neandertalerjäger ein erlegtes Mammut zerkleinern. An scharfen Schneidewerkzeugen mangelte es nicht, wie die verschiedensten Klingenfunde ausführlich belegen. Wie man sich eine solche Szene vorstellen kann, zeigt ein Bericht des Afrikareisenden Wilhelm Kuhnert, der 1918 das Ausweiden eines Elefanten beschrieb:

«Im Augenblick ist nichts mehr vom Elefanten zu sehen, sondern nur eine dichtgedrängte Masse blutglänzender Menschenkörper, die säbeln, schneiden, reißen und zerren. […] Ist erst die Bauchhälfte geöffnet, geht es dann sehr schnell mit dem Zerlegen. Ein starker Elefantenleib ist so geräumig, dass mehrere Leute in gebückter Haltung darin hantieren können. […] Um die schlachtende Menge stehen im Kreise herum die Weiber und Kinder. Manche haben Körbe, andere nicht. Sie alle aber fangen die Fleischstücke auf, die ihnen die Männer in weitem Bogen über die Köpfe der anderen zuwerfen.»[23]

Pygmäen rösten das Fleisch eines getöteten Elefanten auf Holzgestellen vor Ort und transportieren die auf diese Weise haltbar gemachten Fleischportionen ab. Ganz ähnlich könnten die Neandertaler verfahren sein. Die Frage, wie die Jäger ihre Beute gegen andere Fleischfresser verteidigen konnten, ist schwieriger zu beantworten. Nach der Tötung eines Tieres wird der Blutgeruch vor allem Aasfresser wie Hyänen und Bären, aber möglicherweise auch Wölfe und Großkatzen angelockt haben. Die Neandertaler mussten auf jeden Fall damit rechnen, dass ihnen ihre mühsam erlegte Beute wieder abgejagt werden würde.

Die Frage ist, wie konnten sie möglichst viel von dem Erlegten retten? Folgt man dem Beispiel der Pygmäen, hätten die Neandertaler nach einer Großwildjagd ihr Mammut also zerlegt, möglicherweise durch Rösten haltbar gemacht und dann in ihr Lager abtransportiert. So wird die Neandertalerjagd traditionell auch gern auf Bildern dargestellt: Eine kleine Gruppe von fünf bis zehn Neandertalern erlegen ein Mammut und machen sich mit einfachen Steinwerkzeugen darüber her. Der Rest wird der Phantasie des Betrachters überlassen. Denkt man die Geschichte zu Ende, muss man feststellen, dass der Personalbedarf für eine solche Transportaktion sehr hoch gewesen sein muss.

Eine Gruppe muss das Tier in handliche Stücke schneiden, damit man der Fleischmassen überhaupt Herr werden kann. Lassen wir das Rösten außer Acht, könnte ein weiterer Trupp den Transport der Stücke organisiert und durchgeführt haben. Eine dritte Gruppe sollte in diesem Fall für den Schutz sowohl der Fleischhauer und Entbeiner, als auch der Träger und schließlich des Lagers mit der Beute gesorgt haben. Zumindest einige Wachen sollten bereitgestanden haben, um die Ankunft von Nahrungskonkurrenten zu vermelden. Insgesamt hatte nur eine große Gruppe von Jägern eine Chance, sich gegen die gigantischen Räuber der Eiszeit zur Wehr zu setzen. Und doch, trotz denkbarer Zahlenstärke, war diese Methode äußerst riskant.

Ein sehr effektives und viel weniger gefährliches Mittel, um die Beute vor Aasfressern zu schützen, besteht bei vielen indigenen Völkern darin, die Nahrung in Bäumen aufzuhängen. Diese Methode ist ebenso einfach wie wirkungsvoll. Für den Neandertaler wäre sie über lange Zeitspannen allerdings nicht in Frage gekommen. Denn in seinem Lebensraum gab es – zumindest während der Kaltphasen – keine geeigneten Bäume. Möglicherweise hängten die Lehringer Präneandertaler alles Elefantenfleisch, das sie nicht sofort essen konnten, noch in einen der gewaltigen Laubbäume. Die späteren Neandertaler hatten in ihrer Kältesteppe nur Krüppelkiefern und niedriges Buschwerk zur Verfügung – kein Hindernis für große Raubtiere.

Vielleicht vergruben die eiszeitlichen Jäger einen Großteil der Beute einfach an Ort und Stelle. Auf diese Weise sicherten sie sich gegen Nahrungskonkurrenten weitgehend ab, man brauchte nicht so viele Träger und Wächter. Jeder nahm am Ende, soviel er tragen konnte, und die ganze Gruppe war stets zusammen und konnte dem Einzelnen Schutz bieten. Sobald die Nahrung verbraucht war, konnte der Clan wiederkommen und eine neue Ration ausgraben. Frisches Fleisch hält sich im Boden mehrere Tage. Ist der Boden halb gefroren, sogar noch länger. Nach und nach könnten die Eiszeitler auf diese Weise die Vorzüge des Einfrierens von Nahrungsmitteln erkannt haben.

Eine der interessantesten Fragen scheint mir ohnehin zu sein, wie die Neandertaler die eiszeitlichen Winter überstanden. Offenbar sind die Forscher sich einig, dass die Kälteexperten den großen Herden ihrer Hauptbeutetiere nicht über größere Strecken folgten. Neandertaler gelten als vergleichsweise standorttreu. Dadurch seien sie den mobileren *Sapiens* unterlegen gewesen. Allerdings gibt es keine konkreten Funde, die diese These stützen. Die Neandertaler haben sich an so viele unterschiedliche Lebensräume und -situationen angepasst, dass es nicht einleuchten will, warum sie sich, wenn sie zwischen Nahrung und Standort wählen mussten, für den Standort entschieden haben sollten.

In der Tat tun sich die Wissenschaftler schwer damit zu erklären, warum unser angeblich so standorttreuer Verwandter im Winter nicht verhungerte, sobald alle seine Beutetiere von dannen gezogen waren. Der englische Archäologe Clive Gamble lieferte 1993 die sicherlich originellste Idee zu diesem Thema. Seiner Meinung nach gehörte der Neandertaler schon zu einer Art frühen Bofrost-Generation und ernährte sich bei winterlichen Temperaturen vor allem von auf natürlichem Wege entstandener Tiefkühlkost, die er sich auf dem heimischen Feuerchen auftaute. Mit anderen Worten: Verendete Tiere froren nach Meinung des Wissenschaftlers im Winter so schnell ein, dass sich Hyäne, Höhlenlöwe oder andere Nahrungskonkurrenten im wahrsten Sinne des Wortes an diesen frostigen Kadavern die Zähne ausbissen. Der Neandertaler hingegen nutzte das Feuer, um an die Fleischmassen heranzukommen, und lebte in einer Art arktischem Schlaraffenland.[24]

Betrachtet man vergleichbare Lebensräume heute, dann zeigt sich wie in anderen Lebensräumen auch, dass in den seltensten Fällen Ressourcen ungenutzt bleiben. Fleisch wird auch in der Eiszeit nicht ungenutzt herumgelegen haben. Die großen Räuber behielten genau wie heute die Herden ihrer Beutetiere im Auge. Kranke oder verletzte Tiere wurden geschlagen oder bei einem Tod durch Erschöpfung sofort verwertet. Tote Tiere frieren nicht sofort ein. Eisbären können auch heute bei enormen Minustemperaturen ihre Beute auffressen. Selbst in Halbgefrorenes treiben sie unerschrocken ihre Zähne.

Gamble selbst scheint von seinem Entwurf des Tiefkühlschlaraffenlandes nicht in letzter Konsequenz überzeugt gewesen zu sein. Für die letzte Eiszeit, die teilweise noch kälter war als die Kaltphase zuvor, vermutet er, dass das Essen nicht einfach in der Tundra herumlag. Unsere direkten Vorfahren hätten vielmehr Nahrung im

Schweiße ihres Angesichts erwerben und selbst einfrieren müssen. Sie hätten, so glaubt er, während der Jagdsaison im Herbst dank ihrer technologisch überlegenen Waffen mehr gejagt, als sie brauchten, und Wintervorräte gezielt angelegt. Warum nicht auch der Neandertaler in der Lage gewesen sein soll, Vorratshaltung zu betreiben, wird nicht deutlich. Wenn er aber tatsächlich die Frage der Haltbarmachung gelöst hat, gehörte das Mammut deutlich wieder in die Kategorie «sinnvolle Beute».

Fast alle Wissenschaftler, die den Neandertaler als Großwildjäger sehen, gehen davon aus, dass sich die Fähigkeit des Sprechens unmittelbar aus der Notwendigkeit, Gespräche zur Planung und Vorbereitung der Jagd führen zu müssen, entwickelt hat. Aus den Fundsituationen lässt sich schließen, dass die Neandertaler, ja bereits die Präneandertaler eine bestimmte Art der Verständigung hatten. Dass diese Verständigung jedoch durch Worte funktionierte, scheint allerdings nicht zwingend notwendig gewesen zu sein. Auch Löwinnen jagen in der afrikanischen Savanne im Team sehr erfolgreich, oder Schimpansen finden sich in größeren geographischen Räumen zurecht und suchen Nahrungsquellen präzise zur rechten Jahreszeit auf. Dies alles gelingt aufgrund lange exakt eingespielter Verhaltensmuster.

Der Neandertaler könnte ganz ohne Probleme alle zur Jagd erforderlichen Informationen ohne Worte weitergegeben haben, zum Beispiel durch Zeichen, durch Vormachen – eben durch alle Formen der Körpersprache und natürlich durch ein ganzes Repertoire von nicht verbalen, akustischen Signalen. Das bedeutet nicht, dass man den Neandertaler für stumm halten muss, sondern nur, dass die Sprache sich nicht zwangsläufig zum Zwecke der effektiveren Jagd entwickelt hat.

Hightech im Neandertal

Die beiden waren schon früh aufgestanden, um sich auf den beschwerlichen Weg in die Senke zu begeben. Nur dort würden sie finden, was sie so dringend benötigten. Der alte Mann und der ihm zur Ausbildung anvertraute Junge kletterten die Klippen an der einzigen Stelle hinunter, die einen gefahrlosen Abstieg ermöglichte. Trotzdem war der Weg beschwerlich für den Alten, der schon mehr als vierzig Winter hatte kommen und gehen sehen. Gestützt auf seinen Speer aus Fichtenholz, den er schon lange nicht mehr zur Jagd benutzte, schaffte er es schließlich, ins Tal hinabzugelangen. Der Junge folgte ihm stumm und missgelaunt. Er hatte es immer noch nicht verwunden, dass er mit dem Alten in die Senke gehen sollte, anstatt mit den anderen jungen Männern die Jagd vorzubereiten. Sie folgten dem Lauf des Flüsschens, bis sich das Tal schließlich öffnete und der Wasserlauf breiter wurde. Wenn sie Glück hatten, würden sie schon hier finden, was sie suchten. Vielleicht mussten sie aber auch bis zum großen Strom weiterziehen.

Der Alte näherte sich einigen gerade gewachsenen Birkenstämmchen, legte prüfend seine Hand an die Borke und schabte schließlich mit seiner Obsidianklinge ein wenig von der leuchtend weißen Rinde ab. Er prüfte das Material eingehend, betrachtete es genau, roch daran und leckte kurz über die Innenseite. Dann warf er die Rinde fort und ging ohne Aufenthalt weiter. Die Birken hier waren noch zu jung, die Borke zu dünn. Es hatte keinen Sinn, sich mit ihnen auf-

zuhalten, sie waren nicht geeignet. Der Junge wunderte sich. Er wusste, dass der Alte nach den weiß-schwarzen Bäumen suchen wollte, aber er hatte keine Ahnung, welches Spiel sein Gefährte nun mit ihm trieb. War denn nicht ein Baum wie der andere? Wieso all die Mühen auf sich nehmen, wenn doch am Ufer des Flüsschens genügend Grünzeug herumstand.

Immer wütender wurde der Junge auf seinen Begleiter, der das aber nicht wahrzunehmen schien. Noch zweimal wiederholte er die Prozedur. Jedes Mal warf er die Rinde wieder weg und ging mit weit ausholenden Schritten weiter. Wie durch Zauberkraft schien der Alte im Tal seine Kräfte wiedergefunden zu haben, während der Junge sehr müde wurde. Vor allem die Sinnlosigkeit dieses Treibens raubte ihm seine Kräfte. Endlich, schon fast am großen Strom angelangt, fand der alte Mann, was er so intensiv gesucht hatte. Nun würde die Jagd stattfinden können. Alle abgenutzten Steinklingen konnten ausgetauscht, locker gewordene Schäftungen wieder festgemacht werden. Zufrieden wiegte er den Kopf hin und her. Nur er allein hatte die Lösung ihrer Probleme gefunden.

Seinem jungen Helfer zeigte er nun, wie man die Birkenrinde säuberlich vom Baum trennte, welche Stellen man bei der Ernte auslassen musste, weil sie Astlöcher besaßen, oder was man sonst beachten musste. In kürzester Zeit hatten sie die Rinde der meisten Birken des kleinen Hains abgeschält. Es war eine gute Ausbeute. Noch waren die Herden der Wiederkäuer nicht vorbeigekommen und hatten die wertvolle Borke verbissen. Nun konnte die Produktion des technologisch herausragendsten Werkstoffes beginnen, den die Neandertalerkultur kannte: Birkenpech.

Kaum etwas in der Neandertalerforschung ist wirklich sicher. Immer wieder stößt die Wissenschaft an ihre Grenzen, weil der Neandertaler vor so unvorstellbar langer Zeit gelebt hat. Das Einzige, was wir mit hundertprozentiger Sicherheit von den Neandertalern wissen, ist, dass sie in der Lage waren, Steinwerkzeuge herzustellen. Entsprechend viele Veröffentlichungen beschäftigen sich mit diesem vergleichsweise «sicheren» Thema. Steinwerkzeuge und Abfallstücke aus der Werkzeugproduktion machen mit weitem Abstand den größten Teil aller Funde aus der Neandertalerzeit aus.

Um ein Steinwerkzeug herstellen zu können, benötigt man zunächst einmal den richtigen Stein. Der Neandertaler hat zwar nachweislich verschiedene Materialien verarbeitet, aber das lag vermutlich daran, dass nicht alle Werkstoffe überall verfügbar waren. Wenn sich eine Möglichkeit bot, bevorzugten die eiszeitlichen Handwerker Materialien, die am ehesten die Eigenschaften von Glas aufwiesen. Sie mussten sehr hart sein, aber durch Schläge brechen. Der Verlauf ihrer Bruchkanten sollte gezielt erzeugt werden können und die Kante selbst möglichst scharf sein. Der Topwerkstoff der Eiszeit war Obsidian, ein vulkanisches Glas, das allerdings recht selten war. An zweiter Stelle rangierten Chalzedone, die berühmten Feuersteine und Hornsteine. Andere Werkstoffe wie Basalt, Quarz oder Quarzit waren deutlich weniger beliebt, weil sie entweder schwerer zu bearbeiten waren oder aber bei gleicher Anstrengung viel schlechtere Ergebnisse erbrachten.

Das Werkzeug, mit dem die Handwerker der Neandertalerzeit ihre Werkstücke bearbeiteten, war oft ein runder oder ovaler Stein, der vor allem gut in der Hand liegen musste. Mit großer Wahrscheinlichkeit verwendeten sie allerdings auch Schlaggeräte aus Knochen oder Holz. Diese sind zwar nicht erhalten geblieben, aber anhand der Abschläge vermuten einige Wissenschaftler, dass der Neandertaler auch schon mal zum «Geweihhammer» griff.[1]

Auf diese Weise ausgestattet, vollbrachte der Neandertaler weit mehr als die Herstellung eines einfachen Faustkeils. Tatsächlich waren Neandertaler hochspezialisierte Waffen- und Werkzeugmacher. Sie schufen eine enorme Bandbreite an Faustkeilen, Klingen und Spitzen. Noch lange nicht alle Werkzeuge und Abschläge konnten eindeutig einer bestimmten Funktion zugewiesen werden. So entdeckten Ralf W. Schmitz und Jürgen Thissen während ihrer Grabungen im Neandertal beispielsweise äußerst fein gearbeitete Steinartefakte. Die kleinsten dieser zarten Scheiben erreichten einen Durchmesser von nur 5 Millimetern. Über 80 dieser Miniwerkzeuge förderte das Grabungsteam zutage, in ganz Europa wurden insgesamt bislang nicht so viele vergleichbare Stücke gefunden.

Was macht das Neandertal so besonders? Waren hier außergewöhnliche Handwerksmeister am Werke, magische Gestalten wie einst der Schmied, der Siegfried sein geheimes Handwerk lehrte, sodass der sich ein unschlagbares Schwert schmieden konnte? Die Antwort, die Ralf W. Schmitz auf diese Frage parat hat, klingt dagegen verhältnismäßig profan: «Vermutlich hat man bei früheren Grabungen dem Neandertaler die Herstellung von so feinen Werkzeugen gar nicht zugetraut und die winzigen Fundstücke deshalb nicht erkannt.» Wer weiß schon, wie viele hilfreiche Indizien auf dem Abraum landeten, weil gerade die frühen Forscher vor allem das fanden, was sie zu finden hofften?

Die Arbeit eines Werkzeugmachers begann damit, einen geeigneten Stein zu finden. Das war nicht unbedingt leicht, denn geeignete Materialien lagen nicht einfach in der Umgebung eines Lagers herum. Offenbar unternahmen Neandertaler eigens Exkursionen, um die begehrten Steine für Spitzen und Klingen zu besorgen. Beispielsweise fand man in der Kulna-Höhle in Mähren einen bearbeiteten Stein, der aus einer völlig anderen Region stammte. Fast 230 Kilometer liegen zwischen der Rohstoffquelle und dem Ort der Bearbeitung. Man kann sich leicht vorstellen, dass die Neandertaler lieber Energie in die Werkstoffbeschaffung steckten, als mit

Materialien zu arbeiten, die schwer zu bearbeiten sind oder, noch schlimmer, so weich, dass sie krümeln. Einige Obsidian-Klingen aus der Neandertalerzeit sind bis heute scharf wie Skalpelle.

Interessant erscheint mir der Befund, dass die Jäger offenbar nicht unbedingt fertige Klingen mit sich herumtrugen, sondern meist nicht oder nur teilweise bearbeitete Steine, so genannte Knollen. Wo immer sie dann Beute zerteilen wollten, fertigten sie in wenigen Minuten neue Werkzeuge. Nach Gebrauch warfen sie die stumpf gewordenen Klingen einfach weg. Genau genommen hatte der Neandertaler auf diese Weise nicht nur das Konzept der Wechselklinge vorweggenommen, sondern lebte gewissermaßen in einer frühen «Wegwerfgesellschaft», ein Begriff, den wir zumeist für unsere moderne Sapiensgesellschaft reklamieren.

Allerdings scheint mir die begründete Vermutung, dass die Klingen häufig erst vor Ort gefertigt wurden, nicht die Folge eines modernen Phänomens gewesen zu sein, das man Prokrastination nennt, also den Zwang, Dinge bis zum letzten Moment aufzuschieben. Vielmehr ist es praktisch, nicht mit allzu vielen messerscharfen Gerätschaften durch die Lande zu ziehen, wenn man keine Scheide oder sonstige Hülle hat, um sie sicher zu transportieren. Die unbearbeitete Feuersteinknolle war Schwert und Heft zugleich und konnte selbst in schnitt- und stichanfälligen, dünnen Leder- oder Grasbehältnissen problemlos untergebracht werden. Wer beim Einkaufen gelegentlich seine Plastiktüten überlädt, hat sicher die Erfahrung gemacht, dass schon geringfügig spitze oder scharfkantige Gegenstände zu unerquicklichen Zwischenfällen führen können. Der Neandertaler kannte offenbar dieses Problem und löste es auf seine Weise.

Die Herstellungsart, die unter den Werkzeugmachern der Neandertaler am häufigsten angewandt wurde, nennt man «Levallois»-Technik. Für den Namen stand einmal mehr ein französischer Fundort Pate. Die Beschreibung dieser Arbeitsmethode liest sich etwa ebenso spannend wie eine japanische Bedienungsanleitung aus den frühen achtziger Jahren. Daher möchte ich gern darauf verzichten. Nur so viel: Der Neandertaler bearbeitete zunächst Unter-, dann Oberseite. Von oben wurden die Abschläge mit ziemlich gleichmäßigen Umrissen «abgebaut». Mit anderen Worten: Ganz ähnlich wie Michelangelo die im Marmor verborgene Figur stets schon vor sich sah, bevor er den Meißel ansetzte, muss ein steinzeitlicher Werkzeugmacher genau gewusst haben, welche Art von Klinge aus einer bestimmten Knolle gefertigt werden kann. Der Grad der Abstraktion ist sicherlich ein anderer als derjenige des Renaissance-Künstlers, und doch muss man dem Neandertaler schon eine Menge Vorstellungskraft zugestehen. Auch Ästhetik scheint bei der Gestaltung der Werkzeuge eine Rolle gespielt zu haben. Offenbar hatten die Neandertaler einen Sinn für Symmetrie, denn einen Vorteil für die Nutzung brachte ein symmetrisch gearbeitetes Werkzeug nicht.

Wenn man annimmt, dass es sich bei den meisten dieser Objekte um Werkzeuge handelt, dann muss man auch davon ausgehen, dass der Neandertaler mit dieser Vielzahl von Geräten eine ebenso große Menge unterschiedlichster Materialien bearbeitete. In erster Linie kamen die Gerätschaften vermutlich im Zusammenhang mit dem Nahrungserwerb zum Einsatz. Mit den größeren, äußerst harten Klingen verarbeitete der eiszeitliche Jäger möglicherweise Stämme von Eschen, Fichten oder Kiefern zu Lanzen und Speeren. Andere Werkzeuge dienten dem Zerteilen von Beutetieren oder der Präparierung einzelner Teile des erlegten Tieres für eine bestimmte Nutzung.

Für die Inuit ist das Beutetier weit mehr als nur ein Fleischlieferant. Sie verwenden alle Teile eines getöteten Organismus. Aus den Fellen stellen sie Kleidungsstücke und Schlafdecken her, Knochen und Fett benutzen sie als Brennmaterial, und die Sehnen der Beute dienten als Seile und Fäden.[2] Auch die Neandertaler haben die ihnen zur Verfügung stehenden Ressourcen mit großer Sicherheit zur Gänze genutzt. Sehr wahrscheinlich knoteten sie bereits Felle zu einfachen Kleidungsstücken zusammen. Zwar war die Nadel mit Öse noch nicht erfunden, aber Werkzeuge, um Felle oder Leder zu perforieren, waren vorhanden. Der Schritt, eine Tiersehne oder Lederstreifen dazu zu verwenden, eine wärmende Isolationskleidung gegen die eiszeitlichen Temperaturen herzustellen, ist mehr als nahe liegend. Die meisten Forscher sind sich heute einig, dass nackte Neandertaler in der Eiszeit ebenso wenig überlebt hätten wie unbekleidete Zeitgenossen heute am Nordpol. Sehr wahrscheinlich fetteten sie ihre Ober-, vor allem die Fußbekleidung und Behältnisse aus Fell zusätzlich ein, um sie wasserdicht zu machen. Auch ihre Haut könnten sie mit Fett eingerieben haben, um sie besser vor der Kälte zu schützen. Vielleicht mischten sie sogar Farben in die Fette, um andere zu beeindrucken, sich von ihnen abzuheben oder aus allgemeinen ästhetischen Gründen. Ob der Neandertaler ein Patent auf so nützliche Erfindungen wie Isolationskleidung, Hautcreme und Make-up anmelden kann, wird vermutlich nie geklärt werden. Zuzutrauen wäre es ihm, immerhin gilt mittlerweile als sicher, dass er den Klebstoff erfunden hat.

Diesen Sensationsfund machte der Geologe und Urgeschichtsforscher Dietrich Mania bereits 1963 während einer Grabung in der Nähe von Königsaue im Elbe-Saale-Gebiet. An der Abbauwand eines Braunkohleabbaugebietes stieß der Wissenschaftler in einer Tiefe von rund 17 Metern auf Steinwerkzeuge und entdeckte bei den nachfolgenden Grabungen nicht nur die Reste von mehreren Neandertalerlagern, die die steinzeitlichen Jäger in der Zeit vor 80 000 bis 70 000 Jahren immer wieder aufgesucht hatten, um Rentiere, Wildpferde, Wisente und Nashörner zu jagen.

Manias Aufmerksamkeit entgingen auch zwei dunkle, unansehnliche, etwa fingerhutgroße Harzklümpchen nicht. Allerdings traute man dem Neandertaler das Know-how zur Herstellung des steinzeitlichen Universalklebers zum Zeitpunkt der Auffindung noch nicht zu. Erst über 30 Jahre später entdeckten die Chemiker Johann Koller und Ursula Baumer vom Doerner-Institut in München, dass es sich bei dem schon etwas angestaubten Fundstück nicht etwa um schlicht aufgesammeltes Baumharz von Fichten oder Kiefern handelte, sondern um Birkenpech, eine Substanz, deren komplizierte Produktion man bis dahin nur dem modernen Menschen zugetraut hatte.

Um das begehrte Material herstellen zu können, muss Birkenrinde bei einer möglichst konstanten Temperatur von 340 bis 400 Grad unter Ausschluss von Sauerstoff verschwelt werden. Ist die Temperatur zu niedrig, schwitzt die Rinde den Klebstoff nicht aus. Ist zu viel Sauerstoff vorhanden, verbrennt der wertvolle Rohstoff. Kollers Versuche, den steinzeitlichen UHU Plus mit den Möglichkeiten, die den Neandertalern zur Verfügung standen, nachzuahmen, scheiterten kläglich.

Auch Alfred Wunderlich, Chemiker im Archäologischen Museum in Halle, in dem der Nachweis für die Findigkeit des Neandertalers heute gehütet wird, kam in der Frage nicht weiter: «Ich habe eine ganze Weile herumexperimentiert, bis ich schließlich gutes Birkenpech herstellen konnte. Wie der Neandertaler das ohne Reagenzglas und Bunsenbrenner geschafft hat, ist mir ein Rätsel.»[3]

Um dieses Rätsel zu lösen, suchte ich Rat bei Professor Alfred Pawlik von der Universität Tübingen. Tatsächlich wusste der Urgeschichtler von einigen Indianerstämmen Nordamerikas, dass sie noch bis ins letzte Jahrhundert ihre Kanus mit Birkenpech verklebt und abgedichtet hatten. Das Verfahren der Pechherstellung schildert Pawlik: «Man entfernt die Birkenrinde vom Baum. Das geht besonders gut im Frühjahr. Danach rollt man die Rinde auf wie eine Zigarre. Schließlich gräbt man ein Loch in die Erde, das sich idealerweise nach oben hin verjüngt, jedoch nicht geschlossen werden muss. Die Zigarre wird an einem Ende angezündet.»[4]

Feuermachen ging dem Neandertaler schon sehr leicht von der

Hand. Immer bewaffnet mit Feuerstein und Zunder, einem leicht brennbaren Pilz, gelang es ihm, in kürzester Zeit ein Feuer anzufachen. Der Trick war einfach. Mit dem Feuerstein schlug der erfinderische Eiszeitler so lange Funken, bis der Zunder in Flammen aufging. Auch Markasit oder Pyrit eigneten sich für dieses Kunststück.

Sobald die Birkenrinde angezündet war, verflüchtigten sich die ätherischen Bestandteile des Birkenpechs, und es entwickelte sich ein aromatischer Geruch – etwa wie ein Räucherschinken. Die Birkenrinde wurde mit dem brennenden Ende zuerst in das Loch gelegt und begann zu schwelen. Dadurch wurde der Luftsauerstoff im Loch entsprechend reduziert. Die schwelende Birkenrinde schwitzt kleine Tröpfchen Pech aus. Bei dem Ergebnis dieser Prozedur handelte es sich um ein so genanntes unvollständiges Destillat, da chemisch gesehen die Destillation des Pechs nicht vollständig stattgefunden hatte. Noch immer waren Pflanzenfasern enthalten. Interessanterweise zeigte die entstandene Mischung sogar bessere Klebeeigenschaften als ein chemisch ordentliches Destillat, weil die enthaltenen Pflanzenteilchen dafür sorgen, dass das Pech besser haftet. Die gewonnene Substanz konnte entweder direkt von den Birkenrindenrollen an den zu klebenden Gegenstand gestrichen werden (z. B. in einen Holzschaft, wenn eine Feuersteinspitze hineingeklebt werden sollte), oder aber man konnte es erkalten lassen und aufbewahren. Wenn es später zum Kleben benötigt wurde, konnte man es an einer Feuerstelle wieder erhitzen und erneut verwenden.

Ob nun die Neandertaler genau dieses Verfahren angewandt haben oder ihre eigene Methode der Birkenpechgewinnung hatten, lässt sich momentan nicht nachweisen. Fakt ist allerdings, dass die Neandertaler über den Klebstoff der Steinzeit verfügten – und zwar offenbar sehr früh. Und jetzt, nachdem man weiß, mit welchen Fundstücken man bei Neandertalergrabungen rechnen darf, wird es möglicherweise sogar irgendwann einen Nachweis für die Herstellungsmethode geben. Pawlik deutet erste Grabungsergebnisse in Tschechien bereits in diesem Sinne. Dort sind um eine zentrale Feuerstelle herum kleine kreisförmige Löcher gefunden worden. Der Wissenschaftler glaubt, in dieser Fundsituation eine Produktionsstätte für die Gewinnung von Birkenpech zu erkennen.

Ganz gleich, wann diese Hypothese durch weitere Grabungen gestützt oder widerlegt wird, eines ist sicher: Der Heißkleber ist keineswegs eine moderne Erfindung. Bereits vor Tausenden von Jahren konnten Neandertaler so unterschiedliche Materialien wie Holz und Stein im Wortsinn hieb- und stichfest miteinander verbinden. Ob der Superkleber der Vergangenheit hielt oder nicht, konnte im Kampf gegen ein Mammut oder einen Höhlenbären über Leben und Tod entscheiden.

Rätselhaft bleibt einer der anthrazit-bräunlich gefärbten Kleberkrümel allerdings auch noch aus einem anderen Grund. Auf diesem prähistorischen Pechstück befinden sich neben dem Abdruck von einem Holzgriff und einer Steinklinge seltsame, parallel verlaufende Linien. Gelegentlich wurden diese feinen Streifen schon als einziger erhaltener Fingerabdruck eines Neandertalers interpretiert.

Während der Vorbereitungen zu meinem Film und für dieses Buch fragte ich Hauptkommissarin Simona Wabnitz vom LKA in Magdeburg um Rat. Sie hatte sich schon mit den geheimnisvollen Linien auseinander gesetzt. Ich bat die Kripobeamtin, den Fund mit den Fingerabdrücken eines modernen Menschen zu vergleichen. Freundlicherweise stellte sich Ralf W. Schmitz zu diesem Zweck zur Verfügung. Und wir besuchten gemeinsam Schimpansendame Nana im Magdeburger Zoo, um auch ihre Fingerabdrücke zu Vergleichszwecken abzunehmen.

Das Ergebnis, zu dem Hauptkommissarin Wabnitz nach dem Vergleich aller Abdrücke kam, war eindeutig: «Hier handelt es sich eindeutig nicht um Linien der Fingerkuppe.» Immerhin wäre es denkbar, dass die parallel verlaufenden Linien auf dem Neandertalerkleber nicht vom Fingerglied, sondern von der Handkante stammen. Hier finden sich auch beim modernen Menschen und beim Schimpansen parallele Linien. Ein klassischer Fingerabdruck wäre der Fund in Halle dann zwar nicht, aber doch zumindest ein Handabdruck von unserem entfernten Vetter. Auch eine andere Deutung ist möglich. Der Neandertaler könnte, um die Schäftung abzusichern, ein Lederband um sein Werkzeug gewickelt haben. Leder, also gegerbte Tierhaut, zeigt ganz ähnliche Streifenlinien wie die, die auf dem Pechstück erhalten geblieben sind. Die Bestätigung dieser zweiten Deutung für den umstrittenen Abdruck wäre fast ebenso sensationell wie die Deutung als Handabdruck, denn zum ersten Mal wäre der Beweis erbracht, dass der Neandertaler bereits in der Lage war, Leder herzustellen.

Die Existenz des Birkenpechs an sich ist bereits eine Sensation, entlässt es den Neandertaler doch aus der Ecke des dumpfen Keulenschwingers und weist ihn eindeutig als vernunftbegabtes Wesen aus, das hochkomplexe chemische Vorgänge zu handhaben wusste. Geht man weiterhin davon aus, dass jemand, der ohnehin schon Birken schält, um die Baumrinde zu Klebstoff zu destillieren, auch andere Dinge mit dieser Rinde anzufangen wusste, dann ist eine ganz andere Neandertalerwelt vorstellbar als diejenige unserer angestammten Klischees.

Jemand, der Birkenrinde bei gleich bleibender Temperatur so gezielt verschmurgeln kann, bis sie das gewünschte Birkenpech ausschwitzt, ist sicher auch in der Lage gewesen, Birkenrinde unter Zuhilfenahme von Wasser und Hitze zu formen und ihr jede gewünschte Gestalt zu verleihen. Frisch abgeschälte Rinde brauchte man lediglich mit einer Naht am unteren Rand und an der Längskante zu verschließen und mit Birkenpech abzudichten – schon hat man ein Gefäß, das als eine Art Rucksack, als Behältnis für Flüssigkeiten oder als Köcher für Pfeile hätte dienen können. Leider wurden bislang weder solche Gefäße noch Neandertalerpfeile gefunden, trotzdem heißt das nicht, dass sie nie existiert haben. Ein gutes Beispiel dafür, dass in der Paläoanthropologie wie in der Archäologie die Devise «Sag niemals nie» gilt, belegt der sagenhafte Fund von Schöningen.

Hier entdeckte der Paläoanthropologe Hartmut Thieme acht Holzspeere, die vor 400 000 Jahren von *Homo erectus* benutzt worden war, um Wildpferde zu jagen. Diese Entdeckung belegt zum ersten Mal, dass schon *Erectus*, wie viele Forscher vermutet hatten, ein echter Jäger war. Für den Neandertaler ist bislang nur eine einzige Lanze gefunden worden. In Lehringen bei Verden entdeckte man 1948 die 2,35 Meter lange Lanze aus Eibenholz. Vor 120 000 Jahren hatten frühe Neandertaler mit dieser Waffe Jagd auf einen Waldelefanten gemacht. Die prähistorische Lanze war über die gesamte Oberfläche sorgfältig bearbeitet worden – ein besonderer archäologischer Glücksfall.

Auch der Ötzi, der am 19. September 1991 geborgene Tote aus dem Ötztal, war ein Fund, der die Forschung enorm voranbrachte. Solange allerdings kein Gletscher und kein Salzblock einen Neandertaler in voller Montur ausspuckt, sind wir weiterhin auf Annahmen und Wahrscheinlichkeiten angewiesen. Das in Königsaue gefundene Birkenpech ist ein starkes Indiz dafür, dass der Neandertaler nicht nur in einer «Steinzeit», sondern auch in einer «Holzzeit» gelebt hat.

Wie die tierischen Ressourcen wird er auch die Pflanzenwelt zur Gänze genutzt haben. Die Stämme der Fichten und Kiefern konnte er zu Lanzen und Speeren verarbeiten, aus Birkenrinde gewann er wertvollen Klebstoff. Überreste anderer pflanzlicher Materialien sind nicht erhalten, aber man kann aufgrund der Druckstellen im Birkenpech von Königsaue sicher annehmen, dass Holz in Form von Griffen an Steinwerkzeugen befestigt wurde.

Auch andere Funde hat man mittlerweile genauer unter die Lupe bzw. das Mikroskop genommen und Erstaunliches festgestellt: Bei

200- bis 400-facher Vergrößerung kann man unter dem Mikroskop an den Arbeitskanten ausreichend lange benutzter Geräte Oberflächenveränderungen feststellen, die je nach dem bearbeiteten Material teils stark voneinander abweichen. Im Idealfall lässt der Vergleich mit experimentell erzeugten Benutzungsspuren Rückschlüsse auf die ehemalige Verwendung eines Steingerätes zu. Der amerikanische Urgeschichtler Bruce Hardy wies beispielsweise auf Fundstücken von Buran Kaga III auf der Krim sowie La Quina in Südwestfrankreich Holzspuren nach.[5] Holz fand mit Sicherheit auch im Hüttenbau Verwendung, allerdings sind alle bisher gefundenen Hinweise auf architektonisches Können der Neandertaler stark umstritten. A. P. Černýs Fund eines Hausgrundrisses mit Mammutknochenunterbau im ukrainischen Molodova wird von anderen Forschern schlicht als Mammutfriedhof gedeutet. Auch die Überreste des von Henry de Lumley rekonstruierten Innenzeltes in der Grotte du Lazaret wird gelegentlich als Fundanordnung mit natürlichem Ursprung gedeutet. Wie auch immer eine Fundsituation im Einzelnen aussieht und ob man irgendwann tatsächlich eine Hütte, ein Zelt oder einen Windschirm nachweisen kann, sicher ist, dass ein menschliches Wesen in der Mammutsteppe nicht dauerhaft ohne Schutz überleben konnte.

Da der Neandertaler wie oben beschrieben ganz ausgefeilte Bearbeitungstechniken erlernt hatte und sowohl Stein als auch Holz auf die unterschiedlichste Weise bearbeiten konnte, muss man davon ausgehen, dass er über weit mehr Gebrauchsgegenstände verfügte, als wir momentan vermuten. Wer ohnehin Birkenrinde von den Bäumen schält, nutzt dieses biegsame und doch stabile Material auch, um Gefäße, Tragebehälter und vieles mehr herzustellen, ein ungeheurer Vorteil für eine Bevölkerung, die halbnomadisch lebt und ihren kompletten Hausstand immer wieder von einem Lager zum nächsten tragen muss. Auch Säcke und Beutel aus Fellen oder sogar Leder sind denkbar. Der Paläoanthropologe Müller Beck glaubt sogar: «Wahrscheinlich haben die Neandertaler mehr Rentiere wegen ihrer Felle getötet als wegen ihres Fleisches.»[6]

Langsam, sehr langsam wird in unserer Vorstellung aus einem halb nackten, affenartigen Keulenschwinger ein in sorgfältig bearbeitete Felle und festes Schuhwerk gewandeter Halbnomade, dessen Alltagskultur sich kaum von der des *Sapiens* seiner Zeit unterschieden haben dürfte.

Schöngeist Neandertaler

Er konzentrierte sich mit all seiner Kraft auf die vor ihm liegende Aufgabe. Noch nie hatte er etwas so Herausragendes gewagt. Von neuem ließ er seinen Blick über das Elfenbeinstück gleiten, das er in seiner Linken hielt. Der Clanälteste hatte diesen Teil des Zahns, der von ihrer letzten großen Jagd stammte, mit einem Glückszauber belegt. Aus ihm sollte ein Amulett hergestellt werden, das dieses ungeheure Jagdglück der letzten Mammutjagd bewahren und auf alle weiteren großen Jagden übertragen sollte. Ihm, dem Werkzeugmacher, war die Aufgabe zugefallen, dieses besondere Amulett anzufertigen.
Schon viele Winter war er der Werkzeugmacher des Clans und verstand sich sowohl auf die Steinbearbeitung als auch auf die Fertigung vieler verschiedener Holzwerkzeuge. Gelegentlich bat ihn der Älteste auch um eine neue Flöte. Die Kunst des Flötenbaus hatte er erst kürzlich bei einem der großen Clantreffen von einem anderen Werkzeugmacher erlernt. Der Flötenbauer hatte ihm gezeigt, wie er Rinden und bestimmte Hölzer teilen und aushöhlen musste und an welchen Stellen die Löcher anzubringen waren, um entweder den Klang des Windes oder das Rufen der Vögel nachzuahmen. Im Land seines Clans war Holz selten. Er hatte sich zwar einige Rinden und Zweige mitgebracht, aber schon, als er die Arbeit des anderen sah, kam ihm der Gedanke, dass ein solches Instrument auch aus Knochen zu fertigen sein sollte. Er wollte sein Glück schon bald einmal mit den Ge-

beinen eines der weißen Gefiederten versuchen, die unten am großen Strom lebten.
Jetzt durfte er seine Gedanken aber nicht abschweifen lassen. Noch einmal sammelte er sich und richtete seine ganze Kraft auf sein wertvolles Werkstück. Er hatte seine beste Obsidianklinge frisch geschärft und versuchte nun einen ersten Schnitt. Der Mammutzahn war hart, aber das Unternehmen schien nicht unmöglich. Ein sauberer Span war abgeschält und weitere würden folgen. Er begann sich zu entspannen, der erste Schritt war getan. Er würde es schaffen, aus diesem ihm ungewohnten Material ein kleines Mammut zu schnitzen, das der höchste Jäger des Stammes bei der Jagd um den Hals tragen konnte. Er hatte schon oft Wurzeln und weichen Hölzern die Form von Tieren gegeben, auch der Zahn des Mammuts würde sich ihm nicht widersetzen.

Der Neandertaler war also in der Lage, neben Stein auch Holz, Knochen und möglicherweise andere organische Materialien wie Birkenrinde, Harze und Gräser zu verarbeiten. Das bedeutet, dass er die Fähigkeit gehabt haben muss, komplexe Arbeiten zu koordinieren, durchzuführen und Informationen an andere weiterzugeben. Das Lernen muss also eine große Rolle im Alltag eines jeden Neandertalers gespielt haben.

Was aber trieb ihn an, sich immer weiter fortzubilden? Im 19. und bis weit ins 20. Jahrhundert war die Antwort der Wissenschaftler eindeutig: Allein die Großwildjagd schärfte den Verstand des Neandertalers und natürlich vor allem den unserer eigenen Vorfahren. Der deutsche Urgeschichtler Georg Kraft fasste die weit verbreitete Meinung wie folgt zusammen: «Die erzieherische Bedeutung der Jagd kann nicht hoch genug eingeschätzt werden. Mehr noch als die Feuersteintechnik war die Jagd die hohe Schule der werdenden Menschheit.»[1]

Die moderne Primatenforschung kommt allerdings zu einem völlig anderen Ergebnis. Nicht von Jäger zu Jäger geben beispielsweise Schimpansen ihr Wissen weiter, vielmehr ist es die Aufgabe der Mütter, ihren Jungen alle Kennnisse, die erlernt werden müssen, beizubringen. Zum Beispiel verwendet eine Schimpansengruppe in Gombe Steine, um Nüsse zu knacken. Sie legen Nüsse auf einen flachen Stein, den sie als Amboss benutzen, während ein zweiter, handgroßer Kiesel als Hammer dient. Das Erlernen der Kunst, Nüsse zu knacken, dauert lange. Über viele Wochen machen die Mütter ihren Kindern geduldig immer wieder vor, wie man an das schmackhafte Innenleben in den widerspenstigen Schalen kommt.

Der grundsätzliche Unterschied zwischen dem Lernen beim Schimpansen und beim Menschen ist der Einsatz der Sprache. Sie wird zum Multiplikator des Wissens. Während eine Schimpansenmutter ihrem Kind durch Hunderte von Wiederholungen die Technik des Nüsseknackens beibringt, also immer nur *ein* Individuum von *einem* anderen lernt, kann der Mensch einen Sachverhalt, eine neue Jagdtechnik oder eine hilfreiche Erfindung beschreiben und erklären. In kürzester Zeit weiß nicht nur ein anderes Mitglied des Clans, sondern die ganze Gruppe Bescheid. Trifft man einen anderen Clan, kann das Wissen an diesen weitergegeben werden und so fort. Versuche mit Studenten in Berkeley haben ergeben, dass ein moderner Mensch ein kniffliges Geschicklichkeitsspiel nicht unbedingt schneller löst als ein Schimpanse, aber sobald eine Versuchsperson der Menschengruppe die Lösung gefunden hatte, übernahmen alle anderen das Ergebnis, während in der Schimpansenvergleichsgruppe jedes einzelne Tier für sich auf die Lösung kam oder eben scheiterte.

Allein die Tatsache, dass für den Neandertaler eine ganze Reihe von verschiedenartigen Steinwerkzeugen und die Birkenpechtechnologie belegt sind, lässt eigentlich nur den Schluss zu: Der Eiszeitmensch muss eine entsprechend entwickelte Ausdrucksmöglichkeit gehabt haben, um diese vielfältigen Errungenschaften an die nächste Generation weiterzugeben!

Über die Sprachfähigkeit des Neandertalers ist gerade in den letzten Jahren viel spekuliert worden. Zur Zeit der Entdeckung des Mannes aus dem Neandertal glaubten die Gelehrten keineswegs daran, dass er sprechen konnte. Lediglich affenartige Schmatz- und Grunzlaute zählten nach Meinung der Forscher zum Ausdrucksrepertoire unseres entfernten Vetters. Selbst als neue Funde deutlich machten, dass der Neandertaler ein größeres Gehirn besaß, als wir es bis heute haben, trauten ihm die meisten Wissenschaftler keine eigene Sprache zu. Als Begründung wurde immer wieder auf das Fehlen des Zungenbeins verwiesen. Dieses nur wenige Zentimeter große, hühnerbeinähnliche Knöchelchen, das uns durch seine flexible Aufhängung beim Sprechen hilft, war beim Neandertaler einfach nicht aufzufinden.

In der Rückschau ist dies eigentlich kein Wunder. Denn dieses zarte Gebilde ist viel eher in Gefahr, in einer ungünstigen Umgebung zu verrotten, als beispielsweise die doch recht massive Neandertalerkalotte. Hinzu kommt, dass die Neandertaler die Köpfe ihrer Toten gelegentlich an anderen Orten beerdigten als den Rest des Skelettes. Ein Zungenbein, das mit dem Rest des Knochengerüstes ja nicht direkt verbunden ist, kann bei einer solchen Maßnahme durchaus verloren gehen. Schließlich bleibt fraglich, ob die Ausgräber den kleinen Knochen überhaupt ohne weiteres erkannt hätten. Vielleicht landete das ein oder andere Zungenbein ganz einfach mit Kleintierknochen von Nagern und Vögeln in irgendeiner Sammlung und wartet noch auf seine Entdeckung.

1984 wurde in der israelischen Kebara-Höhle endlich ein solch magisches Knöchlein entdeckt, das eindeutig einem Neandertaler zuzuordnen ist. Ein Aufschrei ging durch die Weltpresse: «Und der

Neandertaler redet doch». Letzten Endes überzeugte der Glücksfund einige Kritiker jedoch immer noch nicht. Der amerikanische Paläoanthropologe Ian Tattersall beispielsweise war der Auffassung, dass noch lange nicht klar sei, ob der Neandertaler die Fähigkeit hatte zu sprechen oder nicht, da nur ein Teil des Zungenbeins überhaupt verknöchert und daher erhalten geblieben ist. Über den nicht unbedeutenden Rest könne man noch immer keine Aussage machen.[2]

Die Fähigkeit zu sprechen hängt allerdings auch von anderen anatomischen Voraussetzungen ab. Zum Beispiel ist die Position des Kehlkopfes im Hals nicht unbedeutend. Bei uns sitzt der Kehlkopf verhältnismäßig tief und ist durch den Rachen mit der Mundhöhle verbunden. Diese extreme Position und die Länge unseres Rachens sind die Grundvoraussetzung für die Basislaute unserer Sprache.

Da die Weichteile rund um den Kehlkopf des Neandertalers nicht erhalten sind, ist es nicht einfach, seine Position zu erahnen. Als ein wichtiges Indiz gilt die Form der Schädelbasis. Beim modernen Menschen ist sie stark nach unten gebogen, was auf den langen Rachen und die tiefe Position des Kehlkopfes verweist. Beim Neandertaler ist die Schädelbasis viel flacher ausgeprägt, deshalb vermuten einige Wissenschaftler, dass der Neandertaler einen kurzen Rachen und einen hoch sitzenden Kehlkopf besaß. Die Laute, die der Eiszeitler erzeugen konnte, waren daher möglicherweise stärker eingeschränkt als bei uns. Zum Beispiel traut man dem Neandertaler nicht zu, die Vokale a, e und i oder die Konsonanten g und k gemeistert zu haben.[3] Auch soll der Klang seiner Sprache mehr im Gaumen gelegen und damit nasaler geklungen haben. Viele Anthropologen glauben, dass er lediglich einer schwerfälligen, nicht besonders artikulierten Sprache fähig war. Dazu ist allerdings zu sagen, dass die Anforderung an eine solche Sprache nicht etwa sein kann, ob sie unseren Hörgewohnheiten entspricht und von uns als elegant empfunden würde. Das einzige Kriterium, das zählt, ist die Frage, ob der Neandertaler alle wesentlichen Informationen mit ihr weitergeben konnte. Denn offenkundig nutzte der Neandertaler seine Sprache nicht, um Gedichte zu rezitieren, sondern um seinen Alltag zu organisieren.

Unsere eigene Art hat eine Menge Sprachen hervorgebracht, die in der Geschichte von Europäern als primitiv oder schwerfällig bezeichnet wurden. Etwa die Klicksprache der Buschleute (Khoisan) war von den ersten Afrikareisenden nicht als vollwertige Sprache wahrgenommen worden. Wie sehr wir auf eine bestimmte Form der Verständigung fixiert sind, zeigt die Tatsache, dass die Gebärdensprache, die nachweislich alle relevanten Lebensaspekte zum Ausdruck bringen kann, bis in die späten neunziger Jahre in Deutschland nicht als Sprache anerkannt war. Der Neandertaler hätte mit einer reinen Gebärdensprache, mit einer Mischung aus Laut- und Gebärdensprache oder mit einer reinen Lautsprache zum gleichen Ergebnis kommen können. Entscheidend ist vor allem, dass der Neandertaler in der Lage war, die Dinge seiner Umwelt mit abstrakten Zeichen, seien es Laut-, Körper- oder Handzeichen, zu verknüpfen und mit Hilfe solcher Zeichen zu kommunizieren. Der Abstraktionsgrad kann in allen Ausdrucksformen gleich hoch sein, wie moderne Zeichensprachen belegen. Daher sollte heute nicht mehr ernsthaft darüber diskutiert werden, ob der Neandertaler gesprochen hat, sondern höchstens, wie die Verständigung im Detail funktionierte.

Die Frage, ob der Neandertaler eine Lautsprache benutzte, versucht derzeit der Paläogenetiker Svante Pääbo mit seinem Team des Leipziger Max-Planck-Instituts zu beantworten. Basis dieser Forschung ist die Entdeckung britischer Genetiker, die vor einiger Zeit eine Familie in England lokalisierten, deren Angehörige nicht sprechen können. Als Ursache dieses Phänomens identifizierten die Wissenschaftler ein Gen, das allen Mitgliedern dieser Familie fehlte.

Das Gen, das nun den Namen Fox P2 trägt, könnte, wenn es beim Neandertaler zu finden ist, einen Hinweis darauf geben, dass auch der Eiszeitler vorwiegend verbal kommuniziert hat.

Die moderne Hirnforschung eröffnet darüber hinaus eine weitere Option. Das Singen könnte als Verständigungsform lange vor dem Sprechen entstanden sein. Der Hirnforscher Anirundh D. Patel von der Universität San Diego wies nach, dass Patienten mit massiven Sprachproblemen wie zum Beispiel nach einem Schlaganfall oft durchaus in der Lage sind, sich klar und ohne Einschränkung musikalisch auszudrücken. Die Musik spricht große, entwicklungsgeschichtlich zum Teil sehr alte Areale des Gehirns an – dieselben, die durch kulinarischen Genuss, Sex oder Drogenkonsum typischerweise angesprochen werden.[4] Auch der Neandertaler hat sich vermutlich schon durch Gesang und selbst erzeugte Klänge berauscht.

In diesem Fall wäre auch klar, welchen Ursprung der Gesang und später die Sprache hatten. Sie wurden ursprünglich keinesfalls dazu erfunden, Kampfstrategien zu entwickeln und kommende Beutezüge zu planen, sondern dienten vermutlich einzig und allein der Werbung um einen Partner. Und genau besehen, hat sich in diesem Punkt gar nicht so viel verändert. Studiert man ein durchschnittliches Fernseh- oder Radioprogramm, so dreht sich das Gros aller Lautäußerungen der Gegenwart noch immer um das, was wir mittlerweile «Liebe» nennen.

Forscher haben Ähnliches über den Gebrauch der Alltagssprache herausgefunden. Zu über 90 Prozent geht es bei unseren täglichen Gesprächen nicht darum, in ernsthafter und zielgerichteter Weise Wesentliches zu übermitteln. Vielmehr verbringen wir den Großteil unserer täglichen Redezeit damit, «Smalltalk» zu betreiben. Vieles davon ist einfach ein Bestätigen, dass man zur selben Gruppe gehört, ein Erinnern daran, dass es einen überhaupt noch gibt und Ähnliches.

So ungewöhnlich es zunächst klingen mag, aber die These, dass die männlichen Vertreter unserer eigenen Art ebenso wie die Neandertaler oder sogar schon gemeinsame Vorfahren mit «Gesang» um die verfügbaren Frauen warben, hat sehr viel für sich. Anders als bei anderen Primaten wie etwa den Gorillas oder Orang-Utans kann der Mann die Frau nicht durch äußerliche Merkmale wie Riesenwuchs oder gewaltige Fortsätze am Kopf beeindrucken. Er muss vor allem durch das, was er tut, und möglicherweise eben durch akustische Werbung das Interesse der weiblichen Gruppenmitglieder auf sich lenken.

Vielleicht war der Neandertaler einer der ersten «Minnesänger» lange vor Walther von der Vogelweide. Ob uns sein «Gesang» allerdings heute auch noch betören könnte, bleibt mehr als fraglich. Musik gilt zwar als universelle Sprache und wird sogar ins All geschickt, um Kontakt mit außerirdischen Kulturen herzustellen, aber jeder, der Kinder zu Hause hat, weiß sehr genau, dass es kaum etwas gibt, was die Verständigung zumindest zwischen Individuen zweier Generationen so gründlich trennt wie die Vorstellung davon, welche Klanggebilde als Musik empfunden werden.

Immerhin könnte sich aus dem ursprünglichen Werbungsgesang durchaus ein vielseitig einsetzbares Kommunikationsmittel entwickelt haben, das es den Neandertalern ebenso wie unseren Vorfahren ermöglichte, mit den Mitgliedern der eigenen Gruppe, aber auch mit entfernt lebenden Gruppen in Kontakt zu treten. Der Gesang oder ähnliche Lautäußerungen haben schließlich auch den Vorteil der Fernwirkung. Letztlich hat beispielsweise das Jodeln seinen Ursprung darin, sich im alpinen Raum über größere Distanzen hin Signale zu senden. In anderen Weltregionen trat für die Verständigung auf größere Entfernungen ein Instrument an die Stelle der menschlichen Stimme. Gemeint ist die Trommel, eines der archaischsten Instrumente überhaupt. Die Erzeugung von Klängen ist einfach durchzuführen und zugleich so vielfältig, dass vom ersten

Trommelschlag bis zum heutigen Arsenal an Percussioninstrumenten die Faszination dieselbe geblieben ist.

Trommeln in irgendeiner Form ist bei nahezu allen Völkern der Welt bekannt. Untersuchungen an Schimpansen legen nahe, dass das Trommeln eine sehr alte Ausdrucksform ist und vielleicht sogar noch vor dem Spracherwerb eine Rolle in der Menschheitsentwicklung spielte. Das Ehepaar Vernon und Frankie Reynolds beobachtete 1965, wie Schimpansen mit Stöcken auf den Boden schlugen, um eine neue Nahrungsquelle zu signalisieren.[5] Akustische Zeichen wie rhythmisches Schlagen von Stöcken auf den Boden oder auf Steine könnte also bereits lange vor dem Neandertaler oder dem *Sapiens* zum Kommunikationsrepertoire der Gattung *Homo* gehört haben. Noch heute spricht man in weiten Teilen Afrikas von «sprechenden Trommeln». Jeder Schlag dieser Trommeln steht für ein Wort oder eine Silbe und ist in der Tat dazu geeignet, komplexe Inhalte weiterzugeben.

Spätestens, seit Frühmenschen regelmäßig Schlaggeräusche bei der Werkzeug- und Waffenherstellung erzeugten, werden sie mit selbst produzierten Klängen experimentiert haben. Die Neandertaler waren bereits sehr versierte Werkzeugmacher. Vielleicht half ihnen der Klang eines Werkstücks sogar dabei, die richtige Anschlagstelle zu finden, so wie sich heute auch Schmiede bei der Fertigung am Klang ihres Werkstücks orientieren. Vielleicht arbeiteten sie sogar in einem bestimmten Rhythmus, wenn sie ein Werkzeug herstellten. Der Schritt zur Erfindung der fell- oder lederbezogenen Trommel mag nicht so groß gewesen sein, wenn man es ohnehin gewohnt war, von rhythmischen Klängen umgeben zu leben.

Es ist sehr wahrscheinlich, dass Trommeln schon sehr früh auch zu religiösen Zwecken genutzt wurden. Auch bei unserer eigenen Art sind Trommeln schon lange als Ritualinstrumente in Gebrauch. Ein Beispiel ist die Schamanentrommel der Sami, die traditionell aus gewölbtem Lärchenholz hergestellt und mit Rentierleder bespannt wird. Der Klangkörper besitzt sieben trapezförmige Windlöcher, durch die die Stimmen der Ahnen eindringen können, und ist mit acht Reliefs von Hilfsgeistern verziert. Die Lederbespannung zeigt Tiere wie Bären, Rentiere, Hirsche, zeigt Jäger, Sonnen und viele weitere Motive. Die Trommel des Schamanen ist nicht nur ein Musikinstrument, sondern auch ein Heilmittel, dessen rhythmische Schläge von den Sami zur Unterstützung von Heilungsprozessen bei bestimmten Krankheiten eingesetzt werden. Und schließlich dient sie als Orakel. Zu diesem Zweck hält der Schamane die Trommel waagrecht und legt Ringe, Steinchen oder Knochen auf bestimmte Punkte der Trommel. Nun schlägt er mit seinem Griff aus Rentierhorn auf das Instrument, und je nachdem, auf welche Zeichen die Orakelsteinchen oder -knochen in welcher Reihenfolge fallen, zieht der Schamane seine Schlüsse auf den Ausgang der nächsten Jagd oder was immer er die Orakeltrommel gefragt hat. Ob auch die Neandertaler Trommeln in der einen oder anderen Weise nutzten, ist nicht nachweisbar. Bislang sind keine Überreste von Percussioninstrumenten gefunden worden.

Allerdings hat man einen anderen Instrumententyp entdeckt, den der Neandertaler ebenfalls verwendet haben könnte. Im Jahr 2004 stellten die Archäologen der Universität Tübingen der Öffentlichkeit eine Flöte aus Elfenbein vor. Die Überreste des außergewöhnlichen Stückes waren schon vor Jahrzehnten in der Geißenklösterle-Höhle auf der Schwäbischen Alb entdeckt worden, doch erst kürzlich war es gelungen, den fragilen Fund aus einzelnen Splittern wieder zusammenzusetzen. Das Instrument ist insgesamt etwa 7 Zentimeter lang und soll rund 37 000 Jahre alt sein. Man kann auf der Flöte sieben Töne hervorbringen, was ausreicht, um die verschiedensten einfachen Weisen zu interpretieren. Diese Flöte ist nicht der einzige Fund so hohen Alters. Neben diesem Exemplar aus Mammutelfenbein konnten am selben Grabungsort zwei weitere Flöten aus Schwanenknochen geborgen werden. Die Funde aus dem Geißenklösterle wurden bislang immer dem modernen Menschen zugeschrieben, da im Umfeld *Sapiens*-Knochen ausgegraben worden waren. Erst kürzlich wurden die betreffenden Skelette mit der ^{14}C-Methode datiert, wobei sich herausstellte, dass die Verstorbenen nichts mit den in der Höhle gefundenen Flöten und Kunstwerken zu tun hatten, sondern erst vor rund 5000 Jahren in der Höhle bestattet wurden. Da nun die Urheberschaft der Instrumente ungeklärt ist, käme als eiszeitlicher Flötenbauer durchaus der Neandertaler in Frage. Aber obwohl es keinerlei Nachweis gibt, dass der moderne Mensch zu dieser Zeit bereits in Mitteleuropa umherstreifte, glauben die meisten Forscher nicht daran, dass der Neandertaler bereits in der Lage war, Musikinstrumente herzustellen.

Entsprechend trauen ihm auch die wenigsten Forscher künstlerische Äußerungen zu. Stellvertretend schreibt beispielsweise Ian Tattersall: «Die Neandertaler waren komplexe Wesen und talentierte Benutzer der Landschaften, in denen sie lebten. [...] Aber sie hinterließen keine Zeugnisse des kreativen, innovativen Funkens, der ein so unübersehbares Merkmal unserer eigenen Art ist. [...] Nahezu sicher fehlte ihnen die entscheidende Fähigkeit zum symbolischen Denken, die durch die Sprache repräsentiert wird und zu der selbst der begrenzte moderne Verstand fähig ist.»[6] Keine Sprache, daher auch keine Musik oder Kunst – so die bislang gängige wissenschaftliche Meinung.

Immerhin hat man ab und zu Objekte mit geometrischen Ritzlinien bei Grabungen in Sachen Neandertaler gefunden. Meist wurden die zunächst dem Neandertaler zugeordneten Objekte später umgewidmet. Die Grabungshorizonte seien bei frühen Grabungen nicht deutlich genug voneinander getrennt worden und eigentlich hätten erst die modernen Menschen Knochen und andere Materialien mit Ritzzeichnungen versehen – eine beliebte Deutung. Einige Ritzarbeiten, die zweifelsfrei der Zeit der Neandertaler zuzuordnen sind, sollen Zufallsprodukte gewesen sein. Die Neandertaler hätten, so die Meinung der Forscher, größere Knochen als Schneidebrett benutzt und beim Zerkleinern ihrer Beute unabsichtlich Muster in ihrer Arbeitsunterlage hinterlassen.

In der Tat sehen die Spuren, die ein Kind beim Schneiden der ersten Butterbrote auf einem Plastikteller von IKEA hinterlässt, den Neandertalerritzeleien erstaunlich ähnlich. Lassen wir also die ungeklärten Fälle beiseite. Zumindest zwei Funde deuten stark darauf hin, dass der Neandertaler bewusst Ritzzeichnungen anfertigte.

Der Beleg stammt bereits aus der Zeit des *Homo erectus* vor 400 000 Jahren. Im thüringischen Bilzingsleben hatte Dietrich Mania einige Knochenstücke entdeckt, die offenbar vor den frühen Vorfahren des Neandertalers mit Strichen verziert worden waren.[7] Wenn aber *Erectus* viele, viele Generationen vor dem Neandertaler bereits Gefallen an Ritzliniendekoration hatte, dürfen wir als sicher annehmen, dass auch dem Neandertaler Verzierungen dieser Art gefielen.

Tatsächlich entdeckte man in der Neandertaler-Fundstätte von La Ferrassie ein mit Ritzlinien verziertes Knochenstück, das keinesfalls ein Zufallsprodukt sein konnte. Das nur 11,5 Zentimeter lange Knöchelchen hätte ein Jäger, der ungestört sein Wild zerteilen wollte, zweifellos beiseite gefegt. Als Unterlage war es definitiv nicht geeignet. Sogar in diesem Fall sehen einige wenige Forscher den modernen Menschen als Erschaffer des Minikunstwerks, allerdings ohne konkreten Beweis. Immerhin gibt es in der Wissenschaftsgemeinde mittlerweile einige Stimmen, die den Neandertaler zumindest als Gelegenheitsritzkünstler betrachten.[8]

Wie genau die parallelen Linien zu interpretieren sind, bleibt völlig offen. Vielleicht verbirgt sich eine für uns nicht mehr erkennbare Symbolik hinter den einfachen Streifen, der Barcode einer unbekannten Gottheit. Vielleicht haben dem Neandertaler die Streifen auch einfach gefallen, zum ersten Mal könnte der Jäger und Sammler so etwas wie persönlichen Geschmack gezeigt haben. Oder aber ein Mensch kennzeichnete hier sein persönliches Eigentum oder das seiner Sippe. Ob das Geheimnis der rätselhaften Ritzlinien je gelüftet werden kann, ist ungewiss.

Ein ganz außergewöhnliches Ritzkunstwerk haben israelische Archäologen schließlich in den achtziger Jahren in einem Neandertalerlager auf den Golanhöhen entdeckt. Es ist in mehrfacher Hinsicht ein Ausnahmestück. Mit 54 000 Jahren ist das Artefakt sehr alt und eindeutig dem Neandertaler zuzuordnen. Die Absicht hinter dem Kunstwerk scheint gesichert, da die vier halbkreisförmigen, übereinander angeordneten Bögen, die einen nur 7 Zentimeter großen Feuerstein zieren, schwerlich das Ergebnis zufälliger Schneidearbeiten sein können. Der amerikanische Urgeschichtsforscher Alexander Marshack, der das Stück genauer untersucht hat, glaubt in der Darstellung einen Regenbogen zu erkennen. Das wäre insofern eine Sensation, als dieses Stück dann die erste konkrete Darstellung auf einer Ritzung repräsentieren würde.

Ein anderer Bereich des Kunsthandwerks, der für den Neandertaler immer wieder heiß diskutiert wird, ist die Schmuckherstellung. Ähnlich wie bei den Ritzarbeiten gibt es zwar einige Objekte wie etwa durchbohrte Knochen oder Zähne. Aber wie bei den Gravuren werden die meisten Funde heftig in Zweifel gezogen. Entweder sollen auch sie jüngeren Datums und nur versehentlich in die Neandertalerschicht eingebracht worden sein. Oder es ist aufgrund des Erhaltungszustandes nicht klar, ob die Perforation des Fundstückes eine Kulturleistung oder ein zufälliges Naturprodukt ist. Mit anderen Worten: Hat der Neandertaler einen Knochen mit Vorsatz durchstochen, oder entstand das umstrittene Loch, weil beispielsweise ein Wolf oder eine Hyäne in den Knochen biss.

Einigkeit besteht auch in Sachen Schmuckherstellung bei nur einer einzigen Fundstelle. In Arcy-sur-Cure im Burgund wurden ein rundes Dutzend durchbohrter Tierzähne, -knochen, Perlen aus Tierzähnen und ein fossiler Kopffüßer entdeckt. Die Zuordnung ist eindeutig: Diese Objekte stammen zweifelsfrei aus der Spätzeit der Neandertaler und dienten dazu, ihre Trägerinnen und Träger zu schmücken. Da die Fundsituation eindeutig und gut dokumentiert ist, zweifelt heute niemand mehr daran, dass die Neandertaler diese Stücke besaßen. Zwischenzeitlich wurde allerdings erwogen, ob die Neandertaler den Schmuck von neu eingewanderten *Homo sapiens* erbeutet oder eingetauscht hatten. Erst die Untersuchungen von d'Errico und Zilhão belegen eindeutig, dass der Neandertaler Urheber der Schmuckstücke ist, die unabhängig von Einflüssen unserer Vorfahren entstanden sein müssen.[9] Interessant ist die Tatsache, dass für die meisten Wissenschaftler die Schmuckherstellung erst mit der ersten Durchbohrung beginnen kann. Ob auch andere Befestigungsmethoden gebräuchlich gewesen sein könnten, wird nicht diskutiert.

Insgesamt haben wir nur zwei weitgehend anerkannte Ritzzeichnungen, die nicht durch Zufall entstanden sein können, und eine einzige Fundstätte mit allgemein anerkannten Belegen für Schmuckherstellung beim Neandertaler, trotzdem gilt grundsätzlich die gleiche Beweisdichte wie bei der Lehringer Lanze. Niemand würde heute ernsthaft in Erwägung ziehen, der Neandertaler habe Wisente und Rentiere oder gar Mammuts mit der bloßen Faust niedergeschlagen, nur weil wir lediglich eine einzige Lanze zur Verfügung haben, um zu beweisen, dass der Neandertaler mit Stoßwaffen jagen konnte.

Dass sich die Neandertaler mit attraktiven und ungewöhnlichen Dingen geschmückt haben könnten, wird hingegen verneint. Dabei fand man immer wieder Fossilien oder besondere Steine – also Dekoratives – in ihren Lagern. Die berühmtesten Funde sind zwei Fossilien und ein Stück Pyrit aus der Grotte de l'Hyène in Arcy-sur-Cure sowie ein Seeigelfossil und ein Stück Galenit aus Merry-sur-

Yonne. Diese Dinge weckten ganz offensichtlich das Interesse der Neandertaler. Möglicherweise griffen sie sogar die Struktur eines fossilisierten Seeigels, das aus Mustern parallel laufender Streifen besteht, auf und hielten die Strukturen in ihren Ritzzeichnungen fest. Vielleicht schmückten sich die Neandertaler auch mit Fossilien und anderen Objekten, lange bevor sie den Trick beherrschten, Dinge zu durchbohren. Ihr ursprüngliches Designkonzept könnte darauf basiert haben, interessante Artefakte mit Lederbändern zu umknoten und diese Schmuckstücke dann um den Hals zu tragen oder mit Birkenpech an ihrer Kleidung zu fixieren. Vielleicht bestand für die Neandertaler lange Zeit einfach keine Notwendigkeit, ihre heiligen oder einfach nur schönen Schmuckstücke zu durchbohren und damit auch ein wenig zu beschädigen.

Dass der Neandertaler reine Formen und besonders Symmetrien liebte, beweisen seine Werkzeugbearbeitungen. In zunehmendem Maße bearbeitete er seine Werkstücke präziser und näherte sich perfekter Symmetrie an. Und auch für Farbe hatte er ganz offensichtlich eine Menge übrig. Hier ist der Befund eindeutig. An vergleichsweise vielen Fundstellen wie La Ferrassie, Pech de l'Azé (Dordogne), La Chapelle-aux-Saints und Molodova (Ukraine) wurden Brocken von schwarzen, roten oder gelben Mineralien gefunden, die zweifelsohne zur Herstellung von Pigmentpulver verwendet wurden. Reibe- und Kratzspuren, wie sie für die Farbgewinnung typisch sind, konnten eindeutig nachgewiesen werden.

Was die Neandertaler jedoch mit den Farben bemalt haben, ist nicht geklärt. Manche Forscher vermuten, die Eiszeitler könnten die Erfinder des «Bodypaintings» gewesen sein. Das Einreiben mit Ocker half möglicherweise vor Mückenstichen, und mit der Zeit könnte aus der praktischen medizinischen Anwendung eine visuelle Ausdrucksform geworden sein. Viele Völker bemalten sich beispielsweise, wenn sie in den Krieg zogen, weil sie hofften, damit ihre Feinde einzuschüchtern. Die Kriegsbemalung der Indianer ist legendär, berühmt wurden auch die Kelten, die ihre Gesichter mit Kalkfarbe weißten und so sogar die technologisch überlegenen Römer das Fürchten lehrten. Die Medizinmänner und -frauen vieler Völker bemalen ihre Körper mit bestimmten geometrischen Mustern, um sich Ahnen, Geistern oder Göttern zu erkennen zu geben. Erst mit Hilfe der Bemalung gelingt nach deren Vorstellung die Trance, und die Verbindung zu Verstorbenen oder Geistwesen kann aufgenommen werden. Die Bemalung kann auch die Clanzugehörigkeit deutlich machen. Bei größeren Stammestreffen hilft diese Visitenkarte dabei, sich auch in größeren Gruppen zu orientieren.

Vielleicht bemalten die Neandertaler nicht nur sich selbst, sondern auch ihre Kleider, ihre Alltagsgegenstände oder sogar ihre Schmuckstücke. Ocker tötet Bakterien ab und könnte zur Haltbarkeit der Kleidung beigetragen haben. Vielleicht reihten sie gefärbte Birkenrinde auf Lederbänder oder benutzten Knochen, Holz, Federn und ähnlich vergängliche Materialien, um sich zu schmücken. All diese Dinge gehörten möglicherweise zum Erscheinungsbild der Neandertaler, sind aber nicht erhalten geblieben. Wie auch immer man sich den Alltag der Eiszeitjäger vorstellen mag, ich bin sicher, er war bunter, als bisher angenommen. Farbe war vorhanden und wurde sicher ausgiebig genutzt. Die einzigen Kunstwerke, die bis heute überdauert haben, sind Höhlenmalereien, die aber allesamt dem modernen Menschen zugeordnet werden. Doch auch diese eherne Einschätzung gerät langsam ins Wanken. Der Paläoanthropologe Nickolas Conard deutet das Ungeheuerliche in Bezug auf die Funde der Vogelherd-Höhle ganz vorsichtig an und hält es immerhin für nicht völlig ausgeschlossen, «dass die aufgefundenen Kleinkunstwerke von Neandertalern hergestellt wurden»[10]. War der Neandertaler womöglich sogar der erste Künstler und schuf die Werke des Aurignacien?

Wer übrig bleibt, schreibt die Geschichte. Im Falle des Neandertalers sind wir übrig geblieben, und daher kann unser Blick auf den anderen Menschen nicht objektiv sein. Bis weit ins letzte Jahrhundert hinein haben wir im Neandertaler nur einen affenartigen Primitivling gesehen und ihm jegliche Kultur komplett abgesprochen, dann gestanden wir ihm zu, die grober gearbeiteten Werkzeuge des Moustérien hergestellt zu haben, bis einigen Forschern schließlich auffiel, dass auch die elaboriertere Klingentechnologie des Châtelperronien vermutlich aus der Hand des Neandertalers stammen muss. Nun könnte es aufgrund der neuen Datierungsmethoden bald nötig sein zu akzeptieren, dass der Neandertaler durchaus auch in der Lage gewesen sein könnte, großflächige Malereien herzustellen und vielleicht sogar der Schöpfer einiger der wundervollen eiszeitlichen Flöten und Skulpturen des frühen Aurignacien war.

Es ist so vieles über die Entstehung der eiszeitlichen Kunst in Europa geschrieben worden, Interpretationen aus verschiedenen Jahrzehnten Forschungsgeschichte überlagern einander und erscheinen dem Betrachter fast ebenso undurchsichtig wie die Sedimente, die sich über Fossilien ausbreiten, sie völlig bedecken und im Laufe der Zeit immer tiefer in der Erde versenken. Wenn man sich darauf beschränkt, die dürren Fakten zusammenzutragen und versucht, Indizien objektiv zu beurteilen, ergibt sich plötzlich eine völlig andere Sicht auf den Neandertaler.

Das Aurignacien, nach dem ersten Fundort Aurignac in Frankreich, nennen die Wissenschaftler eine Kulturstufe, die vor zirka 40 000 bis 28 000 Jahren in Europa den Beginn der bildenden Kunst markiert. Zum ersten Mal zeigte der Mensch durch Malerei und Skulpturen aus verschiedenen Materialien wie Stein, Knochen und Elfenbein sein künstlerisches Potenzial. Ohne zwingenden Grund wurden diese Ausdrucksformen menschlichen Geistes automatisch dem modernen Menschen zugewiesen, da die Wissenschaft dem Neandertaler derartig hoch entwickelte Kulturleistungen nicht zutraute.

Verlassen wir einmal den mittlerweile festgefügten Boden der Vorurteile und begeben uns auf Spurensuche. Um die Urheberschaft der Kunstwerke zu klären, müssen wir zunächst einmal genau wissen, wann und wo die Artefakte geschaffen wurden. Einige der ältesten Beispiele des Aurignacien stammen aus der Schwäbischen Alb und aus Frankreich. Mit modernsten Methoden wurden sie auf ein Alter von bis zu 40 000 Jahren datiert. Erst vor 36 000 bis 28 000 Jahren scheinen sich Malerei und Skulptur auch im Gebiet des heutigen Spanien und Portugal ausgebreitet zu haben.

Die nun zu beantwortende Frage lautet: Welcher Menschentyp lebte zu dieser Zeit in dieser Region und hatte durch seine Anwesenheit die Gelegenheit, diese außerordentlichen Kunstwerke zu schaffen? War es tatsächlich der moderne Mensch, der in Europa bereits Fuß gefasst hatte und nun seinen hervorragenden Geist in Form von Skulpturen und Malereien bewies?

Die Funde sprechen eine andere Sprache. Der älteste Beleg für einen *Homo sapiens* in Europa ist ein zirka 34 000 bis 36 000 Jahre alter Unterkiefer aus der Höhle von Pestera cu Oase in Rumänien. In Mittel- und Westeuropa hingegen fehlt jede Spur vom modernen Menschen. Zudem gibt es bei dem Einzelfund bedauerlicherweise keine Begleitartefakte, die auf das Aurignacien hinweisen würden, das heißt, der Unterkiefer kann zwar als Beleg für die Anwesenheit einiger *Sapiens* in Osteuropa gelten, aber nicht für ihre Beteiligung an den kulturellen Entwicklungen jener Zeit. Ein weiterer Nachweis für die Anwesenheit der Modernen sind zwei Schädel im tschechischen Örtchen Mladec, denen mit Hilfe der ^{14}C-Methode ein Alter von 31 000 Jahren zugeordnet werden konnte. In Mittel- und Westeuropa fehlt weiterhin jeder Hinweis auf unsere Vorfahren.

Andere Funde, die in der früheren Forschung die Anwesenheit des *Homo sapiens* in West- und Mitteleuropa stützten, haben sich in der Zwischenzeit als falsch datiert herausgestellt. Das Alter der fünf modernen Skelette aus dem Abri von Cro-Magnon schrumpfte seit der Datierung 2002 von 30 000 auf 28 000 Jahre, für die Schädel-

1. Der Werkzeugmacher aus der ZDF-Dokumentation «Der Neandertaler»

2. Steinbrucharbeiter im Neandertal, 1856

3. Hermann Schaaffhausen (1803–1877)

4. Johann Carl Fuhlrott (1816–1893)

6. Muston sah im Neandertaler den «Edlen Wilden». Zeichnung, 1887

5. Für seine Evolutionslehre erntete Darwin nicht nur Anerkennung. Karikatur, 1874

7. Hat schon der Neandertaler Kunstwerke geschaffen, die der Venus von Willendorf ähnelten?

8. 1856 schlug einer der italienischen Arbeiter versehentlich eine Ecke des linken Oberschenkelknochens ab, 1997 fanden Paläoanthropologen das fehlende Stück wieder.

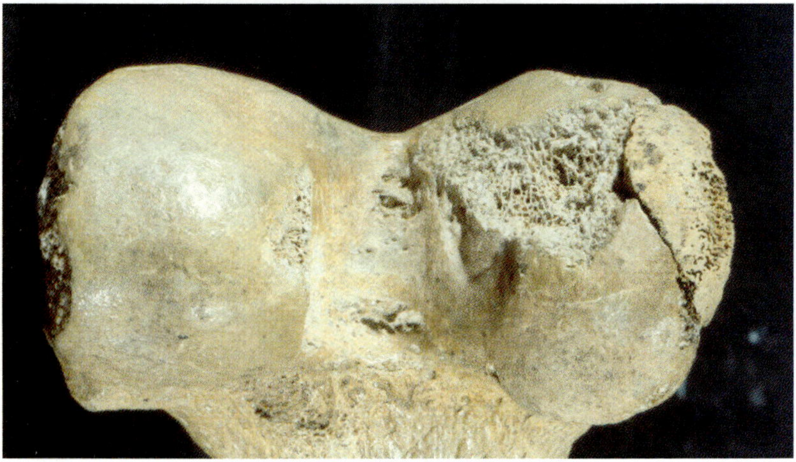

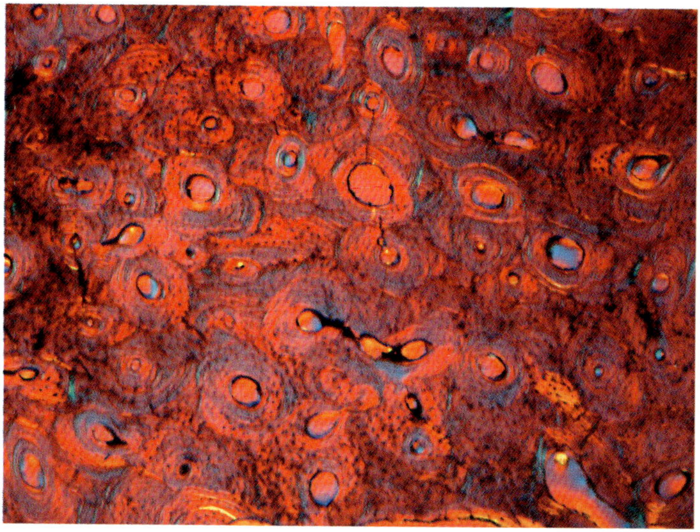

9. Dünnschliffe von Knochenproben belegen: Der Mann aus dem Neandertal hatte einen verletzten Arm. Während die rechte Elle gesunde Knochensubstanz (kompakter Knochen) aufweist ...

10. ... zeigt die linke Elle krankhafte Veränderungen (Osteoporose) der Struktur.

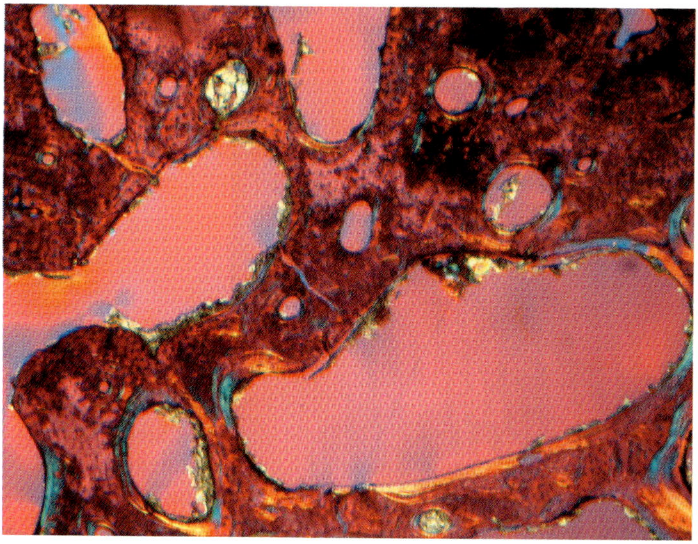

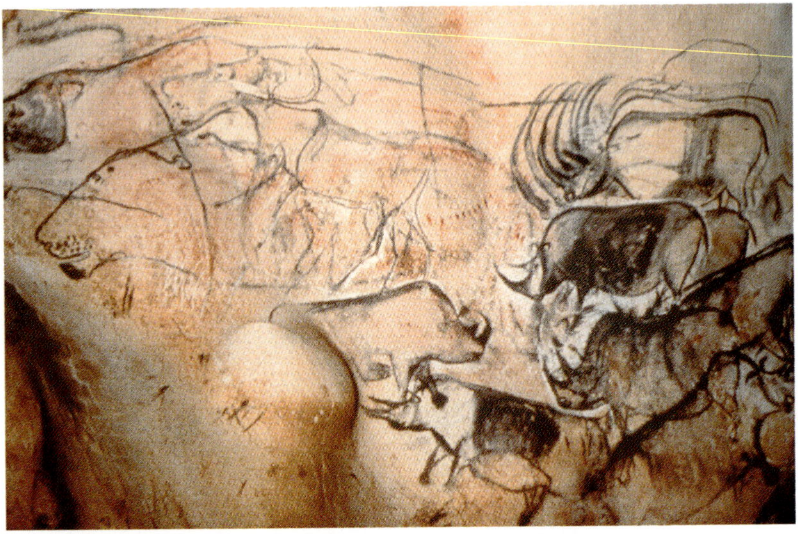

11. Löwinnen bei der Jagd. Malerei aus der Grotte Chauvet, ca. 31 000 Jahre alt

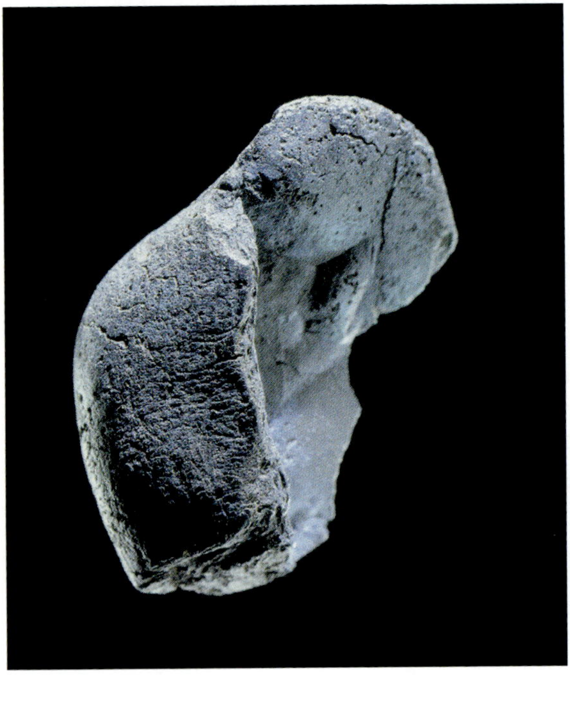

12. Sind die Querrillen auf dem Birkenpech von Königsaue Handkantenabdrücke eines Neandertalers?

13. Die Birkenpechherstellung erforderte abstraktes Denken und großes Geschick. ZDF Expedition 2006

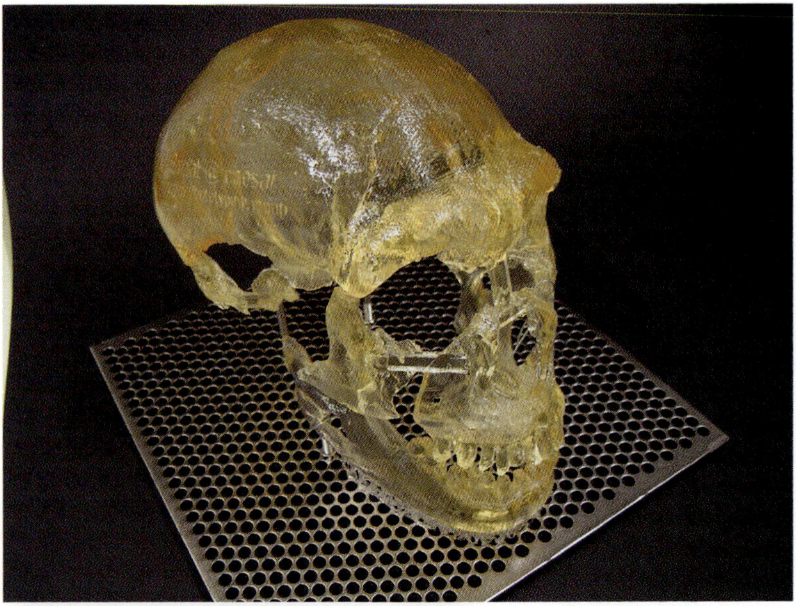

14. Mit Hilfe eines Laserstrahls wurde das virtuelle 3D-Modell des rekonstruierten Gesichtsschädels in Kunstharz ausgehärtet.

15. Die Büste zeigt den Mann aus dem Neandertal am Ende seines ereignisreichen Lebens.

16. Die Spielhandlung der ZDF Expedition begleitet den Mann aus dem Neandertal in seiner Jugend.

17 . Die Nähnadel war noch nicht erfunden, aber auch mit Ahlen oder anderen einfachen Werkzeugen könnten Neandertaler Kleider hergestellt haben. ZDF Expedition 2006

18. Erste Hilfe. ZDF Expedition 2006

19. Der Mann aus dem Neandertal erlitt in seiner Jugend eine schwere Verletzung, die bis heute am Fossil nachweisbar ist. ZDF Expedition 2006

20. Der Clan auf der Wanderung zur Winterhöhle. ZDF Expedition 2006

fragmente vom Hahnhöfersand stellte sich per ^{14}C-Methode heraus, dass sie statt der ursprünglich geschätzten 36000 Jahre nur etwa 7500 Jahre alt sind, schließlich wurden 2004 auch die bedeutenden Funde aus der Vogelherdhöhle über ^{14}C neu datiert. Das Ergebnis der Untersuchung machte deutlich, dass zwar die wunderbaren Skulpturen, die als früheste Zeugnisse des Aurignacien gelten, ein Alter von 33000 bis 39000 Jahren aufweisen, die ebenfalls in der Höhle aufgefundenen Knochen jedoch nur 4000 bis 5000 Jahre alt sind.

Zusammenfassend muss man also festhalten, dass der moderne Mensch für die Zeit des frühen Aurignacien in Mittel- und Westeuropa nicht belegt ist. Erst ab 28000 ist seine physische Anwesenheit tatsächlich nachweisbar. Für den Neandertaler gibt es ebenfalls nur wenige Belege aus der Zeit des Aurignacien wie beispielsweise die Funde von Gibraltar (27 000) und Kroatien (28000). Dabei hat es Funde gegeben, mit denen man die Aurignacien-Künstler eindeutig hätte identifizieren können. Diese Schlüsselfunde sind allerdings jeweils ohne wissenschaftliche Bearbeitung auf kuriose Weise verschwunden. In dem ersten Fundort Aurignac wurden 1852 nicht nur erstaunliche Artefakte zutage gefördert, sondern auch 17 Skelette. Eine genaue Untersuchung dieser stattlichen Gruppe hätte ausgereicht, um die Urheberschaft durch die eine oder andere Menschenart zu belegen. Tatsächlich hat man die Skelette ohne anatomische Begutachtung auf dem Dorffriedhof beigesetzt – ein Akt des Glaubens oder womöglich der Wunsch, sich der ungewöhnlich aussehenden Knochen zu entledigen. Sind hier schon vor dem Mann aus dem Neandertal weitere seiner Artgenossen ausgegraben worden?

Auf wenig elegante Weise lösten die Ausgräber einer Aurignacien-Fundstätte in Österreich möglicherweise ihr Knochenproblem. Sie warfen die menschlichen Überreste aus Krems-Hundssteig einfach weg. So bleiben Identität und Alter der österreichischen Eiszeitkünstler für immer verborgen. In den 1920er Jahren wurden schließlich in der El-Castillo-Höhle, einer Aurignacien-Fundstätte in Nordspanien, Schädelfragmente von zwei Personen entdeckt, die auf rätselhafte Weise einfach verschwanden, bevor sie wissenschaftlich untersucht werden konnten. Es scheint immer dann, wenn die Fundsituation eindeutig ist und man sowohl über menschliche Überreste als auch über Artefakte verfügt, das Material auf die eine oder andere Art verloren gegangen zu sein …

Ist es Zufall, dass diese Knochen sang- und klanglos verschwanden? Oder zeigt sich hier ein Problem jener Zeit? Die Verunsicherung, die die Existenz eines anderen Menschen hervorrief, war ohnehin groß, und nicht jeder Ausgräber fühlte sich möglicherweise dazu berufen, für eine neue Menschenart ins wissenschaftliche Feld zu ziehen, wie das Fuhlrott gewagt hat. Der Schädel der Neandertalerin von Gibraltar verschwand beispielsweise zunächst jahrelang unkommentiert in einer Schublade, bis die Diskussion um den deutschen Fund entbrannte. Immerhin musste die schiere Existenz des Neandertalers schließlich anerkannt werden. Was aber, wenn dieser Fremdling von Anfang an im Zusammenhang mit einer vergleichsweise hoch entwickelten Kultur zusammen aufgefunden worden wäre? Wie wären die Menschen des 19. Jahrhunderts damit umgegangen?

Ich stelle mir die Situation so vor, als würde heute ein Geologe bei einer Bohrung für eine Mineralölgesellschaft die Überreste eines Außerirdischen entdecken. Wie muss er sich fühlen? Vielleicht widerspricht dieser Fund seinen persönlichen Überzeugungen – seinem Glauben oder seiner wissenschaftlichen Position. Möglicherweise hält er die Existenz von Außerirdischen für eine Erfindung des Kinos und der Boulevardpresse. Und selbst wenn er im Prinzip nicht ausschließt, dass es noch andere Lebensformen im All geben könnte, vielleicht sogar intelligente – wie groß wäre die tatsächliche Bereitschaft, die Existenz von Lebewesen anzuerkennen, die sich aufgrund der Beifunde als intelligenter herausstellen, als wir es sind?

Davon abgesehen ist es in den seltensten Fällen die Entscheidung eines Einzelnen, ob eine Neuentdeckung publik gemacht wird. Wie würde der Arbeitgeber des Finders reagieren, der ein hohes finanzielles Interesse daran hat, dass die Bohrungen weitergehen und nicht aufgrund einer möglichen Untersuchung des Geländes durch Behörden gestört werden. Und wie würden schließlich staatliche Kräfte mit einem Fund umgehen, der das bestehende Weltbild auf den Kopf stellt und den bisher belächelten «Spinnern» Recht gibt, die die Existenz von Aliens für möglich hielten. Ich könnte mir vorstellen, dass es von der Angst vor persönlichen Nachteilen bis zur Angst vor gesellschaftlichen Umwälzungen und Massenhysterie viele Gründe gäbe, einen solchen Fund nicht zu veröffentlichen. Ganz ähnliche Gedanken könnten den Neandertalerentdeckern der ersten Stunde durch den Kopf gegangen sein. Für viele von ihnen war der «andere Mensch» das nahezu Undenkbare, der «andere intelligente Mensch» vermutlich das a priori völlig Ausgeschlossene.

Die Kunstwerke des Aurignacien wurden zwischen 40 000 und 28 000 Jahren vor heute geschaffen. Neandertaler lebten nachweislich bis vor 29 000 Jahren in Mezmaiskaya (Kaukasus), bis etwa vor 28 000 Jahren in Vindija (Kroatien) und bis 27 000 in Zafarraya auf der Iberischen Halbinsel. Bislang ging die Forschung davon aus, dass diese Funde die letzten in Randgebiete zurückgedrängten Neandertalerpopulationen repräsentieren. Andernorts sollen bereits ab 40 000 vor heute unsere Vorfahren, die modernen *Homo sapiens*, eingewandert sein und eine neue Kultur, das Aurignacien, erfunden haben. Dies ist möglich, aber durchaus nicht die einzig denkbare Interpretation der Fakten. Einen wirklichen Beweis, dass sich der moderne Mensch bereits in Mittel- und Westeuropa aufhielt, wo die ersten Kunstwerke des Aurignacien geschaffen wurden, gibt es also nicht.

Trotzdem waren sich die Wissenschaftler lange Zeit einig, dass nur der moderne Mensch so innovativ sein konnte, Kunst und Religion zu erfinden. Nur er hatte dank seiner überlegenen Jagdtechnik ausreichend Zeit, Erfindungen zu machen und sich in abstraktem Denken zu üben. Es erschien den Wissenschaftlern außerdem unlogisch, dass die Neandertaler am Ende ihrer Zeit eine höhere Kulturstufe erreicht haben sollen, um ausgerechnet dann plötzlich auszusterben.

In der Tat kann man den Umstand, dass die Neandertaler ausgestorben sind, als tragisch bezeichnen, aber man kann aus ihm nicht ihre prinzipielle Unfähigkeit ableiten, so etwas wie eine neue Kultur zu schaffen. Fakt ist nämlich, dass unsere Vorfahren mindestens ebenso lange wie die Neandertaler immer die gleichen Werkzeuge herstellten und von Kunst und Kultur nichts wussten. Die ältesten Fundstätten des Aurignacien finden sich auch nicht etwa dort, von wo der moderne Mensch eingewandert sein soll, sondern eher im ursprünglichen Kerngebiet der Neandertaler.

Mit der ^{14}C-Methode wurden beispielsweise mehrere Fundorte in Deutschland und Österreich sowie in Spanien und Italien in einen Zeitraum von 38 000 und 40 000 Jahren vor unserer Zeit datiert, zum Beispiel Geißenklösterle auf der Schwäbischen Alb, Keilberg in der Nähe von Regensburg und Willendorf in Niederösterreich, El Castillo oder auch Lezetxiki in Spanien sowie Riparo di Fumane und Grotta di Paina in Italien. Die meisten französischen Artefakte scheinen jünger zu sein. Viele wurden auf 35 000 Jahre vor heute datiert. Hätte der moderne Mensch die neue Kultur mitgebracht, hätte sie ja bereits in Afrika vorhanden sein müssen. Dort ist das Aurignacien allerdings überhaupt nur in Vorderasien und auch dort erst relativ spät, vor 36 000 Jahren, belegt.

Um den modernen Menschen als Schöpfer der wunderbaren Figuren und Bilder des Aurignacien halten zu können, sind aufwendige Szenarien nötig. Die Modernen sollen entlang der Donau und zugleich am Mittelmeer entlang eingewandert sein und dort nahezu gleichzeitig, aber unabhängig voneinander die Kunst erfunden haben. Ich halte das für relativ unwahrscheinlich. Die Neuankömmlinge in einem nicht gerade paradiesischen Europa hätten vermutlich zunächst andere Dinge zu tun gehabt, als sich plötzlich künstlerisch zu betätigen. Die Neandertaler hingegen kannten ihre Wohngebiete und den Wildbestand recht genau. Sie hatten ihre Jagdtechnik so weit perfektioniert, dass sie ausreichend Nahrung für die Gruppe erlegen konnten und ihnen genug Zeit auch für andere Dinge blieb. Sie verfügten über intakte Kommunikationsnetze zwischen den Gruppen, sodass sich eine Innovation leicht europaweit hätte ausbreiten können. Ob man Ähnliches für die neu eingewanderten *Homo sapiens* annehmen darf, ist fraglich. «Es zeichnet sich eine Lücke an aussagekräftigen Menschenresten bis in das späte Aurignacien ab, sodass wir letztlich über die Verknüpfung von älterem Aurignacien und Menschenform keine Aussage treffen können. Aufgrund des Nachweises später Neandertaler in Kroatien und auf der Iberischen Halbinsel kommt theoretisch als Träger sowohl der Neandertaler als auch der anatomisch moderne *Homo sapiens* in Betracht. [...] Zurzeit lässt sich die Hypothese, dass die Neandertaler das frühe Aurignacien hervorbrachten, nicht widerlegen.»[11]

Letztlich bleibt die Frage, wer die wundervollen Kunstwerke des Aurignacien geschaffen hat, vermutlich so lange offen, bis tatsächlich Artefakte zusammen mit den Knochen des einen oder des anderen Menschentyps gefunden werden. Trotzdem halte ich die Sicherheit, mit der noch immer unsere direkten Vorfahren als Urheber der Kunstwerke gesehen werden, für fragwürdig. Der amerikanische Anthropologe Donald Johanson postuliert: «An die Stelle des früheren, ausschließlich auf die Selbsterhaltung gerichteten Lebens trat eine Existenz mit einem komplexen System aus Bildkunst, Neuerungen, Zeremonien und Ritualen. Die Menschen befassten sich mit nicht greifbaren Ängsten und Rätseln, während vielleicht gleichzeitig auch die Wahrnehmung der eigenen Geisteskräfte und des Bewusstseins zunahm. Als dann die Menschen des Jungpaläolithikums sich über die Welt verbreiteten, erfanden sie die Kunst.»[12] Und Ian Tattersall schließt aus dem angeblich fehlenden Kunstverstand der Neandertaler sogar auf deren Untergang: «Symbolische Verhaltensweisen – oder zumindest ihr materieller Ausdruck – waren kein wesentlicher Bestandteil des gemeinschaftlichen Daseins dieser Altmenschen. Die Neandertaler waren in kognitiver Hinsicht sehr verschieden von uns, und es war nahezu sicher dieser Unterschied, der ihr Verschwinden erklärt.»[13]

Wenn wir aber tatsächlich den Gedanken zulassen, dass der Neandertaler nicht nur einige wenige durchbohrte Zähne und Tierknochen hinterlassen hat, sondern eben gerade die Kultur erschaffen hat, die die Forschung bislang als alleinige Erfindung des *Sapiens* gesehen hat, stellt das unser ganzes bisheriges Denken über den Neandertaler und auch in Bezug auf uns selbst auf den Kopf. Die Deutung der Kunstwerke müsste in eine völlig andere Richtung gehen.

Zum Beispiel ist über die üppigen Formen der so bezeichneten Venusfiguren immer wieder gestritten worden. Was würde es für die Deutung des Kunstwerkes bedeuten, wenn die Venus statt einer *Sapiens*-Frau eine Neandertalerin darstellen sollte? Neandertalerinnen waren sehr muskulös, aber sie waren sicher auch darauf angewiesen, sich für die langen Winter eine Fettschicht zuzulegen. Nur eine Frau, die über entsprechende Nahrungsreserven verfügte, konnte selbst überleben und hatte ausreichend Rücklagen für die Milchproduktion, um Kinder am Leben zu erhalten. Möglicherweise zeigen die heiß diskutierten Venusfiguren tatsächlich ein altes Schönheitsideal, nämlich das des Neandertalers.

Einige Forscher versuchen diese unklare Forschungslage durch Diplomatie zu überwinden. Warum ein «entweder/oder», wenn man auch ein «miteinander» haben kann. Der amerikanische Anatom Fred Smith hält es für möglich, dass die Neandertaler «einen vollwertigen Anteil an dem sich herausbildenden Jungpaläolithikum» hatten. Mit anderen Worten, die Innovationen, die den Beginn der Jungsteinzeit markieren, sind sowohl vom Neandertaler als auch vom modernen Menschen gemeinsam oder auch separat entdeckt worden. Mir scheint dieser Ansatz ein Versuch zu sein, unsere Spezies trotz aller Gegenargumente im Atelier der Eiszeitkünstler halten zu wollen.

Interessant bleibt allerdings tatsächlich die Frage, warum der Neandertaler erst so spät mit seinen künstlerischen Aktivitäten begonnen hat. Gab es einen bestimmten Auslöser oder war die Zeit einfach reif? Eine Antwort gibt es für den Neandertaler genauso viel oder wenig wie für den *Homo sapiens*.

Eiszeitmedizin

Um den Schwerverletzten hatten sich seine nächsten Angehörigen gruppiert. Sie sangen. Sie sangen schon seit vielen Stunden immer die gleichen rhythmischen Tonfolgen. Die Fackeln, die sie rund um den Jungen in den lehmigen Boden der Höhle gesteckt hatten, warfen ein unheimliches Licht auf sein aufgedunsenes, schweißnasses Gesicht. In ihren Augen war keine Angst oder Sorge zu lesen. Sie hatten alles für ihn getan. Sie hatten den Arm geschient, den der Höhlenlöwe gebrochen hatte, die Blutung gestillt, und die alte Frau hatte einen Brei aus zerstoßenem Spitzwegerich aufgetragen. Das würde das «tödliche Feuer» aus der Elle fern halten. Sie hatten eine möglichst gerade Plattform aus Steinen errichtet, die Bettstatt mit Fellen ausgepolstert und den Verletzten dick in Tierhäute gewickelt aufgebahrt. Jeder hatte etwas beigesteuert, sogar die Kleinsten mussten sich von einem Teil ihrer Habseligkeiten trennen, damit er in dieser Situation nicht erfror. Jeder hatte ohne Widerspruch geholfen, denn nur so konnte er sicher sein, dass man auch ihm half, wenn er in eine ähnliche Situation geriet.

Das Singen schwoll an und wurde wieder leiser, ganz wie das Auf und Ab der Gezeiten, das die Mitglieder des Clans von ihren Streifzügen zur Meeresküste her kannten. Ihr Blick war starr auf den Jungen gerichtet, schien aber durch ihn hindurchzugehen, in weite Ferne, an einen Ort, der nichts mit alledem zu tun hatte. Ihr Mund bewegte sich, doch schien der Gesang einen anderen Ursprung zu haben. Vielleicht

drang er aus den Tiefen der Höhle, um sich zu einem brüllenden Crescendo zu vereinen und sich dann wieder in den Ecken und Enden des Raumes zu verlieren, die unbeleuchtet vom Schein der Fackeln als schwarzes Nichts die Szenerie umgaben.
Das Unglück hatte sich erst vor wenigen Stunden ereignet. Wie in jedem Jahr war die Gruppe zu dieser strategisch günstig gelegenen Höhle zurückgekehrt. Hier wollten sie einige Wochen bleiben und auf die jährliche Wanderung der Rentiere warten. Sie hatten sich eine Weile mit der Jagd auf Kleintiere wie Schneehasen und Vögel durchgeschlagen und freuten sich nun auf die Tage des Rentieres, wenn sie reichlich Beute machen und Vorräte anlegen konnten. Diesmal hielt die Höhle allerdings eine böse Überraschung für die Neandertaler bereit. Ein Höhlenlöwe hatte ihren Stammplatz übernommen und es sich im Inneren der Höhle gemütlich gemacht. Normalerweise hätten sie der gewaltigen Katze ihren Schlafplatz überlassen, aber nicht an diesem Abend. Ein ungünstiges Schicksal hatte ihnen im April, im Monat des «Rentiers ohne Geweih», einen Steppensturm geschickt, von dem auch die Alten sagten, dass sie niemals zuvor etwas Ähnliches erlebt hätten. Als der Tag zur Neige ging, waren sie des beißenden Sandes und des unbändigen Sturmes müde und wollten endlich ein Lager im Trockenen errichten und ein Feuer entzünden. Sie beschlossen, ihren mächtigsten Feind, den Höhlenlöwen, anzugreifen und die Höhle zurückzugewinnen. Der Junge, der gerade erst seine Initiationsriten hinter sich gebracht hatte, bettelte darum, mit in den Kampf ziehen zu dürfen. Ob der Älteste des Clans es bereute, ihm die Erlaubnis erteilt zu haben, konnte man seinem starren Gesicht nicht ansehen. Genau wie die anderen schien der große Anführer sich mehr und mehr im Gesang zu verlieren.

Soeben war trotz des noch immer heftig wehenden Nordwindes ein großer Teil des Nachbarclans eingetroffen, um bei der Rettung zu helfen. Sobald sie einen angemessenen Platz gefunden hatten, stimmten sie in den sich immer wiederholenden Gesang ein. Selbst der Wind schien sich den Sängern anzuschließen und sein Heulen dem Auf und Ab des betäubenden Klangbildes anzugleichen.

Der Junge hatte sich weit nach vorn gewagt, als die Gruppe den Feind umringte und ihn mit Lanzen und Fackeln zum Schein angriff. Die alten erfahrenen Jäger wussten genau, wie viel Abstand sie von dem Riesen halten mussten. Sie legten es nicht darauf an, den Löwen zu töten. Das wäre viel zu gefährlich gewesen. Vielmehr setzten sie auf die Macht des Feuers und versuchten, den Herrn der Höhle zu irritieren, indem sie gezielt mit den Fackeln seine Augen bedrohten. Tatsächlich ließ sich der noch junge Höhlenlöwe auf diese Weise einschüchtern. Er räumte das Feld, aber nicht ohne mit seiner gewaltigen Tatze einen Schlag gegen die vorderste Reihe der Neandertaler geführt zu haben. Eine Frau und zwei Männer wurden leicht verletzt, der Junge jedoch stand zu dicht bei dem wütenden Tier. Als ihn die Pranke traf, brach seine Elle und er flog in hohem Bogen gegen die Höhlenwand.

Sein dickwandiger Schädel hatte schon viele Schläge und Stürze überstanden und den Sitz seines Geistes geschützt. Diesmal jedoch brach er. Von außen konnte man nichts sehen, der Verletzte fühlte sich zunächst ganz normal und besah sich nur besorgt seinen Arm. Dann war jedoch das Blut aus der Nase geronnen, und die alte Frau wusste sofort, dass diese Verletzung tödlich sein konnte. Sie hatte in ihrem langen Leben schon viele aus ihrem Clan auf diese Weise verloren. Ein Schlag oder Stoß, eine kurze Euphorie und dann das Blut aus der Nase und die Ohnmacht. Hin und wieder war es gelungen, den Tod hinwegzusingen, und so mühten sie sich weiter, die ganze Nacht über und bis in die frühen Morgenstunden. Viele hatten sie trotz aller Anstrengungen nicht retten können, aber sie waren nicht gewillt, auch nur einen aus ihrem Clan aufzugeben.

Es wird oft über die medizinischen Fähigkeiten der Neandertaler spekuliert. Dass die Eiszeitler erkrankte oder verletzte Mitglieder ihrer Gruppe pflegten, zeigen eindrucksvoll einige der erhaltenen Skelette. Schon der Mann aus dem Neandertal war kein kerngesunder, kraftstrotzender Jäger, sondern eher ein Unglücksrabe, der in seiner Jugend eine schwere Kopfverletzung erlitten hatte, die heute noch am Schädel erkennbar ist. Außerdem hatte er sich ebenfalls als Jugendlicher den linken Unterarm gebrochen. Nach diesen erheblichen Verletzungen war der berühmteste aller Neandertaler für den Rest seines Lebens behindert. Er konnte sein Ellbogengelenk niemals komplett beugen, der Arm versteifte. Trotzdem hat er, wie der Anatom Michael Schultz vermutet, noch um die 20 Jahre in der Gemeinschaft gelebt und mit seinen 35 bis 40 Jahren ein durchschnittliches Neandertaleralter erreicht.[1]

Auch Shanidar I, das gut erhaltene männliche Skelett der berühmten Fundstätte im Irak, weist eine schwere Kopfverletzung auf. Die linke Augenhöhle war zerbrochen, und mit großer Wahrscheinlichkeit erblindete der Mann nach dieser Verletzung halbseitig. Zudem waren sein rechter Arm, sein rechter Unterschenkel sowie sein Fuß durch weitere Verletzungen unbrauchbar geworden. Selbst bei so schweren Einschränkungen gab die Gruppe einen Verwandten nicht einfach auf, sondern versuchte ihr Möglichstes, um den Verwundeten zu retten.

Der «Alte Mann» von La-Chapelle-aux-Saints hatte einen Rippenbruch überstanden, der ebenfalls recht gut verheilt war. Er war bei seinem Tod nicht älter als 50 Jahre, litt aber so stark unter Arthritis, dass seine Schultern, sein Nacken und sein Rücken deutlich verformt waren. Alle Gelenke zeigten mehr oder weniger starke Anzeichen von Arthrose, weswegen Wissenschaftler zunächst ein viel höheres Lebensalter angenommen hatten. Offenbar war es dem Verletzten möglich gewesen, seinem Körper ausreichend lange Ruhe zu gönnen. Das bedeutet auf jeden Fall, dass seine Sippe ihn während der Rekonvaleszenzphase ernährte.

Wie weit die Rücksichtnahme auf Verletzte und Kranke ging, kann man heute nicht mehr abschätzen. Ob zum Beispiel die turnusmäßige Verlegung eines Lagers verschoben wurde, wenn ein oder mehrere Verletzte zu verpflegen waren, ist nicht nachweisbar. Ob es spezielle Krankenlager gab, die von gesunden Mitgliedern des Trupps regelmäßig mit Nahrung versorgt wurden, oder ob Kranke und Behinderte immer mitgenommen wurden, bleibt ebenfalls ungewiss. Allerdings könnte das so genannte Nest von Combe Grenal in der Dordogne als eine Art Krankenlager gedeutet werden.

Der Paläoanthropologe Lewis Binford hatte in der 1952–63 ausgegrabenen Fundstätte zwei Typen von Feuerstellen identifiziert, die sich deutlich voneinander unterschieden. Eine befand sich mehr im Inneren des Lagers, war von Polstermaterialien umgeben und zeugte seiner Ansicht nach eher von gesammelter pflanzlicher Nahrung als von üppigem Fleischgenuss. Sie barg vergleichsweise minderwertige Gerätschaften, die aus Materialien der direkten Umgebung hergestellt worden waren. An anderen Lagerstätten waren dagegen zahlreiche Knochen von Beutetieren und hochwertige Werkzeuge aus Materialien gefunden worden, die zum Teil aus sehr weit entfernten Regionen stammten. Binford schloss aus dieser Fundsituation sofort, dass die Feuerstelle im Inneren des Lagers die Ruhestätte von Frauen und Kindern gewesen sein musste, während er die äußeren Lagerstätten mit den elaborierten Werkzeugen den Neandertalermännern zuwies.

Der Autor konstruierte aus dieser Fundsituation eine Trennung von Männer- und Frauenleben. Während die Männer weit umherstreiften, hochwertige Fleischnahrung erbeuteten und im Wesentlichen allein verzehrten (weswegen sie technologisch überlegen waren), mussten sich die Frauen angeblich mit in der näheren Umgebung gesammelten Materialien begnügen. Diese These widerspricht völlig allen Indizien, die belegen, dass der Neandertaler offenbar ein zutiefst soziales Wesen war. Er teilte seine Nahrung. Das belegen gerade Individuen, die trotz schwerster Verletzungen über Jahre und Jahrzehnte in der Gruppe überlebten. Binford ist daher zu Recht immer wieder wegen seiner exzentrischen Interpretation kritisiert worden.[2]

Zwischenzeitlich werden die äußeren Feuerstellen von den meisten Forschern als Schlachtplätze gedeutet. Diese Deutung ist wesentlich einleuchtender als die Geschlechtertrennung. Vermutlich war es einfach sicherer, Schlachtplätze nicht im Inneren des Lagers, sondern am Rand anzulegen, um wilde Tiere, die vom Geruch des Fleisches angelockt wurden, nicht unmittelbar ins Zentrum des Lagers zu locken. Bis heute verbringen die Ranger nordamerikanischer Nationalparks viel Zeit damit, Touristen beizubringen, ihre Nahrungsmittel nicht im Zelt aufzuheben, um unerwünschte Bekanntschaften mit Bären zu vermeiden. Auch unter hygienischen Gesichtspunkten ist es sinnvoll, die «Küchenarbeit» und die damit verbundenen Küchenabfälle samt aller ungebetenen Gäste aus der Welt der Insekten auf Distanz zu halten.

Der Zweck der inneren Feuerstelle, die sich anscheinend tatsächlich von den anderen unterscheidet, ist allerdings völlig aus dem Fokus der Wissenschaftler gerückt. Polstermaterialien könnten ja in der Tat darauf hinweisen, dass hier Personen lagerten, die eine besondere Behandlung erfuhren. Allerdings ist eine eiszeitliche

«Prinzessin auf der Erbse», wie Binford die Neandertalerinnen beschreibt, nicht ernsthaft vorstellbar. Immerhin könnte das «Nest» Menschen vorbehalten gewesen sein, die spezielle Unterstützung benötigten, weil sie unter Krankheiten oder Behinderungen litten.

Gehen wir davon aus, dass die Neandertaler grundsätzlich ihre Kranken und Verletzten betreuten, dann hätte die Einrichtung von Krankenlagern im Vergleich zum Mitführen der Leidenden enorme Vorteile für die gesamte Gruppe gehabt: Während Schwerverletzte oder sehr alte Gruppenmitglieder sich nicht den Strapazen weiter Wanderungen unterziehen mussten, die ihre Gesundheit oder sogar ihr Leben in Gefahr gebracht hätten, kamen andererseits die Jägergruppen auf ihren Streifzügen schneller voran und konnten effektiver Beute machen. Erforderlich ist in diesem Fall lediglich, dass die Jägergruppen von Zeit zu Zeit ins Krankenlager zurückkehren, um die Zurückgelassenen mit Nahrung zu versorgen.

Tatsächlich deckt sich diese theoretische Anforderung an eine soziale Gruppe, die ihre Kranken nicht im Stich lässt, mit dem Befund, dass Neandertaler verhältnismäßig standorttreu waren. Die meisten Forscher gehen davon aus, dass sie ein größeres Gebiet bejagten, in dem sie ein zentrales Lager einrichteten, das in Kontakt zu einem oder mehreren Jagdlagern stand.

Bisher dachte man, dass der Neandertaler letztlich wegen dieser «konservativen» Ortstreue dem *Homo sapiens* unterlegen gewesen sei. Während unsere direkten Vorfahren, so die Wissenschaftler, stärker nomadisch lebten und den Herden ohne spezielles Jagdrevier über längere Strecken folgten, blieben die Neandertaler an einen bestimmten Lebensraum gebunden. Durch dieses Verhalten sollen sie stärker unter den Folgen plötzlicher Klimaschwankungen gelitten haben als die modernen Menschen. Als Standorttreue wären Neandertalerpopulationen in vereisten oder wildarmen Regionen während der Kaltphasen ausgestorben. Nur in den südlichen Siedlungsgebieten hätten sich Teilpopulationen halten können, die wiederum den Rest Europas von neuem hätten besiedeln können, sobald das Eis zurückwich. Mit dem Zurückweichen der letzten Gletscher soll der Neandertaler an dieser Wiederbesiedlung gescheitert sein, da nun auch der *Homo sapiens* begann, sich in Europa auszubreiten.

Eine interessante Frage lautet nun: Wie gingen denn unsere erfolgreichen Vorfahren mit ihren Verletzten und Behinderten um, wenn ihr ganzes Heil in der hohen Mobilität bestand? Ließen sie ihre Nächsten einfach in der Kaltsteppe zurück? Der Gedanke, dass die Neandertaler sich um ihre Familienangehörigen kümmerten, hat sie in den Augen der Forscher bisher immer näher an uns herangerückt, sie gleichsam «menschlicher» gemacht. Waren es vielleicht gerade unsere direkten Vorfahren, die sich im Gegensatz zum Neandertaler «unmenschlich» verhielten und sich dadurch möglicherweise einen Vorteil in dem Verteilungskampf um die eiszeitlichen Ressourcen verschafften?

Man kann nur hoffen, dass es so nicht gewesen ist. Immerhin belegen für die Jungsteinzeit verschiedene *Sapiens*-Funde wie zum Beispiel die 1949 in Südmähren gefundenen Skelette dreier moderner Menschen, dass immerhin einige unserer direkten Vorfahren ihre Kranken versorgten. Alle drei *Sapiens* waren jung gestorben und wiesen auffällige Anomalien auf. Ihre Schlüsselbeine waren abgeplattet und die Schulterblätter standen extrem hoch. Über die Art der Körperbehinderung besteht kaum ein Zweifel: Die drei litten unter dem so genannten Sprengel-Syndrom. Aufgrund ihrer Behinderung war ihre Bewegungsfreiheit stark eingeschränkt. Zudem konnte anhand der Zähne nachgewiesen werden, dass sie immer wieder im Laufe ihres kurzen Lebens unter heftigen Infektionen gelitten hatten. Offenbar hatten sich ihre Angehörigen dauerhaft um sie gekümmert und sie immer wieder gesund gepflegt. Es besteht kein Grund anzunehmen, dass frühere Moderne anders verfahren sind. Der supermobile, hochflexible *Homo sapiens*, der den Neandertaler im Wettlauf ums Überleben gewissermaßen im Laufschritt überholt haben soll, scheint sich unter dem Aspekt der Krankenversorgung eher als Projektion der Gegenwart zu entpuppen.

Ganz offensichtlich war ein enges Bindungsgeflecht, das auf gegenseitiger Hilfe und Solidarität basierte, die Grundlage sowohl der Neandertaler- als auch der *Sapiens*-Gemeinschaft. Der Neandertaler hat zwar nicht unbedingt in unserem heutigen emphatischen Sinne «Mitleid» mit seinem verletzten Artgenossen empfunden, aber mit Sicherheit lebten die Gruppenmitglieder gemäß einem ausgewogenen Verhältnis von Geben und Nehmen, von Gefallen und Gegengefallen. Dieses Verhalten zeichnet jede Gruppe von intelligenten Säugetieren aus, die der Teamarbeit ihren evolutionären Erfolg verdankt.

Die Ausbildung eines großen Gehirns scheint viel damit zu tun zu haben, dass man sich merken kann, zu wem man in welchem Verhältnis steht. Ein interessantes Beispiel für das Prinzip des kontrollierten Teilens ist die gut erforschte Vampirfledermaus. Vampire ernähren sich ausschließlich von Blut, einer recht unsicheren Nahrungsquelle. Nicht immer ist ein Opfer zu finden oder schläft so tief, dass der Vampir lang genug trinken kann, um sich ausreichend mit Nahrung und Flüssigkeit zu versorgen. Viele Vampirfledermäuse würden verhungern, wenn sie auf sich allein gestellt wären. Doch die hochintelligenten Tiere haben eine Art «Nachbarschaftshilfe» eingeführt. Vampire, die viel Blut getrunken haben, verfüttern ihren Überschuss an andere Tiere, allerdings nur, wenn diese ihnen auch schon ausgeholfen haben oder Hoffnung besteht, dass sie es bei nächster Gelegenheit tun werden. Schmarotzer werden abgewiesen. Besonders erstaunlich ist diese Leistung, weil die Tiere nicht miteinander verwandt sind. Die gegenseitige Hilfeleistung hat nichts mit genetischer Nähe zu tun, sondern ist eine Sicherung des Überlebens, die rein auf sozialem Verhalten basiert.

Auf ein ähnliches Leistungs-/Gegenleistungsprinzip gehen vermutlich auch die höchst komplizierten sozialen Beziehungen vieler Affen- und besonders der Menschenaffenarten zurück. Einige Forscher glauben, dass das Gehirn von Primaten, inklusive des Menschen, vor allem dazu genutzt wird, sich die lange Reihe von Gefallen und Gegengefallen, aber auch Kränkungen und Gegenkränkungen zu merken, die jahrelange Beziehungen kennzeichnen. Bedenkt man die Vielzahl von Nachbarschaftsstreitigkeiten, die Hollywood seit den Zeiten von Stan Laurel und Oliver Hardy in Szene gesetzt hat, möchte man vor allem Letzteres gern glauben.

Der Neandertaler hatte erwiesenermaßen ein sehr großes Gehirn, und er verhielt sich offenbar äußerst sozial. Die Krankenpflege war für ihn ein notwendiger sozialer Deal, ein Gegengefallen für einen Gefallen, den die Kranken oder Verletzten oder möglicherweise ihre nächsten Verwandten zuvor geleistet hatten. Alle, die sich für die Gruppe in Gefahr begaben, indem sie zum Beispiel bei der Jagd einen riskanten Part übernahmen, mussten sicher sein, dass sie von den anderen nie im Stich gelassen und selbst im Falle schwerster Verletzungen und Behinderungen weiter versorgt und gepflegt worden wäre. Vielleicht kein ausgeklügeltes Renten- und Pflegesystem, aber eine Basis, auf der auch frühe Gesellschaften unserer eigenen Art über lange Zeit funktionierten und die offenbar auch dem Neandertaler ein Überleben von rund 120000 Jahren sicherte – trotz der unwirtlichen Kaltperioden der Eiszeit.

Was aber konnte die Medizin der Neandertaler leisten? War Krankenpflege mehr als die Sorge, dass der Betroffene ruhig gelagert wurde, es warm hatte und ausreichend mit Nahrung und Wasser versorgt war? Diese Frage ist nicht abschließend zu beantworten. Wahrscheinlich waren die Neandertaler bereits in der Lage, gebrochene Gliedmaßen zu schienen, Druckverbände anzulegen und starke Blutungen durch Abbinden zum Stillstand zu bringen, sonst hätten Verwundete wie der Mann aus dem Neandertal oder Shanidar I wohl kaum eine Überlebenschance gehabt. Ein weiterer Mann aus Shanidar überstand zunächst eine Stichverletzung, die durch Spuren an den Rippen belegt ist. Die Wunde begann bereits zu verheilen, als der Verletzte wenig später trotzdem starb. Einige Forscher glauben, dass er einer nachfolgenden Entzündung zum Opfer fiel.

Wenn man den Neandertalern aufgrund solcher Befunde medizinische Kenntnisse abspricht, sollte man bedenken, dass Wundbrand, Blutvergiftung und andere Infektionskrankheiten noch bis weit in die Neuzeit nicht zufrieden stellend behandelt werden konnten. Erst mit der Entdeckung des Penizillins 1928 gelang es, bakterielle Entzündungen effektiv zu bekämpfen. An der schweren Infektion, wie sie für den Mann von Shanidar angenommen wird, wäre mit der gleichen Wahrscheinlichkeit ein mittelalterlicher Ritter oder ein Soldat Napoleons verstorben.

Hinweise darauf, dass den Neandertalern der Gebrauch von Heilpflanzen bereits bekannt war, gibt es nur wenige. In verschiedenen Gräbern wurden zwar geringe Konzentrationen von Blütenpollen gefunden, aber die überwiegende Mehrheit der Wissenschaftler deutet diese nicht als Grabbeigaben, sondern als auf natürlichem Wege eingebrachtes Material. Pollenflug kennen wir heute vor allem aus den Nachrichten für Allergiker. Runde 50 Prozent aller Menschen sprechen auf den ein oder anderen mikroskopisch kleinen Blütenstaub an. Auch zur Zeit des Neandertalers hat es natürlich das Phänomen des Pollenflugs gegeben. Die Frage ist also nicht, ob, sondern in welcher Konzentration man Pollen in den Gräbern nachweisen kann. Bislang erkennen die Forscher in den meisten Grabproben keine außergewöhnlich hohe Pollendichte.

Das Innere des Pollens vergeht nach verhältnismäßig kurzer Zeit, während die Hülle, wenn sie luftdicht eingeschlossen wird, Jahrtausende im Erdreich erhalten bleiben kann. Heute ist es mit einfachen chemischen Verfahren möglich, die Pollenhäute wieder aus den Sedimenten herauszulösen, zu bestimmen und unter dem Mikroskop auszuzählen. Das bedeutendste mit Blütenpollen bestückte Grab gehört zu der berühmten irakischen Fundstätte Shanidar.

Während der Ausgräber Ralph Solecki von Anfang an davon ausging, dass die Pflanzen von den Neandertalern als Beigabe in das Grab gelegt worden waren[3], bezweifelten viele andere Forscher diese These. Schließlich bescherte der amerikanische Anthropologe Jeffrey D. Sommer 1999 den Kritikern zum ersten Mal ein ernsthaftes Argument gegen die «Blumengrabtheorie». Er war der Meinung, dass Mäuse, genauer gesagt persische Rennmäuse, das Pflanzenmaterial eingeschleppt hätten.[4] Tatsächlich wurden in der Höhle von Shanidar zahlreiche Überreste und Nester der *Meriones persicus* gefunden. Für einen Großteil der *scientific community* war daraufhin die Grabbeigabenthese vom Tisch, und stattdessen wurden «natürliche Ursachen» für die Erhöhung der Pollenmenge in dem Grab geltend gemacht.

Tatsächlich sind die possierlichen Nager nicht gerade wählerisch, und jeder Rennmäusehalter tut gut daran, organische Materialien aller Art und sogar Plastik außerhalb der Reichweite der emsigen Haustiere zu lagern. Sie polstern ihre Nester mit allem, dessen sie habhaft werden können. Allerdings spricht die Anwesenheit der Rennmäuse in der Höhle von Shanidar meiner Ansicht trotzdem nicht unbedingt gegen florale Grabbeigaben.

Mindestens genauso wahrscheinlich wie das Szenario, die Nager hätten in der Höhle ihre Nester gebaut und aus der Umgebung Pflanzenteile hereingeschleppt, ist die Überlegung, dass die schlauen Tierchen sich gerade dort ansiedelten, wo bereits abgeschnittene Pflanzenteile, vielleicht sogar Früchte oder Wurzeln bereitlagen und nur geborgen und den kurzen Weg in den Bau geschleppt werden mussten. Vielleicht waren es ja gerade Grabbeigaben, die die Tiere in einer ansonsten kargen Umwelt dazu brachten, sich ausgerechnet eine Neandertalergrabhöhle als Wohnsitz auszusuchen.

Für eine bewusste Auswahl der Pflanzen durch die Neandertaler spricht die Tatsache, dass es sich bei den in Shanidar IV nachgewiesenen Kräutern fast ausschließlich um Heilpflanzen handelt.

Massenweise vertreten waren Pollen von Eibisch, Kreuzkraut, Meerträubel, Schafgarbe und Sonnwend-Flockenblume. Interessanterweise handelt es sich bei diesen Kräutern um Pflanzen, deren Blüten auch von *Homo sapiens* zum Teil bis in unsere Tage medizinisch genutzt wurden und werden.

Der Eibisch *(Althaea sp.)* beispielsweise dient zur Reizmilderung bei Husten und Erkältung. Das dekorative Malvengewächs kann sowohl als Tee oder gemischt mit Honig, ja sogar ganz einfach als Kaltwasserauszug verwendet werden. Vor allem der Wurzelstock wird medizinisch genutzt, häufig auch getrocknete Blüten und Blätter. Das Kreuzkraut *(Senecio sp.)* hilft bei Insektenstichen, und der Meerträubel *(Ephedra altissima)* findet sowohl als Hustenmittel als auch als Euphorikum Verwendung.

Die Schafgarbe *(Achillea sp.)* wird schon in antiken Schriften als vielseitige Heilpflanze beschrieben. Sie gilt vor allem als hervorragende Hilfe bei allen Arten von Magenbeschwerden wie zum Beispiel Entzündungen des Magen-Darm-Traktes, Sodbrennen, Übelkeit und Blähungen. Man kann entweder Tee aus den Blüten kochen oder auch frische Blätter kauen.

Die Blüten der Sonnwendflockenblume *(Centaurea solstitialis)* zeichnen sich vor allem durch eine ordentliche Menge Nektar aus. Dieser ist nicht nur nahrhaft, sondern könnte im Zusammenhang mit der medizinischen Anwendung der anderen Pflanzen eine entscheidende Rolle spielen. Die bekannte Kinderbuchfigur Mary Poppins machte sich im vorletzten Jahrhundert mit dem eigenwilligen Motto «Mit 'nem Löffelchen voll Zucker schmeckt dir jede Medizin ...» bei ganzen Kindergenerationen beliebt. Die Neandertaler könnten nach ähnlichem Prinzip mit dem Nektar der Sonnwendflockenblume so manchem widerspenstigen Patienten die zum Teil recht bittere Naturmedizin versüßt haben.

Weitere einundzwanzig Pflanzen, darunter Heckenrose, Farnkraut, Lichtnelke, Malve und Spitzwegerich, waren in geringerer

Dosis nachweisbar. Die Pollen dieser Arten könnten natürlich ganz einfach ins Grab hineingeweht worden sein, wie einige Forscher behaupten. Man könnte allerdings auch vermuten, dass bei diesen Pflanzen nicht die Blüten die interessanten Teile der jeweiligen Heilpflanze waren, sondern nur ungewolltes Beiwerk. Vielleicht nutzten die Neandertaler vorwiegend Blätter oder Wurzeln, die allerdings nicht erhalten geblieben sind.

Bei der Heckenrose beispielsweise ist die Hagebutte der interessanteste Teil der Pflanze. Hagebutten sind noch heute für ihren reichen Vitamingehalt bekannt. Vor allem ihr außerordentlicher Anteil an Vitamin C könnte sie als Ergänzung der rein fleischlichen Kost des Neandertalers besonders interessant gemacht haben. Sie enthalten außerdem Provitamin A, verschiedene B-Vitamine sowie die Vitamine K und P. Hagebutten finden auch als mildes Abführmittel oder gegen Erkältungskrankheiten Verwendung. Bei anderen Pflanzen könnten die Neandertaler vor allem die Blätter genutzt haben, die bei weitem nicht so haltbar sind wie die Pollenhäute.

Ein Sud aus Farnkraut soll angeblich Schwellungen abklingen lassen, und die Blätter des Spitzwegerichs werden seit Jahrtausenden ganz besonders als Heilmittel geschätzt. Im Mittelalter empfahlen Mönche das Kraut in Form von Tee oder vermischt mit Honig gegen alle Erkrankungen der Atmungsorgane, Infektionen der Harnwege und Magen-Darm-Erkrankungen. Eine Blätterauflage aus Wegerich war noch zu Beginn der Neuzeit ein wichtiges Wundheilungsmittel der ärmeren Bevölkerungsschichten, das bei jeder Art von Stich- und Schnittverletzungen, bei Hundebissen oder Insektenstichen, ja sogar nach Beinamputationen Anwendung fand. Tatsächlich wirkt das Glykosid Aucubin, der wichtigste Wegerich-Inhaltsstoff, antibakteriell.

Die Malve enthält so genannte Schleimstoffe und wird in der traditionellen Heilkunde gegen Katarrhe, Entzündungen im Hals- und Rachenraum, Hautentzündungen, Verbrennungen oder Entzündungen des Verdauungstraktes eingesetzt. Malvenblätter kann man als Aufguss verwenden oder die Blätter auch roh zu sich nehmen. Viele Nelkengewächse wie auch verschiedene Lichtnelken enthalten Saponine und werden seit langem als reinigende Heilpflanzen genutzt.

Die Erkrankungen, für die die in Shanidar gefundenen Pflanzen Linderung versprechen, sind solche, die man bei Jäger- und Sammlergruppen erwarten würde: Durchfall und Magen-Darm-Infekte, die bei teilweise roh verzehrtem Fleisch nicht ausbleiben können, Erkrankungen der Atemwege, Harnwegsinfektionen, Hautkrankheiten und Insektenstiche sowie die Behandlung von Verletzungen. Zumindest die Neandertaler im Mittelmeerraum wären also in der Lage gewesen, den meisten akuten Krankheiten etwas entgegenzusetzen.

Ralph Solecki[5] vermutete außerdem, dass der Tote von Shanidar IV ein Schamane war, dem man die Heilkräuter als Zeichen seines «Berufsstandes» mit auf die Reise ins Jenseits gegeben hat. Das würde zumindest erklären, warum man nicht generell größere Mengen von Blütenpollen in Neandertalergräbern findet. Trotzdem ist es erstaunlich, dass in ganz Europa keine vergleichbaren Pollenhäufungen gefunden wurden. Es könnte natürlich sein, dass die nördlichen Neandertaler weniger bewandert in der Pflanzenheilkunde waren. Möglicherweise ist aber ein solches «Blumengrab» in Europa einfach nicht erhalten geblieben, oder eine erhöhte Pollendichte wurde bei älteren Funden nicht erkannt. Bei frühen Grabungen stand weder die entsprechende Technologie zur Verfügung, noch stellte man in diese Richtung überhaupt Überlegungen an.

Wir können auch für den europäischen Neandertaler mit Fug und Recht annehmen, dass er das ein oder andere Heilkraut kannte und erfolgreich anzuwenden vermochte. Als Indiz hierfür möchte ich wiederum das berühmte Stück Birkenpech aus Königsaue anführen. Wenn die Neandertaler bereits in der Lage waren, den komplexen

Vorgang der Birkenpechgewinnung zu handhaben, dann kannten sie die Materie «Birke» vermutlich sehr genau. Vielleicht kauten sie das Pech des Baumes sogar hin und wieder. Ein «Pechkaugummi» könnte dabei geholfen haben, die Zähne von Fleischresten zu reinigen. Halitose oder ganz banal Mundgeruch muss bei den Neandertalern als reinen Fleischessern ein großes Problem gewesen sein. Gerade die «Stinker» unter den Mundbakterien sind reine Proteinverwerter.

Je nachdem, welche Arten sich auf dem Zungenrücken oder zwischen den Zähnen ausbreiten konnten, verarbeiten sie die Eiweißanteile der Nahrung zu verschiedenen Gerüchen des Grauens. Einige produzieren Schwefelwasser, das aus dem Chemieunterricht bekannt ist und nach faulen Eiern riecht. Auch die Duftnoten der anderen Spaltprodukte hätten keine Chance bei Chanel: Methylmercaptan und Skatol riechen nach Fäkalien, Cadaverin – wie der Name schon andeutet – nach Leichen, Putrescin verströmt den Duft von faulem Fleisch, und Isovaleriansäure erinnert an Schweißfüße.

Auch wir Mischköstler sind trotz aller Zahnpasta- und Mundspülungswunder der Neuzeit nicht ganz frei vom Fluch der fleischlichen Kost, der Neandertaler jedoch hätte ohne strenge Mundhygiene bei seinem Fleischkonsum sehr wahrscheinlich ein ernsthaftes soziales Problem gehabt. Während Körpergeruch die Akzeptanz durch Artgenossen nicht nachhaltig beeinträchtigt, lösen die Abfallprodukte der Mundbakterien Assoziationen von Krankheit und Tod aus. Tatsächlich verfügten die Neandertaler wie auch die modernen Menschen der Jäger- und Sammlerzeit über vergleichsweise gute Zähne. Sie zeigen zwar starke Gebrauchsspuren, aber kaum Zahnerkrankungen. Erst mit der Sesshaftwerdung begannen die Zähne der frühen *Sapiens*-Bauern durch die Steinpartikel und Sandkörner, die während des Mahlprozesses ins Mehl kamen, immer schlechter zu werden. Reinigung mit Holzstäbchen, kleinen Knochen, Birkenpechkaugummi oder ähnlichen Hilfsmitteln war bei den Neandertalern sicherlich an der Tagesordnung. Vielleicht verspeisten sie sogar wohlriechende oder antibakteriell wirkende Kräuter, um zu einem frischen Atem zu gelangen.

Wer Birkenrinde zu Birkenpech verarbeiten kann, nutzte sicher auch frische Birkenblätter. Sie enthalten mehrere Flavonglykoside, Gerbstoffe und in ganz jungen Trieben auch Saponin. Damit sind sie als zuverlässiges harn- und schweißtreibendes Mittel geeignet, das zudem die Nieren kaum reizt. Birkenblätter werden bis heute bei Nieren- und Blasenleiden oder auch gegen rheumatische Beschwerden eingesetzt.

Die Neandertaler nutzten den Baum vermutlich in seiner Gänze, stellten Aufgüsse aus jungen Blättern her, verzehrten den aufgefangenen Saft des Stammes oder kauten Birkenpech. Dass der Neandertaler zumindest die letzte Form der Anwendung kannte, ist schon deshalb nahe liegend, weil die Birkenrinde beim Verschwelen einen würzigen Duft freisetzt, der deutlich an geräucherten Schinken erinnert. Als ich diesen Geruch in den Werkstätten des Museums in Halle zum ersten Mal wahrnahm, hatte ich selbst die allergrößte Lust, in die lecker riechenden Kügelchen hineinzubeißen. Ich kann mir nicht vorstellen, dass es dem Neandertaler anders ergangen sein soll. Möglicherweise kaute er das Birkenpech vor Gebrauch als Kleber ohnehin weich. Die wohltuende Wirkung seines Werkstoffes ist ihm dabei sicherlich nicht entgangen.

Andere Heilpflanzen, die der Ureuropäer zumindest in den wärmeren Phasen nutzte, stellte der Mediziner Bruno Wolters zusammen: «Pflanzenfunde im Zusammenhang mit Neandertalern in Europa sind bisher nicht als Arzneipflanzen angesprochen worden. Essbare Nüsse, Fruchtkerne und Samen liegen vor. Am Fundplatz Ehringsdorf in Thüringen nutzten Präneandertaler vor 200 000 Jahren z. B. Wildäpfel und Kornelkirschen, Neandertaler an anderen Stellen vor mehr als 50 000 Jahren (also teilweise zeitgleich mit

Shanidar IV) Walnuss, Haselnuss, Esskastanie, Eicheln, Himbeeren, Erdbeeren, Holunderbeeren, Schlehen und Ebereschenfrüchte. Alle diese Pflanzen sind auch Heilpflanzen. Ihre Hauptindikationen zeigen ein für die Altsteinzeit typisches Bild: Durchfall, Harnwegserkrankungen, Hautkrankheiten, Frauenleiden, Fieber, Magen-Darm-Störungen, Atemwegserkrankungen sowie Blutstillung. Mittel für Blasen-Nieren-Erkrankungen sind zahlreicher als die für Atemwegserkrankungen.»[6]

Nach Wolters' Analyse verfügten also auch die europäischen Neandertaler über eine umfangreiche Auswahl von Heilpflanzen, die es ihnen ermöglichte, die häufigsten Krankheiten zu heilen oder zumindest zu lindern. Außerdem sind in mehreren Gräbern Reste von rotem oder gelbem Ocker gefunden worden. Meist handelt es sich um eine aus Eisenhydroxiden oder Eisensulfaten gelb und rötlich gefärbte Mineralmischung. Die Funktion dieser Farbstoffe ist nicht geklärt. Möglicherweise wurden auch diese Stoffe medizinisch genutzt. Wolters weist in seinen Publikationen auf die antiseptische und adstringierende Wirkung des Ockers hin. Auch andere Behandlungsmethoden könnten zum Repertoire der Neandertalerärzte gehört haben, die von indigenen Völkern bekannt sind:

«Über die Auswirkung bestimmter Trommelrhythmen auf die menschliche Psyche und Physis ist aus medizinischer Sicht bereits einiges herausgefunden worden, so etwa auch die verblüffende Erkenntnis, dass die Medizinmänner und -frauen vieler so genannter ‹primitiver› Stämme auch ohne langwieriges und kostenintensives Universitätsstudium in der Lage sind, mit diesen Rhythmen gezielt Organfunktionen zu beeinflussen und Krankheiten zu heilen.»[7]

Geht man davon aus, dass die Neandertaler bereits über vielseitige medizinische Kenntnisse wie erste Hilfe bei Knochenbrüchen und Verletzungen, Pflanzenheilkunde und Geburtshilfe verfügten, muss man auch annehmen, dass nicht alle Mitglieder einer Gruppe dieses umfangreiche Wissen teilten. Die französische Paläoanthropologin Marilène Patou-Mathis[8] vermutet, dass die Neandertaler bereits hoch spezialisiert waren: «Wir glauben, dass mit der Großwildjagd die Arbeitsteilung entstand, sodass die besten Jäger zur Jagd gingen, während die besten Handwerker Werkzeuge oder Tierhäute bearbeiteten, und so weiter.» Auch die medizinische Versorgung lag vermutlich in den Händen einzelner Spezialisten.

Einige Autoren verweisen immer wieder auf das Schamanentum, wie es beispielsweise die Inuit praktizieren. Tatsächlich könnte dies ein recht brauchbares Modell für die Neandertalergesellschaft sein. Heilung wird in der Vorstellung vieler indigener Völker nicht in erster Linie durch praktische Handlungen wie etwa Medizingaben oder das Anbringen von Verbänden erlangt, sondern durch die Anrufung von Vorfahren oder Schutzgeistern. Wenn wir aufgrund der Bestattungsriten davon ausgehen, dass die Neandertaler möglicherweise einen Ahnenkult hatten, ist es nahe liegend anzunehmen, dass die Vorfahren gerade in einem Notfall um Hilfe gebeten wurden. Dies geschieht bei rezenten Völkern meist durch die Trance einer oder mehrerer Personen. Um in einen Trancezustand zu gelangen, nutzen die Schamanen vieler Völker heute Musik oder Drogen. Über beides verfügten vermutlich auch schon die Neandertaler. Sie besaßen Flöten und kannten wahrscheinlich verschiedene Perkussionsinstrumente[9], mit denen sie starke religiöse Emotionen unterstützen konnten.

In dem berühmten Blumengrab von Shanidar IV befand sich zudem eine Pflanze, die als Droge zur Erzeugung von Trancen in Frage kommt. Der Mediziner Bruno Wolters interpretiert die Fundsituation des Toten, der offenbar auf Meerträubel gebettet war, wie folgt: «Vermutlich haben die Neandertaler auch schon die euphorisierende Wirkung von Ephedra gekannt, die durch L-Ephedrin bedingt ist. Niemand würde einen Toten auf ein Hustenmittel gebettet haben, wohl aber eine Droge mit stimulierender und euphorisierender Wirkung, um ihm die Reise ins Jenseits zu erleichtern.»[10]

Die Behandlung der Toten gibt in vielen Kulturen unserer eigenen Art Hinweise auf das Miteinander der Lebenden. Wenn dies für den Neandertaler gilt, könnte Meerträubel eine bekannte Droge gewesen sein, die nicht nur medizinischen Zwecken diente, sondern auch genutzt wurde, um Trancen zu erleichtern. Interessanterweise zeigt die neuere Forschung, dass Beschwörungen und Heilgesänge, denen die Schulmedizin lange Zeit – wenn überhaupt – eine rein psychologische Wirkung zubilligte, tatsächlich nachweisbare Wirkungen im Körper haben können.

Der Expeditionsarzt Kenneth Kamler beispielsweise beschreibt die unglaubliche Heilung eines Patienten mit Schädelbruch während einer Himalaya-Besteigung durch Heilgesänge: «Hatten die Sherpas im Laufe der Jahrhunderte womöglich durch natürliche Auslese, Ausprobieren und glückliche Zufälle eine Methode entdeckt, die Tonhöhe ihres Gesangs an die natürliche Frequenz anzupassen, die durch die Schwingungen ihrer Hirnwellen erzeugt wird? Dann wären sie in der Lage, einen Resonanzeffekt zu erzielen, bei dem sich die Eigenschwingungen eines Objektes durch eine Frequenz von außen verstärkt, bis der Effekt viel größer ist als der Auslösereiz. Die beiden aufeinander abgestimmten Schwingungen (Gesang und Gehirnwellen) würden sich zu einer größeren aufschaukeln – wie zwei kleine Wellen, die sich treffen und zu einer großen werden. Der Effekt könnte sogar stark genug sein, um einen Systemzusammenbruch zu verhindern.»[11] Der Patient überlebte laut Kamler ohne zusätzliche medizinische Versorgung ein Hämatom unter der äußeren Hirnhaut, das in einem Krankenhaus chirurgisch behandelt worden wäre. Ich erwähne diesen ungewöhnlichen Fall nur, um deutlich zu machen, dass die Neandertaler durchaus über Heilmittel verfügt haben könnten, die uns Heutigen unvorstellbar sind.

Leider wird in der Literatur nur selten darauf hingewiesen, dass bei vielen indigenen Völkern Männer wie Frauen gleichermaßen als Schamanen wirken. Zudem scheint die Pflanzenheilkunde, die traditionell mit der Funktion des Sammelns zusammenhängt, fast völlig in den Händen der Frauen zu liegen. In Bezug auf die Neandertaler gibt es kaum Hinweise darauf, wie die Arbeit verteilt war. Wenn wir jedoch davon ausgehen, dass die Geburtshilfe zu den ursprünglichsten und wichtigsten Anwendungsgebieten der frühen Heilkunst zählt, dann erscheint es wahrscheinlich, dass die eiszeitliche Medizin stärker in den Kompetenzbereich der Neandertalerfrauen fiel.[12]

Schädelkulte und Schamanen

Dumpf hallen die Schläge durch die Nacht. Ein Luftzug streift die Fackeln, die die Szene in ein unheimliches Licht tauchen. Langsam setzt sich der Zug der Trauernden in Bewegung. Der Werkzeugmacher und der Erste Jäger haben die schwere Aufgabe übernommen, den Toten in seine letzte Heimstatt zu geleiten. Der Verstorbene ruht auf einem Bärenfell, das die weise Frau mit rotem Ocker bestreut hat. Am Eingang der Höhle bleiben die Neandertaler stehen und warten auf das Zeichen des heiligen Mannes. Als er seine Stimme erhebt und einen tiefen dröhnenden Klang hören lässt, treten sie in die Höhle. Jeder nimmt seinen Platz ein, und für einen Moment herrscht atemlose Stille. Der Schamane befragt das Orakel, ob der Tote beerdigt werden darf oder nicht. Er ergreift eine Fackel und entzündet die heiligen Kräuter. Alle starren auf die Flammen, es steigt weißer Rauch auf. Die Geister haben den Verstorbenen angenommen. Erleichterung breitet sich aus. Die Trommeln beginnen von neuem zu schlagen. Der Schamane erhebt seine Stimme, und nach und nach beteiligen sich alle an diesem letzten Gesang. Der Werkzeugmacher und der Erste Jäger verschließen das Grab. Sie malen das Zeichen des Toten in den Sand und lassen ihn zurück in der heiligen Höhle.

Obgleich man immer wieder alles am Neandertaler in Zweifel zog – bisweilen sogar seine schiere Existenz –, seine Menschlichkeit, seine Intelligenz und Kulturfähigkeit, waren viele Ausgräber sehr schnell und ohne größeres Widerstreben bereit, dem anderen Menschen einen Glauben zuzubilligen. Und in der Tat ist es schwer vorstellbar, dass ein Wesen, das so intelligent wie der Neandertaler war, ohne Antworten auf die großen Fragen der Menschheit «Woher komme ich?» und «Wohin gehe ich?» leben konnte. Mit seinen bis zu 1600 Gramm Hirnmasse war er sicher wie auch unsere direkten Vorfahren, die frühen *Homo sapiens*, in der Lage, sich sein Ende vorstellen zu können. Und wahrscheinlich erfüllte ihn die Ungewissheit über die Frage nach dem «Danach» mit ebenso großer Angst wie alle modernen Menschen bis heute.

Vielleicht führte die starke Beschäftigung unserer Art mit der eigenen Sterblichkeit dazu, dass die Wissenschaftler des frühen 20. Jahrhunderts nur allzu gern die Idee vom Neandertaler als religiöses Wesen akzeptierten. Unter dem Stichwort «Höhlenbärenkult» gingen denkwürdige Irrungen in die Geschichte des Neandertalers ein. Die Mär vom Höhlenbärenkult nahm ihren Anfang 1917 an einem wahrhaft märchenhaften Ort, in der Drachenlochhöhle bei Vättis in der Schweiz. Darauf, dass man hier vermutlich schon zu früheren Zeiten ungewöhnliche Fossilien gefunden hat, deutet der Name «Drachenloch». In besagtem Jahr jedenfalls entdeckte der Oberschullehrer Theophil Nigg Höhlenbärenknochen in großer Zahl, und da er die Bedeutung des Fundes nicht einordnen konnte, zog er den Natur- und Heimatforscher Emil Bächler hinzu.

Damit, so scheint es im Nachhinein, hatte er gewissermaßen den Bock zum Gärtner gemacht. Sieben Jahre lang arbeiteten die beiden im Drachenloch, bis Emil Bächler 1923 mit seiner Veröffentlichung «Das alpine Paläolithikum in der Schweiz» den Bärenkult der Neandertaler postulierte. Der Autor beschrieb eine Reihe von «Steinkisten», Wandnischen und Schädelaltären, in denen die Neandertaler angeblich Schädel und andere Knochen von Höhlenbären aufgebahrt hätten, und bescheinigte den Altmenschen «eine geradezu pietätvolle Behandlung der größten und schönsten Jagdbeuteknochen, die diesen dritten Höhlenraum zu einer geweihten Stätte – einem Sanktuarium – stempeln»[1].

Obgleich im Drachenloch keinerlei Steinwerkzeuge, Knochen oder andere Überreste der eiszeitlichen Jäger gefunden worden waren, hält sich die Idee vom Höhlenbärenkult der Neandertaler eisern in der Literatur.

Dabei sollte der Bärenkult seit 1945 vom Tisch sein, als der Höhlenforscher Édouard Koby aus Basel eine Neuinterpretation des Nigg'schen Fundes lieferte. Seiner Ansicht nach hatte weder der Neandertaler noch ein anderes menschliches Wesen im Drachenloch seine Finger im Spiel. Er glaubte stattdessen, dass die Bären noch ganz lebendig in die Höhlen hineinspaziert seien, aber dann bei zu langen Wintern den Winterschlaf nicht überlebt hätten. Auch für die Lage der Knochen in seitlichen Mulden hatte Koby eine einleuchtende Erklärung: «Die Schädel hinderten die Bären am Hineinschlüpfen und wurden regelmäßig verschoben, bis sie sich schließlich in natürlichen Nischen der Höhlenwand oder zwischen Steinblöcken verkeilten, wo sie nach und nach von Erde bedeckt und teilweise durch Felsplatten, die von der Höhlendecke herabgefallen waren, bedeckt wurden – so lange, bis ein Ausgräber sie fand, der in seiner Verwunderung über eine solche Anordnung versucht war, sie menschlicher Einwirkung zuzuschreiben.»[2]

Die Steinplatten, die Bächler als Abdeckungen oder «Mäuerchen» interpretiert hatte, seien in Wirklichkeit einfach von der Decke gestürzte Felsbrocken, erodiert von den Kräften des Wassers. Erst in den sechziger Jahren schloss sich ein Großteil der Wissenschaftsgemeinde Kobys Erläuterungen an, zu sehr hatte man sich offenbar zuvor an die Vorstellung vom Höhlenbärenkult gewöhnt. Bächlers Beschreibungen überzeugten, aber die tatsächliche Fundsituation war weit weniger eindeutig, wie die sorgfältigen Aufzeichnungen des Mitausgräbers Nigg bei einer späten Durchsicht ergaben. Bächler hatte, entweder um bewusst die Bedeutung seines Fundes zu steigern oder weil er tatsächlich an seine These glaubte und sie gegen jede Kritik schützen wollte, die Grabungsergebnisse manipuliert. Ein bewusster Betrug oder der Übereifer eines Fanatikers – jedenfalls ein folgenschwerer Fall, der den Blick auf den Neandertaler bis heute trübt.

Der nächste Reinfall in Sachen Neandertalerreligion bahnte sich 1939 in Italien an. Die Konstellation war ganz ähnlich. Ein Privatmann machte in einer kleinen Höhle des Monte Circeo, rund 100 Kilometer südlich von Rom, einen spektakulären Fund. Ein Neandertalerschädel lag dort inmitten eines Rings aus Steinen. Der Entdecker, ein Gastwirt aus der Umgebung, alarmierte umgehend den Amateurarchäologen Alberto Blanc, der den Fund sofort als Beleg für eine kultische Handlung deutete. Eine nicht verheilte Schädelverletzung an der rechten Schläfe interpretierte Blanc als Nachweis für die Ermordung des Schädelbesitzers und entfaltete aufgrund einer abgeblich durchgeführten postmortalen Erweiterung des Hinterhauptslochs eine neue, vielfach beachtete These zur Religiosität unseres eiszeitlichen Vetters.

Nach Blancs Meinung war der Tote im Verlauf einer rituellen Handlung geopfert worden. Angeblich hatte man das Hinterhauptsloch erweitert und sein Gehirn entnommen, das im Anschluss an das Ritual verspeist worden sein soll. Anschließend hatten die Vollstrecker des blutigen Rituals, so Blancs These, den Kopf «im Zentrum eines annähernd runden Höhlenraums auf dem Boden niedergelegt und durch einen Kranz bzw. eine Krone aus Steinen geehrt»[3].

Doch auch von der druidisch anmutenden Opferungsszenerie blieb nicht viel übrig, als sich Tim White und Nicholas Toth immerhin 50 Jahre nach der Auffindung des Ensembles die Fakten noch einmal genauer ansahen. Die Höhle stellte sich als Hyänenbau heraus, wie die anderen wahllos herumliegenden, angeknabberten Tierknochen deutlich belegten. Ein Bissloch im Neandertalerschädel wies auch den Unglücklichen als Opfer oder Aasfund der Hyäne aus, und der in der Zwischenzeit oft zitierte Steinkranz sollte einfach Geröll sein, das an dieser Stelle von der Decke gestürzt war.[4]

Irrtümer und Fehldeutungen wie diese führten bei einigen Forschern dazu, dass sie dem Neandertaler schließlich grundsätzlich jede religiöse Neigung absprachen und alle in diese Richtung interpretierten Funde als Ergebnis natürlicher Umstände ansahen. Diese Überreaktion scheint mir allerdings ein ebenso großer Hemmschuh für das Verständnis des Neandertalers zu sein wie Bächlers und Blancs Überinterpretationen. Mit seinen unlauteren Methoden hatte Bächler der Wissenschaft im wahrsten Sinne des Wortes einen «Bärendienst» erwiesen. Immerhin scheinen sich die Forscher langsam wieder von der Verunsicherung, die dieser Skandal nach sich zog, zu erholen. Mittlerweile gibt es zudem eine ganze Reihe von Indizien dafür, dass die Neandertaler tatsächlich ein reges religiöses Leben führten.

Als einigermaßen gesicherter Ausdruck neandertalischer Glaubenswelten gelten die mittlerweile rund drei Dutzend Neandertalergräber, die sich allesamt in Höhlen oder unter Felsdächern befinden. Die ältesten Gräber, sowohl Einzelgräber als auch Kleinstfriedhöfe, finden sich im Vorderen Orient – im heutigen Israel und im Irak. Bereits vor mindestens 100 000 Jahren setzten Neandertaler in diesem Teil der Welt ihre Toten bei, eine erstaunliche Innovation, die für frühere Vertreter der Gattung Mensch bisher nicht nachgewiesen werden konnte. Selbst *Homo sapiens* begann erst etwa zur gleichen Zeit oder wenig später, seine Toten zu beerdigen. Es könnte durchaus sein, dass unsere Vorfahren die Tradition der Totenbestattung von den Neandertalern übernommen haben und nicht etwa umgekehrt. Erstaunlicherweise zieht kaum ein Forscher diese Möglichkeit ernsthaft in Erwägung.

Übersicht der wichtigsten Neandertalerbestattungen:

Höhle	Individuen	Lage des Skeletts	mögliche Beigaben
Europa			
Spy (Belgien)	I Mann (31–40 Jahre) II Frau (16–30 Jahre)	in Ost/West-Richtung	keine
Kleine Feldhofer Grotte (Neandertal, Deutschland) v. 42000 J.	Mann Frau (Kind; nur durch einen Milchzahn belegt; könnte auch ein Talisman der erwachsenen Individuen gewesen sein)	unbekannt	unbekannt
La Ferrassie (Dordogne) v. 50000 J.	I Mann (40–45 Jahre) II Frau (25–35 Jahre) III Geschlecht nicht identifiziert (10 Jahre) IVa Geschlecht nicht identifiziert (Fötus) IVb Geschlecht nicht identifiziert (1 Monat) V Geschlecht nicht identifiziert (Fötus) VI Geschlecht nicht identifiziert (ca. 3 Jahre) VIII Geschlecht nicht identifiziert (ca. 2 Jahre)	Skelettreste in Gruben, darüber Aufschüttungen; die Erwachsenen Kopf an Kopf bestattet; ein Kinderschädel vom Körper getrennt bestattet und durch möglicherweise mit «Grübchenornamenten» verzierte Steinplatte geschützt; neun Erdhügel bei Neugeborenem (nach D. Perony)	Anreicherung von Rötel im Grab; Gruben in der Nähe

Höhle	**Individuen**	**Lage des Skeletts**	**mögliche Beigaben**
Le Moustier (Dordogne) v. 40 000 J.	I Mann (16–30 Jahre) II Geschlecht nicht identifiziert (2–10 Jahre)	Seitenlage; stark angezogene Beine; rechter Arm unter Kopf geschoben	Gruben in der Nähe
La Quina	1 Frau (16–30 Jahre)		Sphäroid
Le Regourdou	Geschlecht nicht identifiziert (31–40 Jahre)	in West/Ost-Richtung	Kalksteinplatte über dem Toten, Bärenknochen?
Roc de Marsal	Geschlecht nicht identifiziert (ca. 3 Jahre)	in Nord/Süd-Richtung)	«Steinkissen»
Saint-Césaire v. 36 000 J.	Mann (erwachsen)	stark fragmentiert, evtl. Sekundärbestattung denkbar	keine
La-Chapelle-aux-Saints v. 50 000 J.	Mann (45–50 Jahre)	in Grube bestattet, die mit Erde aufgefüllt wurde; West/Ost-Ausrichtung	Rinderbein oberhalb des Kopfes
Altamura (Süditalien)	vermutlich Mann	in Nische einer Höhle; Langknochen liegen vor dem Schädel	unklar, ob absichtsvolle Bestattung
Monte Circeo (Italien) v. 45 000 J.	Mann	in Höhle innerhalb eines Stein- und Knochenkreises	wird heute als Hyänenhort gedeutet; die Kreisformation aus Knochen entsteht, wenn die Hyäne die Knochen ihrer Beute aus ihrer Schlafkuhle schiebt

Höhle	**Individuen**	**Lage des Skeletts**	**mögliche Beigaben**
Vorderasien			
Amud (Israel) v. 40–50 000 J. v. 50–60 000 J.	I Mann (16–30 Jahre) VII Geschlecht nicht identifiziert (10 Monate)	auf der linken Seite liegend bestattet, keine Grube an der nördlichen Höhlenwand auf der rechten Seite liegend bestattet, keine Grube	 der Kieferknochen eines Rothirsches lehnte am Becken des Kindes
Kebara (Israel) v. 60 000 J.	I Geschlecht nicht identifiziert (7 Monate) II Mann (16–30)	 in Ost/West-Richtung bestattet	keine
Dederiyeh (Syrien)	I Geschlecht nicht identifiziert (1–3 Jahre)	in Süd/Nord-Richtung bestattet	dreieckiger Feuerstein vermutlich über dem Herzen
Kiik Koba (Ukraine)	XII Mann (31–40 Jahre) II Geschlecht nicht identifiziert (ca. 1 Jahr alt)		keine
Tabun (Israel)	Frau (ca. 30 Jahre)	in West/Ost-Richtung beerdigt	keine
Teshik-Tash (Usbekistan) v. 70 000 J.	Kind (9 Jahre)	an westlicher Höhlenwand in flacher Grube	Feuerstelle, sechs Paar kreisförmig angeordnete Bergziegenhörner
Staroselje (Krim)	Geschlecht nicht identifiziert (ca. 2 Jahre)	in West/Ost-Richtung bestattet	Keine

Höhle	Individuen	Lage des Skeletts	mögliche Beigaben
Shanidar (Irak)	I Mann (30–40 Jahre) II Mann (20–30 Jahre) III Mann (40 oder älter) IV Mann (30–40 Jahre) V Mann (40 oder mehr Jahre) VII Geschlecht nicht identifiziert (9 Monate)	in West/Ost-Richtung in Ost/West-Richtung in Südost/Nordwest-Richtung	 Blütenpollen im umliegenden Sediment: Heilpflanzen

Die überwiegende Zahl der Gräber sind Kinder- oder Säuglingsgräber. Dieser Umstand wird immer wieder erwähnt und ist sicher einfach dadurch zu erklären, dass die Säuglings- und Kindersterblichkeit wie bei den meisten rezenten Naturvölkern sehr hoch war. Interessant ist immerhin, dass die Neandertaler offenbar keinen Unterschied zwischen Erwachsenen und Kindern gemacht haben. Die Kinder wurden in derselben Art und Weise beigesetzt wie ältere Clanmitglieder. Vielleicht hat man sogar Föten begraben. In dem Friedhof von La Ferrassie wurde eine Formation von neun kleinen Hügeln gefunden, deren Bedeutung bis heute ungeklärt ist. Möglicherweise wurden dort nicht ausgetragene Kinder bestattet, deren Überreste nicht bis heute überdauert haben.

Gelegentlich ist in der feministischen Literatur vermutet worden, dass die hohe Zahl der beigesetzten Babys und Kleinkinder dadurch zu erklären sei, dass Neandertalermütter bereits aktiv Geburtenkontrolle ausgeübt hätten. Das heißt, Mütter hätten ihre Nachkommen getötet, wenn das Aufziehen eines weiteren Kindes eine Gefahr für die Mutter selbst oder ältere Kinder bedeutet hätte. Ich finde diese Deutung angesichts der ohnehin hohen Kindersterblichkeit nicht überzeugend.

Trotzdem hat es im Leben der Neandertaler natürlich extrem harte Zeiten gegeben, in denen die Nahrung möglicherweise nicht für alle ausgereicht hat. Die Knochen vieler Funde zeigen Mangelerscheinungen und Wachstumsstörungen, Zeichen einer latenten Unterernährung. Vielleicht musste die Größe der Gruppe zu bestimmten Zeiten tatsächlich eingeschränkt werden. Ich bezweifle allerdings, dass eine Neandertalerin, die bereits in Schwangerschaft und Geburt investiert hat, tatsächlich einen gesunden Nachkommen für «das Allgemeinwohl» opfern würde. Auch bei vielen Naturvölkern liegt die Entscheidung über Leben oder Tod eines Kindes nicht unbedingt bei der Mutter selbst, sondern bei einer übergeordneten Instanz.

Bei einigen westafrikanischen Völkern beispielsweise entscheidet ein Ältestenrat darüber, welche Kinder überleben dürfen und welche nicht. Das Zeichen, ob ein Kind «gut» oder von bösen Geistern besessen ist, trägt jedes Baby angeblich von Geburt an in sich. Je nachdem, ob die oberen oder die unteren Schneidezähne zuerst durchbrechen, entscheiden die alten Männer eines Stammes über das Schicksal des Kindes. «Gute Kinder» werden von der Gesellschaft ab diesem Zeitpunkt akzeptiert, «besessene» töten die Ältesten.

Was heute nur noch ein grausames, sinnloses Ritual ist, hat seinen Ursprung vermutlich ebenfalls in dem Wunsch, den Stamm in einer sinnvollen Größe im Verhältnis zum Jagdgebiet zu erhalten. Der Zahndurchbruch ist eine Art russisches Roulette, das dem Opfer selbst die Schuld zuweist und die Ausführenden des Kindsmordes entlastet. Auch den Müttern gegenüber kann man das «Urteil» leichter durchsetzen, obwohl sich einige mit ihren Kindern im Busch verstecken, um den Durchbruch der verräterischen Zähne abzuwarten. Gelegentlich werden sie von Männern anderer Völker geraubt oder fallen wilden Tieren zum Opfer. Mit anderen Worten: Die Mütter sind durchaus nicht immer einverstanden mit dem Ratschluss der Ältesten. Bis heute halten einige Stämme an ihren Traditionen fest, obgleich das Volk nur noch aus wenigen hundert Personen besteht und vermutlich noch in diesem Jahrhundert aussterben wird.

Unterstellt man also, dass die Neandertaler zu bestimmten, eingeschränkten Notzeiten Kinder töteten, um das Überleben der verbleibenden Gruppe zu sichern; nimmt man weiterhin an, dass die Neandertaler diese Handlung reflektierten, dann könnten sie, indem sie das Kind rituell beerdigten, ihre Schuldgefühle sublimiert haben. Die Hingabe eines Lebens für alle anderen ist in unserer eigenen Art ein verhältnismäßig weit verbreitetes Phänomen. In den neunziger Jahren hat man im Schatten der Mondpyramide fünf Kilometer südlich von Truillo Tote ausgegraben, die das Volk der Mache vermutlich während verschiedener Hungersnöte geopfert hatten, die im Zusammenhang mit dem Wetterphänomen El Niño standen.

Sollte diese Deutung zutreffen, dann müssten auch die anderen Gräber möglicherweise unter diesem Gesichtspunkt neu betrachtet werden. Viele «begrabene» Neandertaler waren schwer kranke Menschen. Vielleicht hat man sie durch ein Begräbnis geehrt, weil sie bewusst ihr Leben für die anderen hingegeben hatten. Die Guanchen, die Ureinwohner der Kanaren, lebten bis ins 16. Jahrhundert praktisch in der Steinzeit. Durch Beschreibungen der spanischen Eroberer wissen wir einiges über ihre Kultur. Dieses sagenumwobene Volk praktizierte ganz unterschiedliche Bestattungsriten. Harald Braem, der jahrelang die Kultur der Kanaren untersuchte, beschreibt auch die Gräber von Menschen: «die freiwillig aus dem Leben schieden, indem sie ‹vaca guare› (ich möchte sterben) sagten und sich mit einer Schale vergifteter Milch in kleine, enge Höhlen zurückzogen. Dort wurden sie nach ihrem Ableben von den Angehörigen in Trockensteinbauweise eingemauert».[5]

Möglicherweise gab es auch bei den Neandertalern Menschen, die freiwillig starben, um ihre Gruppe zu entlasten. Bei dem Mann aus dem Neandertal könnte man diesen Schritt recht gut verstehen. Sein linker Arm war seit frühester Jugend steif, im Alter waren noch zahlreiche Krankheiten hinzugekommen. Auch der berühmte Mann von Shanidar V war so schwer am Kopf verletzt, dass die linke Augenhöhle zerbrochen war. Mit großer Wahrscheinlichkeit konnte er nach dieser Verletzung auf dem betroffenen Auge nichts mehr sehen. Sein rechter Arm, sein rechter Unterschenkel und sein Fuß waren durch weitere Verletzungen unbrauchbar geworden. Insgesamt litt er vermutlich unter großen Schmerzen und war im täglichen Leben stark eingeschränkt. Die Frau von La Quina und das Kind von Staroselje weisen ebenfalls Verletzungen und Krankheiten auf, die den betroffenen Personen die Bewältigung des Alltags schwer gemacht haben dürften. Waren sie freiwillig aus dem Leben gegangen?

Diese Frage kann vermutlich nie beantwortet werden. Immerhin würde dieser Ansatz erklären, warum nur so wenige Menschen in Höhlen bestattet wurden. Es bestand einfach nicht zu allen Zeiten die Notwendigkeit, von einem Angehörigen des Trupps ein solches Opfer zu verlangen. Gelegentlich hat man Verstorbene in extremer Hockstellung beigesetzt. Einige Forscher nehmen an, die Toten seien möglicherweise gefesselt gewesen. Eigentümlicher Kult oder ein Hinweis darauf, dass einige der Personen doch nicht ganz so freiwillig aus dem Leben schieden?

Carmen Rohrbach untersuchte Totenkulte in Peru und kam bei den Mumiengräberfeldern von Nazca zu einem Ergebnis, das auch für die Neandertaler gelten könnte: «Ich glaube, der aufwendige Totenkult wurde nicht nur betrieben, um den verstorbenen Angehörigen den Übergang ins andere Sein zu erleichtern, sondern es ging auch um Angst, die Angst vor den Toten selbst. Deshalb band man ihre Körper mit Stricken in Hockstellung zusammen und wickelte sie in viele Tücher. Eine symbolische Handlung. Sie versprach Ruhe vor dem rächenden Geist der Toten, denn die Toten hatten Macht über die Lebenden. Man tat alles, um sie gütig zu stimmen, damit sie Schutz spendeten und kein Unheil stifteten.»[6]

Wir wissen nicht, wie die Neandertaler zu ihren Toten standen. Sicher ist immerhin, dass auch sie Verstorbene wahlweise in extremer Hockstellung oder liegend beerdigten. Fest steht auch, dass nur ein Bruchteil aller Toten in Höhlen beigesetzt wurden, von den anderen fehlt jede Spur. Ob man sie auf freier Fläche beerdigte und die Gräber einfach nicht erhalten geblieben sind oder ob man eben nur eine besondere Auswahl von Menschen bestattete, bleibt unklar. Vielleicht hatten die Neandertaler ja wie die altkanarischen Guanchen verschiedene Bestattungsformen. Die Guanchen praktizierten neben dem Einmauern von Personen, die den Freitod gewählt hatten, einfache Mumifizierungen von höher gestellten Personen, Ganzkörperbestattungen und Verbrennungen.

Schon seit längerem wird in Forscherkreisen der seltsame «Brauch» der Neandertaler diskutiert, Knochen – bevorzugt die Schädel von Verstorbenen – mit sich herumzutragen. Ich könnte mir vorstellen, dass dieses Verhalten darauf zurückgeht, dass Mütter ihre verstorbenen Kleinkinder eben gerade nicht aufgeben und zurücklassen wollten, sondern einfach weiter in den Tragetaschen oder -gürteln behielten und auch nach deren Tod mit sich herumtrugen. Dieses Phänomen ist auch in Kulturen unserer eigenen Art zu beobachten. Bei den Ashanti in Ghana gibt man in ländlichen Gebieten bis heute Frauen, die ein Kind verloren haben, eine Holzpuppe. Diese legen sie anstelle des toten Kindes in ihr Tuch und tragen die Puppe so lange mit sich herum, bis sie den Verlust überwunden haben oder wieder schwanger geworden sind.

In der Gegenwart tragen auch Frauen, die kinderlos geblieben sind oder sich weitere Kinder wünschen, die *aquaba*-Puppe bei sich, deren Name so viel wie «Willkommen auf dieser Welt» bedeutet. Die ursprüngliche Trösterfunktion der *aquabas* weicht heute mehr und mehr einer allgemeinen Fruchtbarkeitssymbolik. Die Ashanti sind in der Gegenwart zu einem hohen Prozentsatz christlich, trotzdem spielt der Ahnenkult noch immer eine große Rolle. Beim Tod des Asantehene, des höchsten Königs der Ashanti, wird die Leiche in einem speziellen Raum untergebracht. Wie alle seine Vorgänger wird der Verstorbene mit Goldfäden auf seinem königlichen Stuhl fixiert und verbleibt dort in der Pose des Herrschers. Ahnenkult, das Aufbewahren von Toten in nächster Nähe zu den Lebenden und das Behalten verstorbener Kinder gehören sicherlich zusammen. Die Frage ist, welches Motiv das ältere ist.

Ich könnte mir vorstellen, dass Frauen vielleicht schon zur Zeit der Neandertaler damit begannen, zunächst ihre verstorbenen Kinder eine Weile mit sich zu nehmen, da die emotionale Bindung zwischen Mutter und Kind rein biologisch betrachtet die stärkste Bindung im zwischenmenschlichen Bereich ist. Dann könnte sich dieser «Brauch» ausgeweitet haben, weil man insgesamt davor zurückschreckte, geliebte Menschen zurückzulassen. Da man Erwachsene aber nicht komplett transportieren konnte, beschränkte man sich möglicherweise auf das Mitführen des Kopfes. Vielleicht vermuteten schon die Neandertaler im Kopf den Sitz der Identität des geliebten Menschen. Inwieweit wir von Seele, Geist, Wesen oder Persönlichkeit reden dürfen, ist nicht zu entscheiden, aber der Kopf, beziehungsweise das Gesicht, ist der Teil des Menschen, der jedem am meisten im Gedächtnis bleibt. Mit diesem Teil des Körpers nimmt ein Mensch die Welt wahr und kommuniziert mit anderen. Es ist also nahe liegend, hier den wichtigsten Teil einer Person zu vermuten.

Allerdings hätten die Neandertaler ein massives hygienisches Problem gehabt, wenn sie stets und ständig Leichen mit sich herumgetragen hätten. Hierfür entwickelten sie vielleicht zwei Lösungsansätze. Entweder deponierten sie die Toten, bis diese völlig skelettiert und damit gesundheitlich ungefährlich waren. Das könnte bedeuten, dass Gräber zunächst vielleicht nur den Charakter eines Zwischenlagers hatten. Später holte man dann das Andenken, das man mit sich führen wollte, ab. Erhalten gebliebene Gräber könnten nur dadurch vollständig geblieben sein, dass innerhalb der Zeit, in der der Tote dort lag, auch die nächsten Angehörigen verstarben, sodass niemand mehr ein Interesse an dem Verstorbenen hatte.

Vielleicht gingen die Neandertaler regional dazu über, ihre Toten in den Gräbern zu belassen. Zum Beispiel könnten «Friedhöfe» an Orten entstanden sein, die zentral im Streifgebiet einer Neandertalergruppe lagen, sodass die Begräbnisplätze häufig aufgesucht werden konnten, um die Verstorbenen zu besuchen. Andere Trupps hatten vielleicht nicht die Möglichkeit, ihre Toten in für die Trauernden vertretbaren Intervallen zu besuchen. Diese könnten sich dazu entschlossen haben, die Phase der Skelettierung deutlich zu verkürzen, indem sie die Toten selbst entbeinten. Möglicherweise war bereits das Schlachten von Tieren durch Rituale begleitet, sodass der Schritt, einen Menschen in ähnlicher Weise zu behandeln, nicht so drastisch war, wie er uns heute erscheint.

Was auch immer dazu führte, dass die Neandertaler ab einem bestimmten Zeitpunkt das «Bedürfnis» entwickelten, ihre Angehörigen nicht einfach in der Kaltsteppe liegen zu lassen, also im Wortsinne zu «verlieren», können wir nur vermuten. Auch die Frage, ob die Gräber als Beleg für eine bewusste Auseinandersetzung mit dem Tod oder der konkreten Vorstellung von einem wie auch immer gearteten Jenseits sind, ist kaum zu beantworten – oder doch?

Der Molekularbiologe Dean Hamer glaubt nicht nur, dass der Mensch sich aus seinem dringenden Bedürfnis nach Schutz und Bedeutung einen Gott geschaffen hat, sondern dass darüber hinaus sogar die Fähigkeit zu glauben genetisch vorprogrammiert ist. Gemeinsam mit Kollegen will er eine Art «Gottes-Gen» isoliert haben, eines von neun Genen, die an der Produktion von Monoaminen mitwirken, Substanzen, die für die Regulierung von Neurotransmittern im Gehirn zuständig sind. $VMAT_2$ heißt die interessante Variante des bewussten Gens profan. Eine winzige Veränderung, eine Cytosin- statt einer Adeninbase, soll sich so stark auf die biochemischen Funktionen im Gehirn auswirken, dass die Spiritualität des Trägers signifikant ansteigt. Dean Hamer behauptete 2004 sogar, «dass eine der wichtigsten Aufgaben, die solche ‹Gottes-Gene› in der Selektion haben, darin besteht, den Menschen mit Optimismus zu versorgen».[7] Ob der Neandertaler ebenfalls genetisch auf Glauben vorprogrammiert war, ist bislang noch nicht untersucht worden.

Die These von den «göttlichen Genen» wird derzeit heftig diskutiert. Immerhin gibt es mehr und mehr Forscher, die den Ursprung göttlicher Mächte gezielt in der Biologie des Menschen suchen. Die Radiologen Andrew Newberg und Eugene d'Aquili beispielsweise lokalisierten das götterschaffende Zentrum des Gehirns im Scheitellappen und sind fest davon überzeugt: «Gott findet nur einen Weg in Ihren Kopf, nämlich durch die Nervenbahnen des Gehirns.»[8] Im Scheitellappen, der Hirnregion, die für die Bewertung von Emotionen zuständig ist, sorgten d'Aquili und Newberg zufolge neurologische Prozesse dafür, dass während eines religiösen Rituals aus Mythen gefühlte Erfahrungen würden. Eine Gottesidee verwandelt das Gehirn in einen emotional wahrnehmbaren, also gewissermaßen realen Gott.

Ganz gleich, ob wir Glauben als genetisch vorgegebenes Verhaltensmuster oder als Produkt eines stimulierten Scheitellappens sehen, die Wurzeln dieser Entwicklung müssen sehr lange zurückliegen. Vermutlich gehen sie auf gemeinsame Vorfahren von Neandertaler und uns zurück. Was immer uns treibt, unsere Herkunft und unser Ziel, also den Sinn unseres Lebens zu ergründen, es trieb auch ihn.

Kannibalismus

Sie fühlte sich wie erschlagen. Warum hatte sie sich nur früher nie Gedanken darüber gemacht. Vor vier Sommern war sie nach einem großen Treffen ihrem Gefährten zu dessen Stamm ins Tiefland gefolgt. Nun war er von einer heimtückischen Krankheit dahingerafft worden, und es war ihre Aufgabe, seinen Leib für die Beerdigung herzurichten. Sie hatte in all der Zeit viele Begräbnisse kommen und gehen sehen, war aber nie direkt betroffen gewesen. Nun sollte sie den Geist ihres Gefährten befreien, und sie wusste nicht, wie sie es anfangen sollte. Alle Clans hatten ihre eigenen Bestattungsriten, die den vier Schutzgebenden der Welt zugeordnet waren.

Die meisten Clans in Richtung der aufgehenden Sonne schuldeten der Schutzgebenden des Wassers Dank. Diese sorgte nicht nur dafür, dass die Clans und ihre Beutetiere stets genug zu trinken hatten. Sie bekämpfte auch immer wieder das kalte Weiß aus dem Land ohne Sonne und verwandelte es in Trinkbares. Die Clans dort übergaben ihre Toten meist dem fließenden Wasser. Fische übernahmen das Entbeinen, bis die Knochen, die Träger des Lebens, schließlich vom Wasser selbst in einer Sandbank oder Flussschleife zur Ruhe gebettet wurden.

Ihr eigener Stamm aus der Richtung der bleibenden Sonne und viele andere Clans, die sie gut kannte, bekannten sich zur Schutzgebenden der Winde, die den Neandertalern wichtige Informationen gab. Ohne ihre Hilfe wüssten die Clans nicht, wo die Herden weideten und wann die Jahreszeiten sich veränderten. Die Schutzgebende der Winde warnte auch vor Gefahren und verriet manchmal, wenn sich ein Feind oder wildes Feuer näherte. Die ihr geweihten Toten legte man auf Felle und band sie in Bäume. Schon innerhalb weniger Wochen entbeinten die geflügelten Abgesandten der Schutzgebenden die Leichen, und die Knochen ruhten für immer in luftiger Höhe.

In Richtung der Dunkelheit war es sehr verbreitet, die Schutzgebende des Feuers anzubeten. Allein das gezähmte Feuer, das sie den Clans überlassen hatte, bewahrte die Neandertaler vor der grimmigen Kälte und der ewigen Finsternis. Daher war es nur recht und billig, die Toten dieser Clans den Flammen zu übergeben und so die Schutzgebende zu ehren. Das Feuer selbst verzehrte das Fleisch der Toten, und die Gebeine blieben in der Nähe des Lagers zurück, vom Feuer gezeichnet.

In all diesen Clans hätte sie mit Freuden den Bestattungsritus für ihren Gefährten auf sich genommen, aber er war in einen Clan in Richtung der untergehenden Sonne hineingeboren worden. Diese vertrauten sich der mächtigsten, aber zugleich gefährlichsten Anzubetenden an, der Schutzgebenden der Erde. Allzu oft holte sich die Schutzgebende einfach Mitglieder des Stamms, warf sie in tiefe Löcher, wenn sie an Hängen nach Spuren von kletternder Beute suchten, bedeckte sie mit Steinen und Erde, wenn sie neue Höhlen erkundeten. Keine andere Schutzgebende war so blutgierig. Man durfte sie nicht erzürnen und musste auch bei den Toten alles richtig machen. Offenbar war es ihr Wunsch, dass die Lebenden das Entbeinen der Verstorbenen übernahmen. Früher hatte sie das selbst getan oder die in ihr lebenden Geschöpfe. Aber vielleicht war ihr die Arbeit jetzt zu mühsam, denn sie ver-

langte, dass die Stämme ihre Toten nur vorbereitet der Erde anvertrauten. Einer der Ältesten hatte das gesagt. Waren die Gebeine, der Sitz der inneren Flamme eines jeden Lebewesens, vom Äußeren getrennt, musste beides an unterschiedlichen Stellen beerdigt werden.

Gelegentlich hatten frühere Bestatter Fehler gemacht und die Schutzgebende der Erde erzürnt. Dann half nur noch eines: Die Gebeine oder zumindest ein Teil von ihnen musste wieder ausgegraben und an einer anderen Stelle bestattet werden.

Nun also sollte sie ihren Gefährten der Schutzgebenden anvertrauen. Sie fürchtete sich. Sie fürchtete sich davor, Hand an den Körper des anderen zu legen. Hieß es nicht sonst, dass kein Neandertaler eine Waffe gegen seinesgleichen führen soll? Sie fürchtete sich auch davor, etwas falsch zu machen und den Zorn der Schutzgebenden auf sich zu ziehen. Sie wünschte sich zurück in den Clan ihrer Kindheit, zu schwer war das Leben in Richtung der untergehenden Sonne.

In markantem Gegensatz zu den technologischen und kulturellen Errungenschaften, die man dem Neandertaler mittlerweile zutrauen muss, scheint die Tatsache zu stehen, dass er seinesgleichen offenbar ebenso entbeint hat wie seine tierische Jagdbeute. Als Karl Gorjanović-Kramberger zwischen 1899 und 1905 in der Höhle von Krapina in Kroation Neandertalerknochen mit Schnitt- und Schabspuren fand, schlug dieser Fund wie eine Bombe ein. Gorjanović-Kramberger selbst war überzeugt, den Neandertaler als Kannibalen überführt zu haben: «Es unterliegt keinem Zweifel, dass der Mensch von Krapina gelegentlich auch Kannibale war. […] Die dortige Ansiedlung wurde sicher oft von den Nachbarstämmen überfallen, bei welcher Gelegenheit es zu Gewalttätigkeiten und Totschlag kam, wobei selbst Kinder nicht geschont wurden. Das Fleisch der Erschlagenen wurde dann verzehrt und die Knochen des Markes wegen aufgeschlagen.»[1]

Einige frühe Wissenschaftler zogen sogar in Erwägung, dass es Vertreter unserer eigenen Art waren, die hier ein Festgelage veranstaltet hatten. So glaubte beispielsweise der Anthropologe Hermann Klaatsch, dass moderne Menschen aus Asien eingewandert seien, die den Neandertalern von Krapina den Garaus gemacht hätten. Das ist insofern keine so abwegige Überlegung, als Kannibalismus offenbar zu den möglichen Verhaltensmustern unserer eigenen Art zählt. Vom Jungpaläolithikum bis zu aktuellen Fällen sind kannibalistische Handlungen für den *Homo sapiens* immer wieder nachweisbar. Trotzdem kommen unsere Vorfahren im Fall Krapina als Täter nicht in Betracht, denn die Neandertaler in dieser Höhle wurden bereits vor 100 000 Jahren verspeist. Zu dieser Zeit fehlte von unserer Art in Europa noch jede Spur.

Deshalb und weil die Vorstellung vom grausigen Menschenfresser damals besonders gut ins Bild vom wilden Urmenschen Neandertaler passte, waren sich die Forscher recht bald einig und malten sich – teilweise offenbar mit viel Genuss am schaurigen Erzählen – aus, wie der Kannibale Neandertaler seinesgleichen aus niederen Motiven abschlachtete. Der Wissenschaftsautor Carl W. Neumann schrieb beispielsweise 1932: «Man möchte die Tatsache anders erklären, um nicht an das unerfreuliche Schauspiel eines Kannibalenschmauses im Frührot des Menschentums glauben zu müssen, möchte den alten Neandertalern trotz ihres flachen, ursprünglichen Schädels mit den gorillahaften Wülsten ... Einsicht genug zur Erkenntnis verleihen, dass Brudermord sie nicht zu fördern vermöge auf ihrer geistigen Fortschrittsbahn – doch lässt der fatale Fund von Krapina kaum eine andere Deutung zu, als sein Entdecker sie für ihn gab.»[2]

Erik Trinkaus setzte als Erster zur Ehrenrettung unseres entfernten Vetters an, indem er Hyänen und andere Raubtiere als Urheber der Spuren annahm. Allerdings bewiesen Schnittspuren, die nur von Steinwerkzeugen stammen konnten, dass das Fleisch der Opfer nicht von Raubtierzähnen, sondern durch die Hand von Menschen von den Knochen getrennt worden war. Die Forscher der Gegenwart stellen heute kaum noch in Frage, dass die Neandertaler von Krapina von Artgenossen entbeint wurden, sondern spekulieren nur noch darüber, warum dies geschehen sein könnte.

Auch über die Motivation für Kannibalismus innerhalb unserer eigenen Art wissen wir nur wenig. Wahlweise fühlen wir uns von dem Phänomen fasziniert oder in höchstem Maße abgestoßen. Der große Kriminalschriftsteller und Sherlock-Holmes-Erfinder Sir Arthur Conan Doyle beschrieb in seinem Meisterwerk *Im Zeichen der Vier* den Volksstamm der Andamanesen als «Wilde mit todbringenden Pfeilen [...] und einem Gesicht, das einem Mann eine schlaflose Nacht bereiten kann»[3]. Allerdings griff er offenbar bewusst nicht das unter Forschungsreisenden und Seeleuten weit verbreitete Gerücht auf, die Insulaner aus dem Golf von Bengalen seien grausame Kannibalen gewesen.

Die Geschichte vom gruseligen Kannibalenschmaus wird immer wieder gern erzählt. Eine solche Story sichert dem Reisenden die Aufmerksamkeit seiner Zuhörerschaft zu Hause und steigert sein Ansehen, denn der Erzähler hat die Gefahr für Leib und Leben ja offenbar selbst überstanden. In vielen Fällen entspringt der Vorwurf des Kannibalismus jedoch nicht allein der Phantasie einzelner Seeleute, Forscher oder Missionare. Interkulturelle Missverständnisse tun ein Übriges.

Die Bräuche der Andamanesen sind für einen Außenseiter tatsächlich schwer zu interpretieren, wie Sita Venkateswar 1989 bis 1993 während seiner Aufenthalte bei den noch immer verhältnismäßig isoliert lebenden Südasiaten feststellte. Seinen Untersuchungen zufolge haben die Insulaner zu keinem Zeitpunkt ihrer Geschichte Menschenfleisch gegessen. Allerdings war es in der Vergangenheit Brauch, den Körper eines Feindes zu zerteilen und im Feuer zu verbrennen. Auf diese Weise hoffte man, den Geist des Toten für immer zu vertreiben. Die Leichen von Verwandten hingegen bestattete man unter den Gemeinschaftshütten, um deren Seelen über den Tod hinaus im Kreis der Familie zu halten.[4]

Einige Wissenschaftler versuchten auch in Bezug auf den Neandertaler Hinweise zu finden, die den Vorwurf des Kannibalismus hätten entkräften können. Tatsächlich mehrten sich aber die Belege, dass die Eiszeitler Schädel und Knochen mit Steinwerkzeugen bearbeitet hatten. Krapina blieb nicht die einzige Fundstätte, die nahe legte, dass Neandertaler offenbar tote Artgenossen entbeinten. Und sogar bei dem Mann aus der Kleinen Feldhofer Grotte, dem Ur-Neandertaler, fanden sich bei genauerer Betrachtung mit einem Spezialmikroskop Schnittstellen, die nur Zeitgenossen mit Steinwerkzeugen verursacht haben konnten. War der Mann aus dem Neandertal Opfer eines feindlichen Kannibalen-Clans geworden?

Spätestens mit dem Fund unter dem Arbri Moula-Guercy scheint die Situation geklärt zu sein: «Die menschlichen Skelettelemente lagen inmitten anderer, als Speiseabfälle interpretierter Knochenreste, die unter anderem von Rothirschen und Ziegen stammen; alle Knochen zeigen gleichermaßen Schnitt- und Schabspuren und das Öffnen der Markhöhlen durch Schlag oder Bruch. Von den menschlichen Knochen sind speziell die Schädel und die großen Arm- und Beinknochen mit Gewalt aufgebrochen worden, um an Gehirn und Knochenmark zu gelangen. [...] Ob Hunger, soziale oder religiöse Faktoren das Motiv für den hier offensichtlich praktizierten Kannibalismus gewesen ist, kann man derzeit noch nicht entscheiden.»[5]

Die Motivation, Menschenfleisch zu essen, ist auch beim modernen Menschen vielgestaltig. Hunger ist ein sehr starkes Motiv, das auch uns so genannte Zivilisierte dazu bringt, gewisse Vorbehalte abzulegen. Das belegt der Fall eines Flugzeugabsturzes in den Anden im Jahr 1972. Die Überlebenden hatten das Unglück nur überstanden, weil sie das Fleisch der bereits Verstorbenen als Ressource genutzt hatten.

Eibl-Eibesfeld beschrieb dieses Phänomen für zahlreiche Kulturen: «Oft wird der Getötete als Nahrungsmittel betrachtet. Die Jalé (im Westiran) versicherten [...], sie würden den toten Feind verzehren, ‹weil er so gut schmecke, so gut wie Schweinefleisch, wenn nicht sogar besser›. Man hat dem Toten gegenüber keine besonderen Hemmungen, es sei denn, man hätte ihn gekannt. Profaner Kannibalismus war früher ziemlich weit verbreitet. Beispiele dafür liegen unter anderem aus Südamerika, Afrika, Neuguinea, Australien und Ozeanien vor [...] Unter bestimmten Umweltbedingungen spielt der Kannibalismus sogar eine Rolle im Ernährungshaushalt der Gruppe, da bei manchen Gruppen großer Mangel an hochwertigem Eiweiß herrscht.»[6]

Auch viele Indianergruppen des nordamerikanischen Kontinents aßen nachweislich nach einem Kampf Körperteile ihres getöteten Feindes, um die Kraft des Gegners auf sich selbst zu übertragen. Vermutlich spiegelt dieses Ritual den viel älteren Brauch, den Feind in Gänze zu verspeisen und ganz praktisch seine Lebenskraft in sich aufzunehmen. Noch die heute nicht mehr übliche Bezeichnung «Eskimo» für das Volk der Inuit zeugt von diesem Verhalten. «Eskimo» ist ein Wort der Cree-Indianer, das so viel heißt wie «Rohfleischesser». Es kann allerdings auch mit «Menschenfresser» übersetzt werden, und tatsächlich war das rituelle Essen des Feindes auch bei den Inuit üblich.[7] Eibl-Eibesfeld nennt als weiteres Motiv für Kannibalismus die Rachsucht: «Man will den Gegner auf diese Weise völlig vernichten. So war auf den Salomonen die äußerste Erniedrigung, die man einem Feind zufügen konnte, die, dass man ihn verspeiste.»[8]

Trotz der vielfältigen Belege für Kannibalismus innerhalb unserer eigenen Art glauben die meisten Wissenschaftler heute nicht mehr daran, dass die Neandertaler tatsächlich ihre Feinde töteten, um sie als Nahrungsquelle zu nutzen. Vielmehr gehen viele Forscher davon aus, mit den manipulierten Knochen Hinweise auf komplizierte Bestattungsriten gefunden zu haben. Mary Russell war eine der Ersten, die ein solches Szenario entwarf.[9] Ihrer Ansicht nach waren in Krapina keine blutgierigen Bestien am Werk gewesen, sondern achtbare Totengräber, die ihrem Kult folgend ihre Stammesgenossen entbeinten, um die Knochen schließlich zur letzten Ruhe zu betten.

Auch der deutsche Anthropologe Herbert Ullrich hatte die Knochen aus Krapina 1988 genauer unter die Lupe genommen. Er bestätigte Schnitt- und Schabearbeiten und verwarf endgültig die These, Tiere seien die Urheber der Spuren gewesen. Zugleich wies er jedoch nach, dass im Gegensatz zu groberen Schnittspuren, die für die Knochenmarksentnahme bei Tieren typisch war, bei den Menschenknochen feinere Schnitte gesetzt worden waren, die darauf schließen lassen, dass selbst kleine Muskeln und Bänder sorgsam entfernt wurden. Aufgrund dieser Sachlage nimmt Ullrich an, dass «die Manipulationen am Leichnam in erster Linie zu dem Zweck ausgeführt wurden, Knochen von auserwählten verstorbenen Hordenmitgliedern für bestimmte rituelle Zeremonien zu erlangen.»[10]

Das Entfleischen von Leichen mit anschließender Beisetzung der Knochen ist bei unserer eigenen Spezies als Begräbnisform nicht unbekannt. In Melanesien oder im Malaiischen Archipel beispielsweise lagerten einige Völker ihre Toten noch im 20. Jahrhundert zunächst im Freien, bis die Weichteile vergangen waren. Die Nachkommen und Verwandten des Verstorbenen entfernten schließlich die Reste vom Skelett und setzten diese bei. Markante Knochen behielten die Hinterbliebenen gelegentlich als Andenken an die Toten.

Einige indigene Völker verleibten sich ihre Verblichenen sogar im wahrsten Sinne des Wortes ein, indem sie sie teilweise aufaßen oder zumindest einem besonderen Ritus folgend das Gehirn der Toten verzehrten. Damit glaubten sie, die Kraft, den Mut und die Intelligenz des Verstorbenen in sich aufnehmen zu können. Auf diese Weise blieb die Gruppe in ihrer Gesamtheit bestehen und intakt, obwohl ein Mitglied verstorben war. Die verlorene Stärke des Toten wurde von den anderen übernommen. Kannibalismus diente hier dazu, die Bindungen innerhalb der Gruppe zu festigen und den erlittenen Verlust zu minimieren.[11]

Der Wunsch, seine Toten in irgendeiner Form in der Gemeinschaft der Lebenden zu halten, ist eines der ursprünglichsten Bedürfnisse des Menschen überhaupt. Geht es doch um nicht weniger, als die Allmacht des Todes zu brechen. Indem man den Verstorbenen in der Mitte der Lebenden belässt, kann man diese Ehrung auch von anderen für sich selbst erwarten. Die ständige Auseinandersetzung mit dem Ahnherrn hält die Erinnerung wach, und nur so kann ein Abgleiten ins Vergessen vermieden werden. Die Stein-Korowei Indonesiens beispielsweise setzten ihre Toten bis vor kurzem nicht bei. Die Leichen verblieben auf Stühlen sitzend in den Häusern und damit Teil der Gemeinschaft.

Offenbar waren die Neandertaler – oder zumindest einige unter ihnen – unter bestimmten Umständen Kannibalen. Vielleicht war ein verstorbener Artgenosse im Notfall tatsächlich einfach eine Nahrungsquelle, die man nicht ungenutzt lassen durfte. Möglicherweise bot der Verzehr die Möglichkeit, einem Ahnherrn das Weiterleben nach dem Tode im eigenen Körper zu ermöglichen, oder aber die Neandertaler löschten auf diese Weise ihre Feinde so gründlich aus, dass diese auf keinen Fall in die Welt der Lebenden zurückkommen konnten, um ihren Tod zu sühnen. Hunger, Liebe, Hass oder Angst sind allesamt starke Motive. Welches von ihnen den Neandertaler zum Menschenfresser gemacht haben könnte, wird wohl für immer ein Rätsel bleiben.

Die Neandertalerin

Sie schwitzte. An ihrem Haaransatz vereinigten sich dicke Tropfen und rannen in einer breiten Spur über die Schläfen hinweg. Die Sonne stand hoch am Himmel und brannte für die frühe Jahreszeit viel zu heiß auf die Neandertalergruppe hernieder. Trotzdem hatte sie alle Felle, die sie besaß, umgelegt und fest an ihren Körper geschnürt. Dazu trug sie zwei große Fellbeutel mit all ihren Habseligkeiten: Feuersteinknollen, die sie am Feuersteinberg gesammelt hatte, ihr Frauenmesser, ihren Schaber, verschiedene Klingen und kleinere Werkzeuge, die sie zur Bearbeitung von Fellen benötigte, und vieles mehr. Sie ging ganz am Ende des kleinen Trupps. Als Neue konnte sie keinen anderen Platz beanspruchen, aber es war ihr ganz recht. Sie war viel zu schwer beladen, um weiter vorn mitzumarschieren.

Schon seit dem letzten vollen Mond, als die beiden Nordsterne zur Sonne hingetanzt waren, bewegte sich der Zug in Richtung der untergehenden Sonne. Sie war schon viele Nächte von ihrem Zuhause entfernt. Die Gesichter ihrer Familie begannen sich aufzulösen. Ganz so, wie die Gesichter verblassen, wenn einer ins Reich der Toten geht. Eine Weile noch kann man sich die Person ganz genau vorstellen, aber dann fällt es immer schwerer, sich an ein Gesicht zu erinnern, und bald sind die Toten nur noch Geister, zu denen man spricht, aber von denen man kein konkretes Bild mehr vor Augen hat.

Ihre Familie war noch am Leben, aber ihre Mutter hatte sie

einem Mann gegeben, der viele, viele Wegtage von zu Hause weg wohnte. Sie waren durch hügeliges Land und durch sumpfige Ebenen gezogen, sie hatte weite Mammutsteppen durchquert und in Birkenhainen gerastet. Wenn sie fragte, wie weit es noch sei oder wie lange die Reise noch dauern würde, antwortete ihr neuer Mann stets: «Bald, bald!» Aber das hatte er schon vor vielen Tagen gesagt, und nun glaubte sie ihm nicht mehr. Sie hatte nun trotz ihrer großen Kraft und Ausdauer ein Stadium der Belastung erreicht, das es ihr unmöglich machte zu entscheiden, ob sie weiterlaufen wollte oder nicht. Ihr Gehirn war wach, und sie spürte ihre schmerzenden Glieder, aber es konnte den Körper nicht mehr steuern. Es war, als gingen ihre Beine ganz ohne ihr Zutun, als sei sie verzaubert und könne erst wieder stehen bleiben, wenn ein Gegenzauber gefunden würde oder wenn sie tot zu Boden fiel.
Sie dachte an ihren älteren Bruder. Er trug den Namen des großen Steppenbisons. Sie erinnerte sich auch an ihre Schwester, die nach dem flinken Rentier benannt war. Zum tausendsten Mal stellte sie sich selbst und ihren weit entfernten Angehörigen dieselbe Frage. Warum wurde nicht der wandernde Bison oder das weit schweifende Ren in die Ferne geschickt, sondern sie, die nach der tief verwurzelten Birke benannt war.

Nachdem der Neandertaler nun bewiesenermaßen keine Keule zur Verfügung hatte, um seine Angebetete zu narkotisieren und in seine Höhle zu verschleppen, müssen wir uns also auch von dieser mehr oder weniger beliebten Projektion verabschieden. Wie soll man sich nun aber das Miteinander von Neandertalermännern und -frauen vorstellen? Was verraten uns die spärlichen Funde über die Frauen der Eiszeit?

Wenn sich ein Wissenschaftler überhaupt über die Neandertalerin äußert, dann meist, um klarzustellen, dass bei «Neandertalers» der Mann auch ohne Keule die Fellhosen anhatte. Jürgen Richter fasst noch 2006 eine allgemein verbreitete These wie folgt zusammen: «Die Frauen werden wohl nicht an der Jagd beteiligt gewesen sein, sondern durch die Herstellung und Reparatur von Kleidung und Gebrauchsgegenständen und die Beschaffung der notwendigen Rohmaterialien zum Überleben der Gruppe beigetragen haben. Diese geschlechtliche Arbeitsteilung klingt vielleicht ein wenig zu plausibel, wenn nicht gar klischeehaft, sie ist aber die notwendige Folge der überragenden Bedeutung der Fleischernährung und der Jagd.»[1]

Es ist immer wieder interessant zu lesen, welche Art Thesen keiner Belege, Argumente oder auch nur kleinster Indizien bedürfen. Wir haben so gut wie keine Fundstücke, die auf die Art des Zusammenlebens zwischen Mann und Frau, geschweige denn auf eine bestimmte Rollenverteilung schließen lassen. Trotzdem gilt als gesichert, dass Frau Neandertaler im heimischen Lager schaltete und waltete, während der Neandertalermann auf gefahrvollen Jagdzügen dem wilden Mammut trotzte.

Welche Hinweise haben wir denn tatsächlich auf das Leben der Neandertalerin? Auf welche Art können wir uns ihr nähern? Zunächst einmal gibt es wie für die männlichen Artgenossen natürlich einige Knochenfunde, aber anders als bei den Männern sind nur ganz wenige Frauen bisher als solche identifiziert worden. Die erwachsenen Männer glaubte man leicht an den stark vorspringenden Oberaugenwülsten erkennen zu können, bei den Exemplaren, die dieses Merkmal weniger offensichtlich zur Schau stellen, gibt man sich damit zufrieden, überhaupt Neandertaler gefunden zu haben. Die grazileren Individuen werden wahlweise als Frauen, als weniger kräftige Männer oder als Jugendliche ohne bestimmbares Geschlecht gehandelt. Leider fehlen in den meisten Fällen aussagekräftige Knochen wie beispielsweise das Becken. Das erschwert die Interpretation der Funde ganz enorm, trotzdem hoffe ich, dass all die neuen Wissenschaftsfelder, die sich mit dem Neandertaler beschäftigen, auch endlich die Neandertalerin näher untersuchen werden. Vielleicht kann zukünftig die Gentechnik der allgemeinen Geschlechterverwirrung entgegenwirken und die ein oder andere Frau identifizieren helfen.

An diesem Chaos ist zumindest eines sicher abzulesen: Bei den Neandertalern gab es – wie bei uns – keinen allzu großen Geschlechtsdimorphismus. Das bedeutet, die Neandertalerfrauen waren nicht signifikant kleiner und schmächtiger als ihre männlichen Artgenossen. Die Spuren, die die Muskelansätze auf den Knochen hinterlassen haben, belegen, dass auch die Neandertalerinnen über eine enorme Muskelmasse verfügten. Sie hätten sicher jede heutige Bodybuilderin in den Schatten gestellt. Dieses auffällig ähnliche Erscheinungsbild der Körper weist darauf hin, dass beide Geschlechter in ähnlichem Maße Kälte und harter körperlicher Beanspruchung ausgesetzt waren.

Und so kommt die französische Paläoanthropologin Marilène Patou-Mathis in einem Interview auch zu einem völlig anderen Urteil bezüglich der Aufgabenteilung zwischen den Geschlechtern: «Wir glauben, dass mit der Großwildjagd die Arbeitsteilung entstand, sodass die besten Jäger zur Jagd gingen, während die besten Handwerker Werkzeuge oder Tierhäute bearbeiteten. Ich denke nicht, dass es eine Arbeitsteilung aufgrund des Geschlechts gab. Man kann nicht davon ausgehen, dass Männer allein jagten, vielleicht waren Frauen ebenfalls an der Großwildjagd beteiligt. Ein wichtiger Punkt bezüglich der Großwildjagd ist der Zusammenhalt, der durch Zusammenarbeit gestärkt wird.»

Geht man davon aus, dass Neandertaler in Gruppen von 15 bis

25 Personen zusammenlebten, von denen sich die Hälfte nicht an der Jagd beteiligen konnten, weil sie zu jung, zu alt, krank, verletzt oder behindert waren, bleibt eine Zahl von 7 beziehungsweise 12 Personen beiderlei Geschlechts übrig. Würde der Neandertalertrupp dann noch auf die Hälfte der potenziellen Jäger aufgrund ihres Geschlechts verzichten, wäre ein dauerhaftes Überleben für die Gruppe sicher nicht möglich. Vielleicht konnten sechs Jäger noch Beute für 25 Menschen heranschaffen, für drei bis vier Jäger hingegen wäre es sicher nicht leicht gewesen, auf Dauer Nahrung für 15 Personen zu erlegen.

Diese Vermutung stützen auch Untersuchungen der Inuitjagdtechnik: «An dieser Gruppenjagd waren meist mehrere Familien, einschließlich der Frauen und Kinder, beteiligt. Je nach dem Gelände und seinen Möglichkeiten kannten die Eskimos verschiedene Techniken.»[2] Während die Kinder meist als Treiber fungierten und die Beutetiere durch lautes Lärmen in einen präparierten Kessel trieben, konnten sich Männer und Frauen wahlweise als Treiber oder Jäger betätigen.

Vor allem die völlig gleiche Behandlung der Geschlechter nach dem Tod könnte darauf hindeuten, dass die männlichen Neandertaler die Frauen nicht unmittelbar dominierten. Rein statistisch gesehen halten sich die als gesichert angesehenen Bestattungen von Männern und Kindern mit 16 und 15 Gräbern fast die Waage, während nur fünf Beerdigungen von Frauen als sicher gelten. Diese Zahlen haben aber insofern wenig Aussagekraft, als sich noch einige der grazileren «Männer» und «geschlechtslosen» Jugendlichen als Frauen herausstellen könnten. Was die Qualität der Gräber angeht, kann man insgesamt davon ausgehen, dass Männer, Frauen und Kinder gleich behandelt wurden.

Am deutlichsten wird dies vielleicht anhand eines Fundes, den die britische Archäologin Dorothy Garrod 1931 bei ihren Grabungen im Karmelgebirge (Israel) machte. Sie fand dort die Überreste von zehn Personen in einem gemeinsamen Grab. Zwei Frauen, fünf Männer und drei Kinder waren hier in extremer Hockstellung zur letzten Ruhe gebettet worden. Ein Unterschied in der Art der Bestattung war nicht erkennbar. Tatsächlich sind Frauengräber für alle bekannten Bestattungstypen nachgewiesen worden. Es gibt Beispiele für Einzelbestattungen, Doppelbestattungen und Gruppenbeisetzungen.

Das erste Neandertalerexemplar, das man überhaupt entdeckt hatte, war mit hoher Wahrscheinlichkeit eine Frau. Bereits 1848, acht Jahre vor dem «Mann aus dem Neandertal», wurde an der Meerenge von Gibraltar der Schädel der alten Lady zusammen mit Werkzeugen und Jagdbeuteresten von einem Steinbock entdeckt. Offenbar erkannte man aber nicht die Bedeutung des außergewöhnlichen Fundes, und so landete Gibraltar 1 erst einmal in einer Schublade und verstaubte. Als Beleg dafür, dass es sich bei diesem Individuum um ein weibliches Wesen handelt, gilt der leichtere Bau des Schädels im Vergleich zu den eindeutig männlichen Exemplaren von La Chapelle und aus dem Neandertal.

Ein weiteres verhältnismäßig sicher identifiziertes Frauenskelett wurde auf dem «Neandertalerfriedhof» La Ferrassie gefunden. In Forscherkreisen ist diese Zuordnung vor allem deshalb unumstritten, weil die Tote Kopf an Kopf mit einem eindeutig männlichen Artgenossen und im Zusammenhang mit mehreren Kindern beigesetzt worden war.

Auch Doppelbestattungen scheint es gelegentlich gegeben zu haben, möglicherweise wurden im belgischen Spy und im Neandertal jeweils Mann und Frau zusammen beerdigt. Die sterblichen Überreste der Frau aus dem Neandertal, die wahrscheinlich in der gleichen Höhle beigesetzt worden war wie der namengebende Artgenosse, wurden erst 2000 entdeckt, als die beiden Paläoanthropologen Ralf W. Schmitz und Jürgen Thissen in einer spektakulären Grabung den lange verschollenen Inhalt der Kleinen Feldhofer Grotte wiederentdeckten. Bei den Gräbern von La Quina (Frankreich) und Tabun (Israel) scheint es sich schließlich um Einzelbestattungen gehandelt zu haben.

Abgesehen von den Grabstätten gibt es weibliche Überreste natürlich auch an Fundorten anderen Typs. Zum Beispiel befinden sich unter den Knochenmassen aus der Höhle von Krapina einzelne Teile, die einst zu weiblichen Körpern gehörten, aber die Zuordnung ist in einigen Fällen schwierig, in anderen derzeit völlig unmöglich. Immerhin kann man sagen, dass, wer immer diese Toten postmortal entfleischte, ebenfalls keinen Unterschied zwischen Männern und Frauen machte. Sollte es sich bei dem Fund um einen Beleg von Kannibalismus handeln, dann haben die Sieger die Frauen ebenso sehr als Feinde gesehen, die man umbringen und auslöschen muss, wie die Männer. Das könnte bedeuten, dass die Neandertalerinnen einer unterworfenen Gruppe nicht als Paarungspartner angesehen und in die eigene Gruppe integriert wurden. Sollte es sich bei dem Szenario um das rituelle Entfleischen von Verstorbenen der eigenen Gruppe handeln, könnte man ebenfalls eine gleichwertige Behandlung von Frauen und Männern konstatieren.

Anhand der wenigen erhaltenen und eindeutig identifizierbaren Beispiele lässt sich also feststellen, dass die Neandertalergesellschaft zumindest nach dem Tod keine Unterschiede zwischen Männern und Frauen gemacht hat. Das mag bedeutsam sein, denn geht man von unserer Art aus, ist die postmortale Behandlung einer Person ein relativ guter Indikator dafür, wie die Mitglieder gesellschaftlicher und sozialer Gruppen auch zu Lebzeiten miteinander umgegangen sind. Sehr auffällige Spiegel der sozialen Stellung eines Toten waren zu allen Zeiten Herrschergräber, von den jungsteinzeitlichen Hügelgräbern über ägyptische Pyramiden bis zu den Mausoleen neueren Datums. Aber auch ganz schlichte Inschriften von Grabsteinen wie «Willy Hermann und Frau» sagen einiges über die Beziehung der Verstorbenen aus.

Wenn es also keine besonderen Hinweise auf gravierende Unterschiede bei der Bewertung beider Geschlechter gibt, wie muss man sich dann das Zusammenleben in der Gruppe vorstellen? Es gibt sehr wenige Forscher, die sich die Mühe gemacht haben, überhaupt über die Neandertalerin nachzudenken. Das überrascht nicht unbedingt in einer stark von Männern dominierten Wissenschaft, trotzdem scheint man über die Neandertalerfrauen wirklich extrem wenig zu wissen. Als einer der Ersten machte sich der amerikanische Archäologe Lewis Binford in den sechziger Jahren Gedanken über das Zusammenleben von Neandertalerfrauen und -männern, allerdings kam er zu einem recht eigenwilligen Ergebnis:

Seine Überlegungen basierten auf Untersuchungen an dem Lagerplatz von Combe Grenal in Frankreich, genauer an den Feuerstellen desselben. Eine dieser Feuerstellen, so sein Befund, weist sehr schlicht gearbeitete Werkzeuge aus Materialien auf, die aus der unmittelbareren Umgebung des Lagers stammten. Außerdem fand er dort Tierknochen ohne Mark, Schädel und Polstermaterial aus getrockneten Algen und Tang. Etwa 10 Meter entfernt identifizierte Binford zwei angeblich mit dem ersten Lager in Verbindung stehende Feuerstellen, in deren Umfeld besser gearbeitete Steinwerkzeuge aus hochwertigeren Materialien gefunden wurden, die die Bewohner des Lagers offenbar von weit her mitgebracht hatten.

Aus diesem Befund schließt Binford, dass jene erste Feuerstelle vermutlich von Frauen genutzt wurde (Frauen und Technik!!!), die sich wegen ihrer Kinder nicht weit von der heimischen Feuerstelle (oder dem Polstermaterial) fortbewegen konnten und daher auf die Ressourcen der näheren Umgebung angewiesen waren. Der angeblichen Feuerstelle der Frauen und Kinder gab er den Namen «das Nest». Während die Männer seiner Meinung nach weite Streifzüge unternahmen, um Aas und Rohstoffe für ihre elaborierten Werkzeuge zu finden, bestritten die Frauen ihren Lebensunterhalt mit

Sammeln in Lagernähe. Die Männer verzehrten das hochwertige Fleisch, während sie den Frauen gelegentlich einen Knochen hinwarfen, aus dem diese das Mark herauskratzten.[3]

Als ich diese Interpretation las, konnte ich mich kaum des Gedankens an eine Neandertalerin erwehren, die sich herzhaft lachend auf die Schenkel klopfte (vorausgesetzt, das Lachen war bei Neandertalern in solchen Fällen bereits angesagt). Meiner Ansicht nach würde diese These zwar ein für alle Mal klären, warum die Neandertaler ausgestorben sind, aber dann zwangsläufig die Frage aufwerfen, warum sie denn immerhin 120 000 Jahre selbst in bittersten Kältezeiten überleben konnten. Ohne eine grundsätzliche Solidarität zwischen den Geschlechtern wäre das sicher nicht möglich gewesen.

Betrachtet man die Fundsituation ohne Binfords Brille, lässt sich aber möglicherweise trotzdem etwas über die Struktur der Neandertalergemeinschaft aussagen. Geht man davon aus, dass die Feuerstellen wirklich zusammengehören, könnte man mit demselben Recht annehmen, dass die Feuerstellen zwar von allen – Männern und Frauen – genutzt wurden, aber unterschiedlichen Zwecken dienten. Das so genannte «Nest» befindet sich im Zentrum des Lagers, die beiden anderen Feuerstellen eher am Rand. Vielleicht hat man Beutetiere lieber am Rand des Lagers zerlegt, um Aasfresser und Nahrungskonkurrenten gar nicht erst auf die Idee zu bringen, mitten ins Lager zu kommen. Sicher war es eher zu akzeptieren, wenn ein Wolf mit einem Stück Fleisch entkam, als dass er ein weniger wehrhaftes Familienmitglied verletzte. Das würde auch die scharfen Werkzeuge an dieser Stelle erklären. Insgesamt lässt sich aus der Fundsituation möglicherweise auf eine arbeitsteilige Alltagsbewältigung schließen, auf eine geschlechterspezifische Rollenverteilung allerdings nicht.

Als größter nachweisbarer Unterschied zwischen den Geschlechtern sind immer schon die enormen Überaugenwülste bei den erwachsenen, männlichen Neandertalern hervorgehoben worden. Sie wurden gelegentlich als Anpassung an die Kälte oder an die Jagd auf wehrhafte Tiere gedeutet. Die Überaugenwülste sollen demnach entweder die Augen gegen Schnee und Wind beschirmt oder als Schutzschild gegen Schläge und Tritte gedient haben. Möglicherweise war dieses exponierte Körpermerkmal tatsächlich ein Vorteil, sobald es voll ausgeprägt war, aber als Ursache für die Entwicklung erscheint mir weder die eine noch die andere Erklärung zwingend.

Die Präneandertaler, die als direkte Vorfahren der Neandertaler gelten, verfügten noch nicht über die auffälligen Wülste, trotzdem kämpften sie erwiesenermaßen auch ohne die «Schutzwulst» sehr erfolgreich gegen den wehrhaftesten ihrer Zeitgenossen, den Waldelefanten. Eine körperliche Anpassung an Eis und Schnee hat immerhin in begrenztem Maße stattgefunden. Die Körperform des Neandertalers war kompakt und die Gliedmaßen verhältnismäßig kurz geraten, aber ob die Evolution als Schutz gegen Eis und Schnee tatsächlich Überaugenwülste sprießen ließ, halte ich für unwahrscheinlich. Normalerweise begünstigt die Evolution einfache Lösungen, zum Beispiel eine Vergrößerung der Wimpern oder eine Verkleinerung der Augen. Sehschlitze mit entsprechend langen Wimpern wären vermutlich ein weitaus wirksamerer Schutz vor Wind und Schnee gewesen als massige Knochenwülste.

Was konnte also dazu geführt haben, dass der Neandertalermann zu einem Aussehen gelangte, das wesentlich archaischer anmutet als das seiner direkten Vorfahren? Eine mögliche Erklärung könnte in der von Charles Darwin erstmals publizierten «Selektion durch die Weibchen» liegen. Verhaltensbiologen haben für den modernen Menschen nachgewiesen, dass Frauen, wenn sie unter verschiedenen Männerfotos den attraktivsten Mann auswählen sollen, stets dem Kandidaten ihre Gunst schenken, der über die markanteste Kinn- und Unterkieferpartie verfügt. George Clooney, der gerade wieder zum attraktivsten Junggesellen gewählt wurde, scheint diese These zu bestätigen.

Die Verhaltensforscher erklären dieses Phänomen damit, dass die frühen *Sapiens*-Frauen die Investition, die ein Kind bedeutete, sehr genau kalkulieren mussten. Ein Mann mit markantem Unterkiefer demonstriert, dass er gut ernährt ist und ausreichend Mineralien für seinen Knochenaufbau zu sich nimmt. Von einem so gesunden Vater sind sehr wahrscheinlich auch gesunde Gene zu erwarten, und vielleicht verfügt er sogar über ausreichend Ressourcen, um Nahrungsmittel abzugeben und so bei der Kinderaufzucht zu helfen. Ganz nebenbei ist ein wohlgenährter, gesunder Paarungspartner vermutlich auch mit größerer Wahrscheinlichkeit parasitenfrei, ein ganz wichtiger Punkt, um die eigene Gesundheit und die des Nachwuchses zu sichern.

Die kritische Auseinandersetzung mit dem werbenden Männchen, die seltsamen Spielarten, die diese Wahl des Weibchens zum Beispiel bei vielen Vogelarten zur Folge hat, nennt Amotz Zahavi von der Universität in Tel Aviv *Handicap-Prinzip*: «Weibchen trauen nur ehrlichen Merkmalen, solchen nämlich, deren Ausbildung und Erhalt den Träger einiges kostet und die deswegen von seiner wirklichen körperlichen Verfassung zeugen, damit indirekt aber auch von seiner Fitness im evolutionären Sinn.» Da bei den Neandertalern an eine Kinnbildung nicht zu denken war, könnte die Größe der männlichen Überaugenwülste die Neandertalerinnen im Vorfeld von der körperlichen und genetischen Fitness des Paarungsanwärters überzeugt und als unwiderstehliches Signal gewirkt haben.

Wenn sich also vor allem Männer mit starken Wülsten über den Augen fortpflanzen konnten, dann erklärt das natürlich das verhältnismäßig schnelle Entstehen dieses markanten Merkmals. Neueren Forschungen zufolge wird nicht nur die selektierte Eigenschaft vom Mann an seine Söhne weitervererbt, unter Umständen gibt die Frau sogar die Vorliebe für ein bestimmtes Merkmal wiederum an ihre Töchter weiter. Auf diese Weise wird der Selektionsvorgang weiter beschleunigt. Neandertalerinnen könnten sich also zunehmend mit Wulstträgern gepaart haben, um sicherzugehen, dass ihre Nachkommen eine möglichst gute Ausgangsbasis für das schwere Leben in der Mammutsteppe hatten.

Diese These setzt voraus, dass die Neandertalerinnen die Wahl hatten, mit wem sie sich paaren wollten. Das passt zwar nicht in das alte Klischee vom keulenschwingenden Höhlenmenschen, der sein Weibchen mit einem Schlag auf den Kopf auswählt, verträgt sich aber ausgezeichnet mit der Vorstellung vom sozialen, weit entwickelten Neandertaler. Um dem Sexualverhalten der Neandertaler auf die Spur zu kommen, können wir Untersuchungen nutzen, die Evolutionsbiologen für die Ursprünge der Sexualität unserer eigenen Art durchgeführt haben.

Als Vergleichsmodell für die Anfänge der menschlichen Sexualität werden in Verhaltensforscherkreisen gern unsere nächsten lebenden Verwandten, die Schimpansen und Zwergschimpansen, herangezogen. Auch bei ihnen ist der Größenunterschied zwischen den Geschlechtern nicht sehr groß, daher darf man eher ein ähnliches Verhalten annehmen als beim Gorilla oder auch beim Orang-Utan. Innerhalb einer Gorillagruppe monopolisiert ein erwachsenes Männchen, ein so genannter Silberrücken, alle verfügbaren Weibchen. Von einzelnen Übergriffen anderer Männchen abgesehen, pflanzt nur er sich fort. Die Weibchen bleiben in der Regel ihr Leben lang in ihrer Gruppe und sind aufs engste miteinander verwandt, während der Silberrücken nur so lange Anführer des Trupps bleibt, bis ein stärkerer und selbstbewussterer Konkurrent ihn durch Kampf oder auch nur durch Imponiergehabe vom Platz verweist und die Gruppe übernimmt.

Ganz anders sieht die Situation bei Schimpansen und Bonobos aus. Hier bleiben die Männchen in einer Gruppe, während die

Weibchen zwischen den Gruppen wechseln können und so für eine Durchmischung des Genpools sorgen. Dieser Unterschied scheint dramatische Folgen für das Verhalten der Tiere zu haben. Während bei den Gorillas praktisch alle Weibchen allein vom Silberrücken begattet werden, praktizieren Schimpansen und Bonobos Promiskuität.

Die Soziobiologen Kelly Stewart und Alexander Harcourt sehen in der Blutsverwandtschaft der Männchen die Ursache für dieses im Vergleich zu den Gorillas völlig andere Paarungskonzept: «Ein Verwandter teilt einige deiner Gene, und wenn du einem Verwandten etwas zuleide tust, verringerst du die Chancen, dass ‹deine Gene› in der nächsten Generation vertreten sind.»[4] Das bedeutet nicht, dass die Schimpansenmännchen einer Gruppe sich nicht gegenseitig stören oder in Konkurrenz zueinander treten, aber alle Konflikte werden schließlich wieder beigelegt und scheinen keine Auseinandersetzungen auf Leben und Tod nach sich zu ziehen. Ganz anders sieht die Situation bei Übergriffen fremder Männchen aus. Diese werden mit allen Mitteln zurückgedrängt und müssen durchaus um ihr Leben fürchten, wenn sie einzeln einer Gruppe von Verteidigern gegenüberstehen. Erstaunlicherweise gehen Schimpansinnen trotz der Gefahren, die dieser Schritt für sie und vor allem für einen fremden Partner birgt, immer wieder fremd, sodass sich die Gene verschiedener Gruppen auch vermischen, wenn die Weibchen nicht wechseln.

Für Früh- und Vormenschentypen ist dieses an sich nahe liegende Konzept gelegentlich diskutiert, aber nie wirklich in Erwägung gezogen worden. Der amerikanische Anthropologe George Peter Murdock beispielsweise versuchte durch Untersuchung der heute praktizierten Eheformen in aller Welt zu belegen, dass das «natürliche Zusammenleben» bei *Homo sapiens* auf eine «gemäßigte Vielweiberei» hinausliefe. Insgesamt 853 unterschiedliche «Gesellschaften» unserer eigenen Spezies wertete er aus und kam zu dem

Ergebnis, dass sich beim modernen Menschen «Polygynie» als artumspannendes Phänomen konstatieren lässt.

Bei 83 Prozent aller untersuchten «Kulturen» lebten ein Mann und mehrere Frauen zusammen. Als Beispiele nennt er verschiedene Indianervölker, viele islamische Völker, die Mormonen etc. Nur 16 Prozent praktizierten laut seiner Untersuchung Monogamie, und hier setzt er süffisant «nach dem Gesetz» hinzu. In nur vier Kulturen könne schließlich eine Frau offiziell mit mehreren Männern leben. Was die Studie völlig außer Acht lässt, ist der Anteil an Frauen in den so genannten polygynen und monogamen Gesellschaften, deren tatsächliche Lebensweise nicht mit dem übereinstimmt, was «das Gesetz» von ihnen erwartet.

Ein anderer Beleg, der angeblich gegen die Promiskuitätsthese beim modernen Menschen spricht, sei die Tatsache, dass die Frau ihren Eisprung nicht durch äußerliche Kennzeichen, wie etwa die Schwellung des Genitalbereichs wie bei einer Schimpansin, kenntlich mache. Der britische Zoologe Desmond Morris folgerte aus dieser «heimlichen Ovulation» und der damit verbundenen «sexuellen Dauerrezeptivität» der *Sapiens*-Frau, dass diese Entwicklung die monogame Bindung zwischen zwei Paarungspartnern «zementiere». Nur durch häufigen Sex und die Unsicherheit bezüglich der Vaterschaften sei es der Frau möglich, den Mann für die Versorgung der Nachkommen auf längere Sicht zu binden.[5]

Was vielleicht gut in die Erwartungshaltung unserer Tage passt, erscheint unter Evolutionsgesichtspunkten doch etwas fragwürdig. Zunächst einmal könnte es ja durchaus sein, dass gemeinsame Vorfahren von Schimpansen und Hominiden bereits ein ähnliches Paarungsverhalten an den Tag legten wie heutige Schimpansen. Möglicherweise zeigten diese Vorfahren auch die von den Forschern als so wichtig erachtete Schwellung. Spätestens mit der Entwicklung des aufrechten Gangs machte das übergroße Anschwellen der Genitalien auf Hominidenseite keinen Sinn mehr. Die Signalwirkung war durch die neue Körperhaltung dahin, und bei größeren Wanderungen hätte sich ein solches Überbleibsel aus der Zeit des Vierbeinertums sicher negativ bemerkbar gemacht.

Ob nun Monogamie tatsächlich das evolutionäre Ziel der *Sapiens*-Frau sein muss, ist mehr als fraglich. Auch bei anderen Primaten schließen lebenslange Partnerschaft und sexuelle Freizügigkeit einander nicht aus. Bei einigen Gibbonarten beispielsweise engagiert sich der männliche Partner sehr stark bei der Aufzucht der Jungen. Lange Zeit wurden diese Primaten als völlig monogam betrachtet, da die Partner teilweise lebenslang zusammenblieben. Neuere genetische Untersuchungen belegen jedoch, dass die angeblich monogamen Gibbons durch Fremdgehen ihre evolutionären Chancen erhöhen. Die Weibchen werden nur etwa alle zwei Jahre empfängnisbereit und paaren sich dann offenbar nicht nur mit dem langjährigen Partner, sondern gelegentlich auch mit anderen. Die Dauerbeziehung basiert also ganz und gar nicht auf einem dauerhaften Sexangebot, sondern darauf, dass es unter den gegebenen Nahrungs- und Umweltbedingungen nötig ist, dass zwei Individuen die Jungen versorgen, damit sie überleben können.

Für den männlichen Gibbon scheint diese Art der Paarbeziehung auf den ersten Blick ein schlechtes Geschäft zu sein, tatsächlich ist er aber der wahrscheinlichste Vater der Jungen seiner Partnerin, da er die meiste Zeit mit ihr verbringt. Sollte er tatsächlich einmal das Kind eines Konkurrenten mit aufziehen, so ist der Schaden für seine eigene Nachkommenschaft viel geringer, als wenn er seine Versorgungsleistung einstellen würde. Außerdem besteht ja durchaus die Chance, dass ein anderes Männchen sich ebenso unwissentlich um seine Nachkommen bemüht. Dieses Beispiel zeigt ganz deutlich, dass Unsicherheit in puncto Vaterschaft nicht unbedingt erst seit dem Auftauchen der Hominiden ein Thema ist.

Es macht aber auch deutlich, dass eine dauernde sexuelle Verfügbarkeit der Frau nicht nötig ist, um eine lebenslange Paarbeziehung für die Jungenaufzucht zu ermöglichen. Trotzdem folgen diesem Ansatz immer wieder Autoren, so auch der amerikanische Anthropologe Donald Synons: «Die Urfrauen sind deshalb konstant sexuell attraktiv geworden, um sich und ihren Kindern gezielt Zugang zur Jagdbeute der Männer zu verschaffen. Bei Schimpansen sind es bevorzugt Grüppchen von Männern, die gemeinsam Affen, Gazellen oder Buschschweine aufscheuchen, fangen und zerreißen. Geben die Männer Fleisch ab, erhalten die Schimpansinnen häufig einen Brocken, wenn sie brünstig sind.» Auch bei den kleineren Verwandten der Schimpansen, den Bonobos, soll angeblich der Deal Nahrung gegen Sex funktionieren.

Leider wird in aller Regel bei diesen Betrachtungen nicht beachtet, dass Schimpansen- und Bonobomütter ihre Kinder im Großen und Ganzen ohne die Hilfe eines oder mehrerer Väter aufziehen. Das äußerst selten erjagte Fleisch bei den Schimpansen und reife Früchte bei den Bonobos haben den Charakter eines Geschenkes, sind aber keineswegs ein ernst zu nehmender Teil der Alltagsernährung. Die Frage ist also, ob zu irgendeinem Zeitpunkt in der Menschheitsgeschichte die Nahrung so knapp war, dass nur Frauen ihre Nachkommen durchbringen konnten, die auf die Unterstützung eines Partners zurückgreifen konnten.

Und genau in diesem Punkt scheiden sich offenbar die Geister. Während ein Großteil der Wissenschaftler fest davon ausgeht, dass schon die frühen Hominidenfrauen auf die Unterstützung ihrer Männer angewiesen waren, zeigen neuere Studien, dass das klassische Szenario von der Frau als Mutter und dem Mann als Ernährer der Familie nicht das einzig mögliche ist. Ähnlich wie Schimpansen lebten auch die frühen Hominiden, wie etwa die *Australopithecinen*, in losen Gruppen zusammen. In der Savanne veränderte sich ihr Nahrungsspektrum. Hatten ihre Vorfahren sich noch vorwiegend von Früchten und Blättern ernährt, nahmen die nur etwa 1,20 großen Vormenschen immer mehr Aas zu sich.

Um diese Nahrungsquelle zu erschließen, musste eine Gruppe kleiner Hominiden zwar nicht jagen, aber in der Lage sein, andere Aasfresser oder den Jäger der Beute zu vertreiben. Das war für die Zwerge kein leichtes Unterfangen, und trotz Einsatzes von Steinen und Stöcken wird die Sicherheit des Einzelnen mit der Zahl der Kämpfer gestiegen sein. Es ist also wahrscheinlich, dass sich ein ganzer Trupp an einer solchen Vertreibungsaktion beteiligte und nicht nur die Männchen. Versuche mit Schimpansen haben ergeben, dass stets die gesamte Gruppe gemeinsam einen Feind angreift. Eine Leopardenfigur wurde von Männchen und Weibchen lauthals beschimpft und mit Stöcken und Steinen beworfen. Zwar bildeten die Männchen die vorderste Angriffsreihe, aber sogar Mütter mit Kindern beteiligten sich am Geschehen.

Der erbeutete Kadaver gehörte allen Mitgliedern eines *Australopithecinentrupps*, obgleich es natürlich Rangfolgen beim Essen gegeben haben könnte. Das Teilen ist nach Meinung neuerer Untersuchungen erst im Zusammenhang mit der Jagd entstanden. Hinweise geben wieder einmal die Schimpansen. Während sie vegetarische Kost normalerweise nicht teilen, sondern, sobald sie einen Futterplatz erreichen, jeder für sich so schnell und so viel frisst wie möglich, ist Jagdbeute offenbar etwas völlig anderes. Die Jäger teilen das Fleisch untereinander und geben auch anderen Gruppenmitgliedern (übrigens nicht nur brünstigen Weibchen) etwas ab. Die Wissenschaftler vermuten, dass die gemeinsam erbrachte Leistung die Basis war, auf der sich das Teilen als neues Verhaltensmuster überhaupt entwickeln konnte. Ich gehe davon aus, dass bereits das gemeinschaftliche Vertreiben von Nahrungskonkurrenten wichtig für das Gemeinschaftsgefühl unserer Vorfahren gewesen ist. Insgesamt deutet alles, was wir über die Entwicklung der Vor- und Frühmenschen wissen, darauf hin, dass ihr Erfolg davon abhängig war, ob eine Gruppe sinnvoll zusammenarbeitete und nicht ein einzelnes Paar.

Wenn die Evolution innerhalb der Gattung Mensch nicht unbedingt die monogame Paarbindung begünstigte, warum verhalf sie den Frauen dann zu der Möglichkeit, permanent sexuell aktiv zu sein? Der amerikanische Wissenschaftler James Spuhler von der Universität von New Mexico hat eine erfrischende und von Projektionen unbelastete These aufgestellt. Seiner Meinung nach ist die sexuelle Leistungsfähigkeit der *Sapiens*-Frauen schlicht auf eine Veränderung des Hormonspiegels zurückzuführen: «Weibliche Vertreter unserer Spezies haben einen höheren Blutspiegel an Androgenen als Rhesusäffinnen oder Schimpansinnen, weil die natürliche Selektion Männer und Frauen an ausdauerndes aufrechtes Gehen und Rennen angepasst hat. Androgene wirken wie Anabolika. Sie fördern das Muskelwachstum, aber auch erotisches Phantasieren und Handeln.»[6]

Der aufrechte Gang hat also nicht nur unsere Übersicht verbessert und unsere Hände zum Greifen, Tragen, Arbeiten frei gemacht, sondern möglicherweise auch die Sexualität unserer Art weitreichend beeinflusst. Im Grunde genommen waren all diese Veränderungen nichts als Begleiterscheinungen der Entwicklung zum Zweibeiner, und doch sind gerade sie es, die letztlich nicht nur die Evolution unseres Verstandes, sondern offenbar auch unserer Emotionen überhaupt erst möglich machten.

Die Neandertalerin dürfte in besonderem Maße auf die körpereigene Unterstützung durch Androgene angewiesen gewesen sein. Kilometerweite Märsche von einem Lager zum anderen und das Tragen erheblicher Gewichte gehörten zu ihrem Alltag. All diese Höchstleistungen erbrachte sie auch noch bei oft sehr unfreundlichen Witterungsbedingungen. Es gibt keinen Grund anzunehmen, dass die Evolution sie nicht mit einem ihrer Lebenssituation angemessenen Androgenspiegel ausgestattet hat, der ihr dabei half, ihre außergewöhnlich kräftige Muskulatur aufzubauen und sich für das schwierige Leben in der Eiszeit zu rüsten. Glaubt man James Spuhler, muss man davon ausgehen, dass sie ganzjährig und entsprechend ihrer Hormonausstattung vermutlich in hohem Maße sexuell aktiv war.

Bei den Bonobos, die zu den sexuell engagiertesten Arten im Tierreich überhaupt zählen, haben sexuelle oder erotische Handlungen längst einen Bedeutungswandel erfahren. Der Primatenforscher Frans de Waal nimmt vielmehr an, «dass dieses Verhalten dem Frieden und dem sozialen Beisammensein dient. Ich habe es als Versöhnung bezeichnet. Jede Art, die Kooperation mit einem gewissen Konfliktpotential vereint, benötigt Versöhnungsmechanismen. [...] Ich fand heraus, dass jede der von mir untersuchten Primatenarten eine eigene, unverwechselbare Art und Weise der sozialen Wiedergutmachung besitzt. Bei Bonobos spielt Sex in dieser Hinsicht eine Schlüsselrolle.»[7]

Sex als «sozialer Kitt», als zusätzliches Kommunikationsmittel, kann also bei Primaten dazu dienen, den Frieden in der Gruppe zu bewahren oder auch nach Auseinandersetzungen wiederherzustellen. Bemerkenswert ist, dass diese «Sexberuhigungstherapie» nicht nur zwischen Individuen unterschiedlichen Geschlechts, sondern auch zwischen gleichgeschlechtlichen Kontrahenten funktioniert.

Frans de Waal hat bei seinen Beobachtungen enge Gemeinschaften von weiblichen Bonobos ausgemacht, die er «Frauenbünde» nennt: «Sex verringert die Konkurrenz unter Frauen und erlaubt es ihnen, zusammen umherzuziehen und nach Nahrung zu suchen. Die Bonobofrauen sind die meiste Zeit an Sex untereinander interessiert wie auch für die Männer attraktiv. In diesen Trupps findet sich fast immer eine paarungsbereite Frau, die ihrerseits männliche Gesellschaft für die ganze Weibchengruppe garantiert. Auch Schimpansenmänner begleiten Artgenossinnen mit Schwellungen, aber die Frauen ihrer Art sind viel seltener in diesem aufregenden Zustand. Bei Bonobos hat die gleiche sexuelle Attraktivität zusammen mit der verlängerten Bereitschaft zu einem fast kontinuierlichen Zusammenleben von Männern und Frauen geführt.»[8]

De Waal beschreibt hier einen Sozialverband, der offenbar recht gut funktioniert. Die weiblichen Tiere haben als feste Gemeinschaft zusammengefunden und sorgen für ein friedliches Zusammenleben, indem sie Stresssituationen durch Sex entschärfen. Da stets eine von ihnen empfängnisbereit ist, gesellen sich auch Männer zu der Gruppe, die zwar nicht zum eigentlichen Kern gehören, aber im Zweifelsfall bei der Verteidigung helfen. Ursprünglich war es vermutlich nur das empfängnisbereite Weibchen, das sie in die Nähe des «Frauenbundes» lockte. Mittlerweile ist das Zusammenleben zwischen Männern und Frauen aber schon so etwas wie «Tradition» geworden, und auch die männlichen Artgenossen paaren sich nicht mehr nur, um Nachkommen zu zeugen, sondern ebenfalls, um Bündnisse zu schließen und den Frieden des Trupps zu erhalten.

In einer Gesellschaft wie der der Neandertaler müssen ebenfalls Mechanismen zur Befriedung der Einzelnen vorhanden gewesen sein oder sich neu gebildet haben. Die Neandertaler waren häufig Stresssituationen ausgesetzt. Kälte, Hunger und Krankheiten erschwerten zusätzlich die Lebenssituation. Dauernde Rangkämpfe und Streitigkeiten hätten das Zusammenleben schwer belastet. Die Neandertaler verfügten über eine hormonelle Ausstattung, die sie sowohl aggressiv genug machte, um ihren Lebensunterhalt mit der Jagd zu verdienen, als auch sexuell leicht erregbar. Nichts liegt näher als anzunehmen, dass die Evolution einen ähnlichen Weg beschritt wie bei den Bonobos, um es ihnen möglich zu machen, den schwierigen Spagat zwischen aggressivem Leben draußen und sozialem Miteinander innerhalb des Lagers zu vollführen.

Die Bonobomännchen beteiligen sich aber trotz des engen Zusammenlebens mit der Weibchengruppe nicht an der Nahrungsbeschaffung für die Jungen. Sie tolerieren die kleinen, oft recht anstrengenden Artgenossen, spielen aber in dem sozialen Gefüge eher eine Nebenrolle. Die amerikanische Verhaltensforscherin Amy Parish fand heraus, warum es für die Bonobofrau nicht nötig ist, von einem Partner unterstützt zu werden: «Die Frauen … kontrollieren den Zugang zu begehrter Nahrung, und sie teilen mehr miteinander als mit Männern. Die Frauen bilden Allianzen, in denen sie gemeinsam Männer attackieren und verletzen. Sie dominieren die Männer.»[9]

Dieser enge soziale Zusammenschluss der Bonobofrauen ist erstaunlich, da die Tiere nicht unbedingt miteinander verwandt sind. Wie bei den Schimpansen wechseln auch bei den Zwergschimpansen die Weibchen zwischen den Gruppen, während die Männchen in dem Trupp ihrer Verwandten bleiben. Die Vorteile liegen auf der Hand. Die Frauen sind offenbar eine Interessengemeinschaft, deren Zusammenleben durch Sex ermöglicht wird. Als Gruppe können die Weibchen ihren Nachwuchs besser ernähren und beschützen. Sie sind in der Lage, sich im Verteidigungsfall der Unterstützung der Männchen zu versichern, sie können sich bei der Nahrungssuche aber auch gegen Männchen durchsetzen, die einem einzelnen Weibchen durch größere Körperkraft überlegen wären.

Die Neandertaler sind entwicklungsgeschichtlich etwa so weit von den Bonobos entfernt wie wir, deshalb können Zwergschimpansen nicht als Modell für die Neandertalergesellschaft selbst dienen, sondern möglicherweise nur für eine frühe Hominidenart, die sowohl zu unseren Vorfahren als auch zu den Ahnen des Neandertalers gehörte. Wie aber könnte eine entwickelte menschliche Gemeinschaft aussehen, deren Sozialverhalten ihre Wurzeln in Verhaltensmustern fußt, wie sie die Bonobos zeigen?

Eine erstaunliche Nähe zu den grundlegenden Kriterien für das Zusammenleben der Bonobos zeigt die Weltsicht der Onge, einem indigenen Volk, das Sita Venkateswar beschrieb: «Nahrung treibt für die Onge den Kreislauf des Lebens an. So wird neues Leben gezeugt, wenn eine Frau Essen zu sich nimmt, in dem die Onkoboykwo hausen. Diese Geister der Vorfahren leben ansonsten in einer Welt, die derjenigen der Onge gleicht. Doch sie haben keine Zähne und können nicht kauen. Deshalb nisten sie sich in Nahrungsmitteln ein, um ihren Hunger zu befriedigen. Wenn Frauen Nahrung zu sich nehmen, in der Geister hausen, werden aus den Onkoboykwo Onge; nach dem Tod verwandeln die Onge sich wiederum in Onkoboykwo.

Die Nahrung ist auch die Grundlage bestimmter sozialer Beziehungen. So bildet sich ein enges Band zwischen einem Kind und allen Frauen, die es ernährt haben, oder auch zwischen dem Kind und dem Mann oder der Frau, die das Essen lieferte, welches die Mutter geschwängert hat. Daraus wird die tiefe und symbolische Bedeutung der Nahrung für die Onge deutlich – eine Bedeutung, die das Jäger- und Sammlerleben der Onge widerspiegelt.»[10]

Ob die Neandertalerinnen in einer promisken, polygynen, polyandrinen oder monogamen Gesellschaft lebten, kann aller Wahrscheinlichkeit nach nie wirklich erforscht werden. Ob sie Kerngruppen aus nicht verwandten Frauen bildeten, die miteinander kooperierten und es dadurch schafften, ihre Nachkommen trotz aller Widrigkeiten durchzubringen, wird uns ebenso verborgen bleiben. Vielleicht spielte Sex als Therapieform auch in ihrem Leben eine große Rolle, indem er die Konkurrenz unter den Frauen zurückdrängte und auch die Auseinandersetzungen zwischen den Geschlechtern milderte. Aufgrund ihrer körperlichen Merkmale und der erschlossenen Gesamtkonstitution scheint eine solche Lebensweise immerhin wahrscheinlicher als die stets unreflektiert weitergegebene Annahme, die Neandertalerinnen seien gewissermaßen «Heimchen am Höhlenfeuer» gewesen.

Selbstverständlich war die Geburt eines Kindes eine der größten Herausforderungen im Leben einer Neandertalerfrau. Das durchschnittliche Neandertalergehirn bringt mit rund 1400 bis 1600 Gramm noch einmal mindestens 200 Gramm mehr auf die Waage als das eines Norm-*Sapiens* der Gegenwart. Das heißt, auch ein Neandertaler-Baby hatte tendenziell einen etwas dickeren Kopf als ein Baby unserer eigenen Art. Die ungewöhnliche Brotlaibform der Neandertalerschädel scheint keine zusätzlichen Probleme verursacht zu haben, da die Schädel von Ungeborenen verhältnismäßig formbar sind, um die Geburt überhaupt zu ermöglichen. Trotzdem war das Gebären für eine Neandertalerin ebenso lebensgefährlich wie für ihr Baby. Auch bei diesem schwierigen Unterfangen war die Unterstützung durch andere überlebensnotwendig.

Nach neueren Untersuchungen gibt es auf dem gesamten Erdball keine Kultur, bei der sich Frauen der Herausforderung der Geburt allein stellen. Die einsame Frau, die sich wie eine Gazelle von ihrer Gruppe absondert, um still und für sich allein einem Kind das Leben zu schenken, gehört wohl – wie so vieles – ins Reich der Phantasie. Bei den Buschleuten der Kalahari gibt es zwar in der Tat das Ideal der Alleingebärenden, aber mit der Praxis hat dieses Ideal wenig zu tun. Selbst die Buschfrauen können sich auf die Unterstützung weiblicher Verwandter verlassen, die bereitstehen, um bei der schweren und gefährlichen Prozedur zu helfen.

Karen R. Rosenberg, Paläoanthropologin an der Universität von Delaware, hat die Fossilien verschiedener weiblicher Hominiden vermessen und den Geburtskanal unterschiedlicher Arten rekonstruiert. Sie ist zu dem Schluss gekommen, dass das Gebären in Begleitung ein sehr ursprüngliches Verhalten ist: «Als vor über zwei Millionen Jahren die Gattung Homo auftrat, könnte es sie bereits gegeben haben, vielleicht sogar schon, seitdem die ersten Hominiden vor etwa fünf Millionen Jahren den aufrechten Gang erwarben und das Becken sich deswegen verändert hatte. Wir vermuten, dass der Wunsch einer Gebärenden nach Beistand sich in unserer Stammlinie recht früh einpflanzte und dass seine Ursache nicht nur die soziale Natur des Menschen ist. Auch dies unterscheidet uns von unseren nächsten Primatenverwandten.»[11]

Ebendiese Primatenverwandten haben es bis heute bedeutend leichter mit der Nachkommenschaft. Der Geburtskanal bei Pavianen beispielsweise ist nicht besonders groß, hat aber von Anfang bis Ende die gleiche ovale Form, wobei der größte Durchmesser in Richtung Bauch – Rücken der Mutter zeigt. Das Affenbaby kommt also stets mit dem Blick nach vorn zur Welt. Nachdem der Kopf geboren ist, helfen Mutter und Kind einander. Das Kleine ist schon entwickelt genug, um sich am Haarkleid der Mutter festzuhalten und sich aus dem Geburtskanal herauszuziehen. Die Mutter erkennt ihr Kind, das nach vorn blickt, und unterstützt es nach besten Kräften.

Menschenbabys sind in ihrer körperlichen Entwicklung weit davon entfernt, ihren Müttern in ähnlicher Art und Weise behilflich zu sein. Aber selbst, wenn sie kräftig genug wären, mangelte es an griffigem Fell, an dem sie sich festhalten könnten. Auch sonst sind Mutter und Kind im Verhältnis zu Affenmüttern ziemlich hilflos während einer Geburt. Beide sind gezwungen, eine Prozedur hinter sich zu bringen, die äußerst kompliziert, kräftezehrend und gefährlich ist. Während des Geburtsvorgangs muss sich das Baby zunächst durch ein Stück des Geburtskanals mit einem ovalen Querschnitt zwängen, dessen größter Durchmesser sich von links nach rechts erstreckt.

Etwa auf halber Strecke ist eine Drehung gefordert, denn nun zeigt die längere Achse des Ovals plötzlich vom Bauch zum Rücken. Doch damit nicht genug. Der kleine Mensch muss diese Berg-und-Tal-Bahn nicht nur einmal hinter sich bringen, sondern gewissermaßen zweimal. Durch jeden Teil des engen, gewundenen Schlauchs drückt sich zunächst der Kopf und dann versetzt der Schulterbereich. Wenn das Kind in den Geburtskanal eintritt, schaut das Gesicht zunächst zur Seite. Später muss der Säugling sein Gesicht in Richtung des mütterlichen Rückens drehen. Dabei wird sein Hinterkopf ans Schambein der Mutter gedrückt, die Schultern liegen nun quer. Ist der Kopf geboren, dreht ihn das Kind zur Seite, und die Schultern können nachrutschen.

Die Mutter kann das Kind bei der Geburt nicht sehen. Sie ist ebenfalls nicht in der Lage, den Verlauf des Gebärens in dem Sinne zu beeinflussen, dass sie das Kind ergreift und herauszieht. Selbst wenn sie es versuchte, würde sie das Kleine unter Umständen nur gefährden. Sie müsste die Wirbelsäule des Neugeborenen gegen die natürliche Krümmung biegen und würde damit schlimmste Verletzungen provozieren. So kommt Rosenberg auch zu dem Schluss, dass die Geburt eines modernen Menschen zu keinem Zeitpunkt allein Sache von Mutter und Kind gewesen ist, sondern immer eine oder mehrere «Hebammen» für eine normale Geburt erforderlich waren. Allein gebärende Frauen scheinen zu allen Zeiten die Ausnahme gewesen zu sein.

Die Frage, wie die Neandertalerinnen ihre Kinder bekommen haben, ist in der bisherigen Forschung noch nicht gestellt worden. Das ist sehr schade, denn die Fundsituation ist durchaus geeignet, eine Antwort auf diese Frage zu versuchen.

In den Gräbern der Neandertaler sind überdurchschnittlich viele Fossilien von Säuglingen und Kleinkindern gefunden worden, beispielsweise entdeckte man in dem Gräberfeld von La Ferrassie (Dordogne) neben einigen Säuglingen auch eine Frühgeburt aus der Zeit vor 50 000 Jahren.

Beckenskelette sind dagegen relativ selten, und aus der Zeit der Neandertaler gibt es nur die 60 000 Jahre alten Knochen des so genannten Kebara-Mannes. Rosenberg verglich den Befund mit den Daten eines über 200 000 Jahre alten *Homo heidelbergensis* aus Sima des los Huesos in der spanischen Sierra Atapuerco und den Überresten einer 280 000 Jahre alten *Erectus*-Frau, die man im chinesischen Jinniushan gefunden hatte. Dabei stellte sie fest: «Bei allen dreien hat das innere Becken die gleiche Drehung wie beim modernen Menschen. Dies deutet darauf hin, dass die Kinder höchstwahrscheinlich schon damals im Geburtskanal Kopf und Schultern drehen mussten. Im Augenblick der Geburt schaute das

Gesicht nach hinten, was es der Mutter schwer machte, allein zurechtzukommen.»[12]

Wenn wir also bereits für *Homo erectus* davon ausgehen dürfen, dass Geburtshilfe betrieben wurde, so kann man bei den tendenziell noch gefährlicheren und komplizierteren Geburten der Neandertaler fest damit rechnen, dass Gebärende nicht sich selbst überlassen wurden. Bei heute lebenden indigenen Völkern sind bei Geburten meist weibliche Verwandte anwesend, gelegentlich aber auch Medizinfrauen, die die Gebärenden betreuen und im Notfall schmerzlindernde oder blutstillende Mittel zur Hand haben. So glaubt Rosenberg denn auch, dass «entgegen anders lautenden Behauptungen vielleicht der Beruf der Hebamme das älteste Gewerbe der Welt ist».

Die «Berufsbilder» von Hebammen und Geburtshelfern überschneiden sich bei vielen indigenen Völkern mit denen der Medizinfrauen und -männer. Vielleicht war es bereits bei den Neandertalern Sitte, Gebärenden mit Hilfe von pflanzlichen Drogen die schwere Geburt zu erleichtern. Im Nahen Osten könnte man Meerträubel verabreicht haben – ein Mittel, das somit den Weg ins Leben hinein und aus dem Leben hinaus begleitet haben könnte. Der Tote aus dem Grab Shanidar IV war auf Zweige der unscheinbaren Heilpflanze gebettet. Der Mediziner Bruno Wolters vermutete als Erster: «Die Neandertaler haben auch schon die euphorisierende Wirkung von Ephedra gekannt, die durch L-Ephedrin bedingt ist. Niemand würde einen Toten auf ein Hustenmittel gebettet haben, wohl aber auf eine Droge mit stimulierender und euphorisierender Wirkung, um ihm die Reise ins Jenseits zu erleichtern.»[13]

In den 1990er Jahren glaubten einige feministische Autorinnen, dass die Neandertalerinnen die ersten Frauen gewesen seien, die bewusst «Geburtenkontrolle» praktiziert haben. Die Autorin Marianne Hochgeschurz beispielsweise hielt es für denkbar, «dass die Neandertalerinnen, wie es für Frauen bei Naturvölkern noch heute üblich ist, bestimmte Pflanzen als Abtreibungsmittel kennen und anwenden. Wahrscheinlich ist auch, dass sie während der Stillzeiten, die fünf bis sechs Jahre dauern können, eine Art Sexualtabu gegenüber Männern praktizieren – wie es ebenfalls bis in unsere Tage in vielen Gesellschaften vorkommt. Grabfunde lassen auch auf Kindestötung schließen.»[14]

Ich vermute stark, dass das Thema «Geburtenkontrolle» im modernen Wortsinn für eine Neandertalerin keine Relevanz hatte. Geht man davon aus, dass eine Neandertalerfrau zwischen 40 und 50 Jahre alt werden konnte und ihre fruchtbare Zeit analog zu heute lebenden indigenen Frauen zwischen 15 und 35 lag, dann könnte sie rein rechnerisch 20 Kinder gebären. Bei einer angenommenen Säuglingssterblichkeit von über 50 Prozent würden maximal 10 Kinder das Erwachsenenalter erreichen. So viel zur Statistik. Tatsächlich hatte eine Neandertalerin vermutlich weit weniger überlebende Nachkommen. Da ein Neandertalerbaby ähnlich wie ein *Sapiens*-Kind verhältnismäßig unreif geboren wurde, ist es in den ersten Lebensjahren völlig von der Ernährung durch die Milch seiner Mutter abhängig. Nicht nur in vielen Jäger- und Sammlerkulturen der Gegenwart, sondern auch bei einer ganzen Reihe von so genannten sesshaften Völkern ist es üblich, dass Mütter ihr Kind bis zu einem Alter von drei Jahren stets um sich haben. Eine weitere Schwangerschaft wird in der Regel vermieden. Bei einigen Völkern wie zum Beispiel den Akan in Ghana gibt es Tabus, die verhindern sollen, dass eine Frau schwanger wird, während sie noch ein Kleinkind stillt. Oft genug verringert das Stillen auf biologischem Wege die Wahrscheinlichkeit einer erneuten Empfängnis.

Bei unseren nächsten Verwandten im Tierreich, den Schimpansen, regelt die Natur noch drastischer die Auszeit. Schimpansenmütter sind erst zirka drei bis sechs Jahre nach einer Geburt wieder empfängnisbereit. Das bedeutet, die Geburten liegen ungefähr vier bis acht Jahre auseinander. Bei der Neandertalerin dürfen wir also vermutlich ebenfalls damit rechnen, dass mindestens drei bis vier Jahre zwischen den Geburten lagen. Ob dieser Rhythmus von natürlichen oder kulturellen Regelmechanismen gesteuert war, ist allerdings völlig offen. Der Zeitraum erscheint auch deshalb als sinnvoll, weil die Neandertalermütter ihre Kinder mindestens so lange durch Stillen ernähren mussten, bis das Milchgebiss so weit ausgebildet war, dass die Kinder die zum Teil zähe Fleischnahrung zu sich nehmen konnten. Für die Übergangszeit haben Neandertalerinnen ihrem Nachwuchs wahrscheinlich auch vorgekautes Fleisch zugefüttert, dennoch war die Muttermilch sicherlich die Basisnahrung der ersten Jahre.

Da Muttermilch exakt den Bedürfnissen des Säuglings in einem bestimmten Alter angepasst ist, wäre eine Geburt während der Stillzeit ein großes Problem. Zu Beginn der Stillphase ist die Milch äußerst dünn und wird mit zunehmendem Alter (und Hunger) des Kindes immer nährstoff- und fettreicher. Bei einer Neandertalerin war der Unterschied zwischen der Milch für das Neugeborene und derjenigen für das Kleinkind sicher noch gravierender, da die Milch der Neandertalerin vermutlich einen viel höheren Fettanteil hatte als die einer *Sapiens*-Frau. Den Milchbedarf zweier Kinder in unterschiedlichen Altern hätte die Neandertalerin nicht decken können.

Wenn wir zu unserer Beispielneandertalerin zurückkehren, dann würde sie also nicht 20, sondern 6 oder 7 Kinder in ihrem Leben austragen, von denen nur etwa die Hälfte, also ungefähr drei, das Kleinkindalter überleben. Nimmt man außerdem an, dass Frauen mit höherem Androgenspiegel möglicherweise weniger leicht empfangen, dann darf man davon ausgehen, dass der Neandertalerin eine geringe Kinderzahl oder Unfruchtbarkeit eher Kopfzerbrechen bereitete als Gedanken über Geburtenkontrolle. Kindstötungen lassen sich durch die zahlreichen beerdigten Säuglinge und Kleinkinder jedenfalls nicht belegen. Gerade die rituelle Bestattung deutet auf die außerordentliche Wertschätzung der Kinder in der Neandertalergesellschaft hin. Dass es eine vergleichsweise große Zahl von Kindergräbern gibt, spiegelt eher die schmerzhaft hohe Kindersterblichkeit wider.

Nur in Ausnahmefällen kann das hormonelle Band zwischen Mutter und Kind zerreißen. Die kalifornische Anthropologin Sarah Blaffer Hrdy, die seit Jahrzehnten Eltern-Kind-Verhältnisse bei Menschen und Tieren untersucht, hat herausgefunden, dass sich «die Emotionen einer Frau nicht so sehr von denen anderer Tiere unterscheiden: Werden die Kosten, für den Nachwuchs zu sorgen, den Umständen entsprechend zu hoch, gibt sie auf. [...] Jede von uns lebt mit dem emotionalen Erbe von Müttern, die sich so verhalten, dass mindestens ein Nachkomme bis zu dessen eigener Fortpflanzung überlebt.»[15] Auch die Neandertalerin wird während großer Hungersnöte möglicherweise eher das Leben eines Kindes als ihr eigenes geopfert haben. Diesem Verhaltensmuster folgt auch der moderne Mensch. Bei dem Volk der Eipo auf Papua-Neuguinea beispielsweise war die Kindstötung lange Zeit eine der häufigsten Todesarten für Neugeborene. Noch in der zweiten Hälfte des vergangenen Jahrhunderts starben mehr als 40 Prozent durch die Hand ihrer Eltern.

Hrdy glaubt, dass «die Natur gleich nach der Geburt ein Fenster vorgesehen hat, durch das eine Mutter sich relativ schmerzfrei von ihrem Kind zu trennen vermag»[16]. Dass die Neandertaler ebenso wie die frühen *Sapiens* immer wieder längere Zeiträume großer Entbehrungen hinnehmen mussten, ist an vielen Knochen heute noch sichtbar. Wie Jahresringe haben sich die nahrungsreichen Jahre ebenso wie die Hungersnöte in die Gebeine eingraviert. Vielleicht waren die Neandertaler – spätestens in der Konkurrenzsituation mit dem *Homo sapiens* – nicht in der Lage, alle Kinder durchzubringen.

Der «Mutterliebe» im biologischen Sinne konnte sich die Neandertalerin ebenso wenig entziehen wie beispielsweise Vogel- oder

Säugetiermütter inklusive unserer eigenen Art. Schon im Mutterleib sorgt das Ungeborene dafür, dass es von seinen Eltern positiv aufgenommen wird und die Elternliebe mit keinem anderen Baby teilen muss. Einfluss nimmt schon der Embryo, indem er ein Hormon mit dem unaussprechlichen Namen Choriongonadotropin ausschüttet, das das Einnisten eines weiteren befruchteten Eis unterbindet. Während Geburt und Stillzeit provoziert es die Hirnanhangdrüse der Mutter, vermehrt Prolaktin auszuschütten, und rein durch sein Aussehen, durch Berührungen und vor allem durch das Saugen an der Brust führt es die Ausschüttung von Oxytocin herbei, dem so genannten «Kuschelhormon», sodass der Hormoncocktail im Blut der Mutter kaum etwas anderes als Nähe und Fürsorge zulässt.

Wenn es Kindstötungen gegeben haben sollte, so waren sie vermutlich eine absolute Ausnahmeerscheinung wie bei unserer eigenen Art auch. Die beigesetzten Kinder gehörten sicher nicht zu den Verstoßenen. Ich vermute im Gegenteil, dass die Neandertalerinnen aufgrund der immer wieder auftretenden Todesfälle eine besondere Anhänglichkeit für ihre Nachkommen entwickelten. Vielleicht waren es sogar Neandertalermütter, die begannen, für ihre Kinder auch nach deren Tod zu sorgen, und damit einen ersten Impuls in Richtung Religiosität gaben.

Die Geschichte der Neandertalerin liegt wie die Geschichte anderer Frauen aus der langen Reihe der Gattung Homo noch immer sehr im Dunkeln. Viele Jahrzehnte betrachteten Forscher die Entwicklung des Menschen allein unter dem Aspekt des Hirnwachstums. Dabei wurde stets rein quantitativ erfasst, wie viel Gewicht an kleinen grauen Zellen der Schädel einer Spezies aufnehmen konnte. Als Auslöser der Hirnentwicklung interpretierte man den aufrechten Gang. Denn durch das Gehen auf zwei Beinen hatte der Mensch angeblich die Hände frei, um Dinge zu transportieren und Werkzeuge herzustellen.

In all diese Theorien ist aber bisher weder die Überlegung eingeflossen, wie der aufrechte Gang unsere Emotionen und damit unser Zusammenleben in der Gruppe umgestaltet haben könnte, noch wie sich die Veränderung der Geburt durch das stete Wachstum des Gehirns auf die frühen Gesellschaften ausgewirkt haben könnte. Durch das Isolieren und Akzentuieren einzelner leichter, quantitativ erfassbarer Entwicklungsschritte wurden stets nur Facetten der Menschheitsentwicklung näher beleuchtet. Ich denke, es ist an der Zeit, die unterschiedlichen Faktoren, die in der Evolution des Menschen zu uns und auch zum Neandertaler führten, als Wirkungsgeflecht zu verstehen, das nur als Ganzes die bekannten Ergebnisse hervorbringen konnte.

Erst, wenn wir aufhören, stets nur die Evolution des Mannes im Auge zu haben, wenn wir von der Evolution des Menschen sprechen, wird es uns vielleicht gelingen, das «Puzzle Menschwerdung» irgendwann zu lösen. Solange wir die frühe *Sapiens*-Frau, die Neandertalerin, die *Erectus*-Frau und die vielen Vor- und Frühfrauen aus unseren Überlegungen ausschließen, fehlt uns einfach die Hälfte aller Puzzleteile.

Gene lügen nicht

Sie wartete schon lange auf die weise Frau. Noch immer waren viele Verletzte zu versorgen. Ihr Anliegen war im Vergleich zu den Nöten und Bedürfnissen der Leidenden gering. Noch einmal ließ sie sich die Sache durch den Kopf gehen. Hatte sie auch alle Zeichen richtig gedeutet? War ihr kein Fehler unterlaufen? Nein, seit sie ihren Gefährten durch einen Jagdunfall verloren hatte, war der volle Mond bereits zwölfmal zu sehen gewesen. Längst hatte diese Bindung ihre Kraft verloren, sie konnte sich nur vage an den Mann erinnern, mit dem sie so viele Winter den Schlafplatz geteilt hatte.

Nun trug sie ein Kind in sich und hatte nur eine einzige Erklärung dafür. Als die meisten anderen sich vor drei Monden zur großen Jagd aufgemacht hatten, war sie selbst zurückgeblieben, um gemeinsam mit anderen Clanmitgliedern die kleinen Kinder und Alten der Gruppe zu versorgen. Da waren sie gekommen, die Fremdlinge, die man schon seit geraumer Zeit im angrenzenden Tal gesichtet hatte. Sie hatten die Nahrungsmittel geraubt und das Lager verwüstet. Zum Glück hatten sie niemanden schwer verletzt oder getötet, und doch hatten sie etwas getan, das ganz und gar ungeheuerlich war. Einer von ihnen hatte sich ihr genähert, wie es ihr Gefährte einst getan hatte. Er hatte getan, was eigentlich nur nach beiderseitigem Einverständnis hätte getan werden dürfen. Und der hässliche Fremdling hätte sicher sein können, dass sie ihr Einverständnis nie gegeben hätte.

Sie hatte bisher niemand von dem Zwischenfall erzählt. Alles war so unwirklich gewesen, dass sie selbst kaum noch daran glaubte. Nun hatte sie sich zum letzten Vollmond völlig umsonst von der Gruppe abgesondert. Sie hatte nicht das Reinigungsritual vollzogen, denn alle Zeichen zeigten ihr an, dass sie ein «Kleines» gebären sollte. Sie war eine erfahrene Mutter und hatte sich nicht geirrt. Sie musste mit der Medizinfrau reden. Was sollte sie nun tun?

Im Jahr 1997 bohrte ein Mann ein wenige Millimeter großes Loch in den rechten Oberschenkelknochen des Mannes aus dem Neandertal. Der Originalfund von 1856 war nicht etwa in die Hände eines Wahnsinnigen geraten, der im Sinne hatte, eines der bedeutendsten Relikte aus der Vorgeschichte zu schänden. Vielmehr erfolgte der Eingriff in Zusammenarbeit mit dem Rheinischen Landesmuseum in Bonn und war von höchster Stelle abgesegnet. Der Mann hieß Matthias Krings und war ein enger Mitarbeiter des Paläogenetikers Svante Pääbo. Beide hatten es sich zur Aufgabe gemacht, dem Neandertaler nun auch auf molekularer Ebene zu Leibe zu rücken und endlich die Frage zu klären, wie nah unser Verwandtschaftsgrad zum Neandertaler denn eigentlich ist.

Dass Genetiker heute auch in der Paläoanthropologie mehr und mehr die Rolle von Schiedsrichtern spielen und oft als letzte wissenschaftliche Instanz für die ein oder andere strittige Frage angerufen werden, verdanken sie der Tatsache, dass sie den Schlüssel zum Bauplan vieler Geschöpfe in Händen halten. Man braucht gar nicht mehr den Organismus selbst zu untersuchen und mit anderen zu vergleichen, sondern erkennt Verwandtschaft oder völlig getrennte Entwicklungswege anhand der genetischen «Blaupause» eines jeden Lebewesens.

Diesen viel zitierten «Bauplan des Lebens» nennt man Desoxyribonukleinsäure oder auch kurz DNS. DNA bedeutet dasselbe, nur leitet sich diese Abkürzung von englisch *acid* für Säure ab. Entdeckt und beschrieben hatten das vergleichsweise riesige Molekül die Chemiker James Watson und Francis Crick bereits 1953.

In den frühen sechziger Jahren fanden Wissenschaftler dann heraus, dass DNS nicht nur im Zellkern, sondern auch in anderen Teilen der Zelle, den Mitochondrien, vorhanden ist. Diese ungewöhnlichen Zellorganellen dienen der Zelle als Energieversorger. Sehr wahrscheinlich sind diese «Kraftwerke der Zelle» aus unabhängigen Einzellern entstanden, die in einem frühen evolutionären Stadium in größere Zellen eingelagert wurden. Die Symbiose brachte offenbar sowohl den Einzellern, die später zu Mitochondrien wurden, als auch ihren Wirtszellen einen Vorteil, sodass die Zusammenarbeit immer enger wurde und schließlich zur Entwicklung der höheren Zelle führte. Trotz der Integration in ein größeres System behielten die winzigen Zellorgane ihr eigenes Erbmaterial, einen ringförmigen DNS-Kringel, der es nur auf einen Bruchteil der Basenpaare, die die genetische Ausstattung des Zellkerns bilden, bringt und zudem in jeder Zelle in vielen Kopien vorliegt.

Die hohe Kopienanzahl pro Zelle und die übersichtliche Länge machen die Mitochondrien-DNS (mt-DNS) zum idealen Forschungsobjekt. Bei nur zwei Kopien Kern-DNS sahen die Paläogenetiker bisher kaum eine Chance, hier den Überblick zu behalten. Darüber hinaus hat das genetische Material der mt-DNS noch einen weiteren Vorteil. Im Gegensatz zur Kern-DNS vermischt es sich beim Menschen nicht mit anderen Erbinformationen. Wenn die Eizelle einer Frau vom Spermium eines Mannes befruchtet wird, kommt es lediglich zwischen dem Zellkern der Eizelle und dem Kern des eindringenden Spermiums zum Genaustausch. Die DNS der Mitochondrien bleibt davon unberührt und wird allein von der Mutter an die Nachkommen vererbt. Das erleichtert nicht nur die

Analyse als solche, sondern ermöglicht es auch, Veränderungen zeitlich genau einzuordnen, die bei immer neu kombinierter Kern-DNS schwerlich zu identifizieren wären.

Solche Veränderungen entstehen durch Fehler bei der Vervielfältigung der DNS. Man nennt diese Unregelmäßigkeiten Mutationen. Obwohl wir im Zeitalter schrecklicher Kinomutanten diesen Begriff meist mit etwas Negativem verbinden, wirken sich längst nicht alle Mutationen ungünstig auf einen Körper aus. Manche Veränderungen können einem Individuum und sogar – wenn die Veränderung weitervererbt wird – einer Population oder einer ganzen Art enorme Vorteile bringen. Resistenzen gegen bestimmte Krankheiten sind solche vorteilhaften Mutationen. Viele Veränderungen bleiben aber auch völlig ohne Auswirkung auf einen Organismus oder werden nicht weitervererbt.

Das Erbgut der Mitochondrien mutiert um einiges schneller als das der Kern-DNS. Das liegt vor allem daran, dass die Kern-DNS mit dem Erbmaterial eines anderen Wesens vermischt wird und gute Chancen bestehen, dass zumindest einer von beiden Elternteilen mutationsfreie DNS einbringt. Fehlerhaftes Material kann dann aus dem unveränderten Erbgut korrigiert werden. Bei der Mitochondrien-DNS gibt es keine Vermischung mit anderem Genmaterial, und damit sind die Reparaturmöglichkeiten verhältnismäßig limitiert. Außerdem sind die Mitochondrien als «Kraftwerke der Zelle» kein besonders sicherer Ort für fragile DNS-Stränge. Hier wird mit hochaggressiven Substanzen wie Sauerstoff operiert. Die Wahrscheinlichkeit, dass sich Fehler einschleichen, ist etwa so hoch, wie wenn man ein Blatt Papier mit einem Bauplan in einer stark frequentierten Küche aufhebt, den anderen in einem Kartenschrank. Selbst wenn sich das Küchenpersonal die allergrößte Mühe gibt, wird das Papier auf Dauer nicht ohne Fettflecke oder Wasserspritzer bleiben. Tatsächlich tritt innerhalb derselben Generationenzahl der mt-DNS im Vergleich zur Kern-DNS ein Vielfaches an Mutationen auf. Die

Paläogenetiker schätzen die Erbsubstanz der kleinen Zellorgane deshalb sehr, wenn es darum geht, nahe Verwandte miteinander zu vergleichen. Ein genauerer Blick auf die Mutationen, die zwei Arten voneinander trennen, lässt eine verhältnismäßig sichere Einschätzung zu, wie lange die Aufspaltung der Spezies bereits zurückliegt.

Der Biochemiker Allan Wilson und der Anthropologe Vincent Sarich glaubten sogar, mit der Mitochondrien-DNS eine «molekulare Uhr» gefunden zu haben, die es ermöglicht, evolutionäre Vorgänge auf der molekularen Ebene zeitlich zu fassen.[1]

Zunächst beschäftigten sich die Genetiker mit dem Erbmaterial der heutigen Tier- und Pflanzenwelt, bis man 1987 ein Großprojekt startete und begann, die mt-DNS von Menschen aller Kontinente zu analysieren. Diese Untersuchungen erbrachten ein erstaunliches Ergebnis: Unter den afrikanischen Probanden traten durchschnittlich mehr Basenunterschiede auf als unter Nichtafrikanern. Die Genetiker folgerten aus dieser größeren Diversität, dass die «molekulare Uhr» der Afrikaner bereits länger tickt als alle anderen. Darin sehen die Forscher einen Beleg, dass der moderne Mensch tatsächlich in Afrika entstanden ist. Sie datieren unsere gemeinsame Ahnherrin auf eine Zeit vor 200 000 Jahren. Diese Erkenntnis ist in der Kurzfassung «Eva kam aus Afrika» mittlerweile weltbekannt. Derzeit versucht man, die Entstehung und Ausbreitung des modernen Menschen auch anhand der männlichen Vererbungslinie nachzuvollziehen. Das y-Chromosom wird jeweils nur vom Vater auf den Sohn weitergegeben. Auch hier lassen sich wie bei der mt-DNS Mutationen gut nachweisen, weil diese nicht durch Vermischung ausgeglichen werden. Anhand isoliert lebender Populationen kann man sogar bestimmte Routen ausmachen, die die frühen *Homo sapiens* auf ihrem Weg rund um die Welt genommen haben müssen.

Die erfolgreichen Analysen modernen Erbmaterials ermutigten auch Wissenschaftler, die sich mit der DNS bereits ausgestorbener

Organismen beschäftigen wollten. Mitte der achtziger Jahre gewann der Japaner Higuchi DNS aus einem ausgestopften Quagga, einem Zebraverwandten, der im 19. Jahrhundert ausgerottet worden war. Die DNS des Tieres war «nur» 140 Jahre alt, dennoch ging die Nachricht von der Analyse rund um die Welt.[2] In den Kinos träumten Spielberg und andere kühn von der Auferstehung längst ausgestorbener Organismen. Die Wissenschaftler der wirklichen Welt tasteten sich derweil in eher kleinen Schritten in die Vergangenheit vor. Ihr Ziel bestand zunächst vor allem darin, Verwandtschaftsgrade zu klären – innerartliche ebenso wie individuelle. Svante Pääbo gelang es beispielsweise 1985, die DNS einer ägyptischen Mumie zu klonen.

Bevor man sich allerdings an noch älteres, das heißt selteneres und wertvolleres, Material wagen konnte, musste gesichert sein, dass man die Untersuchungsobjekte im Verlauf der Tests nicht völlig zerstörte. Das war möglich, als der amerikanische Biochemiker Kary Mullis 1987 ein Verfahren entwickelte, mit dessen Hilfe man die alte DNS praktisch unbegrenzt vervielfältigen konnte.[3] Das Wunderwerkzeug heißt Polymerase-Kettenreaktion oder schlicht PCR *(polymerase chain reaction)* und ist bis heute nicht aus der Paläogenetik wegzudenken.[4]

Für die Beschäftigung mit altem Erbgut ist dieses Verfahren enorm wichtig, weil das genetische Material von ausgestorbenen Arten erstens endlich ist und zweitens die Beschädigung der wertvollen Fossilien natürlich auf ein vertretbares Maß reduziert bleiben soll. Um eine ausreichend große Probe für eine DNS-Analyse zu erhalten, muss man immerhin ein veritables Loch von mehreren Millimetern Durchmesser in einen fossilen Knochen bohren. Wollte man die Analyse nur anhand der entnommenen Probe machen, so wäre das Material nach der Untersuchung zerstört.

Für eine Überprüfung des Ergebnisses müsste wieder neu gebohrt werden und so fort. Auf diese Weise würde entweder sehr viel fossiles Knochenmaterial zerstört werden, oder die Paläogenetik hätte mangels freigegebener Untersuchungsobjekte keine allzu große Zukunft. Erst Mullis' geniales Konzept der Vervielfältigung alter DNS-Moleküle ermöglichte den Forschern, aus einer einzigen Probe eine große Menge identischen Erbguts ausgestorbener Lebewesen herzustellen, das ein schier unerschöpfliches Reservoir für weitere Experimente gewährleistete.

Problematisch bei der Auswertung ist die Kontamination mit fremder DNS. Ist ein Knochen zum Beispiel von Mikroorganismen besiedelt, kann das die Untersuchung gehörig durcheinander bringen. Im Großen und Ganzen lässt sich das Erbgut der Mikroben heute gut von der DNS des Untersuchungsobjektes trennen. Schwieriger ist es jedoch, die Verunreinigung der DNS anderer Menschentypen durch das Erbgut moderner Menschen zu vermeiden. Ein fossiler Knochen ist im Laufe der Zeit durch zahllose Hände gegangen. Gerade in der Anfangsphase der Paläoanthropologie war der Gebrauch von Handschuhen nicht üblich. Auch heute noch können einzelne Hautschuppen, die dem Genetiker ins Reagenzglas fallen, ein Ergebnis völlig verfälschen.

Um dieses Risiko zu minimieren, gleichen die Umstände bei der Beprobung eines fossilen Menschenknochens einem Versuch im Hochsicherheitstrakt eines Labors, das sich mit biologischen Waffen beschäftigt. Nur, dass in diesem Fall die Mitarbeiter nicht vor dem Studienobjekt geschützt werden müssen, sondern das Studienobjekt vor den Mitarbeitern.

Im Juli 1997 ging Matthias Krings in München zum ersten Mal mit dem Oberschenkelknochen des Mannes aus dem Neandertal in den so genannten «Reinstraum». Dieses winzige Labor ist hermetisch gegen die Außenwelt abgeriegelt und wird rund um die Uhr mit UV-Licht bestrahlt. Nur wenn Forscher, angetan mit Schutzkleidung, Helmen, Mundschutz, Handschuhen und Überziehern für die Schuhe, ihre Arbeit in der sterilen Kammer aufnehmen, wird das keimtötende, aber auch krebserregende Licht ausgeschaltet. Die Chancen für Krings, ausreichend echte Mitochondrien-DNS des Neandertalers zu gewinnen, waren zu Beginn der Untersuchung kaum einzuschätzen. Die äußeren Umstände gaben Anlass zur Hoffnung. Die Lagerung in der Höhle unter Luftabschluss hatte günstige Voraussetzungen geschaffen, und nach der Auffindung hatte man den Knochen zur Haltbarmachung nur oberflächlich lackiert. Keine Chemikalien hatten das Innere erreicht und die wertvolle DNS zerstört.

Die Hoffnungen der beteiligten Wissenschaftler erfüllten sich, als es Krings tatsächlich gelang, Stücke der Neandertaler-DNS zu isolieren. Besondere Aufmerksamkeit schenkte er einer Sequenz von 379 Basen Länge, die als «hypervariable Region I» ein sehr aussagekräftiger Abschnitt der mitochondrialen DNS ist. Als er die Neandertaler-Sequenz mit dem entsprechenden Abschnitt der mt-DNS von etwa 1000 modernen Menschen unterschiedlichster Herkunft verglich, stellte er fest, dass die Unterschiede von Neandertaler zu *Sapiens* deutlich größer waren als die Unterschiede, die die modernen Menschen untereinander trennten. Während die heute lebenden Menschen untereinander in dieser Sequenz nur acht Positionen trennen, unterscheidet sich der Neandertaler mit 27 Positionen allein in Region I ganz deutlich von uns. Interessant ist besonders die Tatsache, dass es keine größere Nähe zwischen Neandertalern und Europäern im Vergleich zu anderen modernen Menschen gibt. Sehr wahrscheinlich hat sich der Neandertaler nicht mit dem aus Afrika stammenden *Sapiens* vermischt.

Mittlerweile wurde eine zweite Sequenz, die «hypervariable Region II», untersucht und erneut verglichen. Das Ergebnis deckt sich mit dem ersten Befund. Die letzte gemeinsame Vorfahrin von Neandertaler und uns hat nach diesen Ergebnissen vor rund einer halben Million Jahren gelebt und war demnach ein *Homo erectus*. In Afrika hatte sich aus dem *Erectus* vor 150 000 Jahren der frühe moderne Mensch entwickelt, in Europa vor 300000 bis 200 000 Jahren der Neandertaler.

Seit dieser Pioniertat der Paläogenetik sind mehrere andere Neandertaler in ähnlicher Weise untersucht worden, und das Ergebnis wurde bestätigt. Erstaunlich ist allerdings die Tatsache, dass sich in allen Fällen auch die Neandertaler stärker voneinander unterschieden als erwartet. Der Mann aus dem Neandertal beispielsweise wich in einem Untersuchungsabschnitt in 12 Basenpaaren von seinem Artgenossen aus dem Kaukasus ab. Damit trennte die beiden genetisch sehr viel mehr als einen heutigen Mitteleuropäer von einem Asiaten.

Für kurze Zeit machte sich bei all denen Ernüchterung breit, die dem Neandertaler gern einen Platz in unserer Ahnengalerie zugewiesen hätten. Doch schon bald regte sich erneut Hoffnung. Vielleicht sähe der Befund ja ganz anders aus, hätte man nur die Möglichkeit, einen Blick auf die Kern-DNS zu werfen. Dieser Schritt steht nun unmittelbar bevor. 2005 zapften Svante Pääbo, mittlerweile am Max-Planck-Institut in Leipzig, und sein Mitarbeiter Johannes Krause dem namengebenden Neandertaler erneut einige Gramm des informationsträchtigen Knochenstaubes ab, um die Verwandtschaftsfrage zwischen den Eiszeitjägern und uns endgültig zu klären. Allerdings hat Pääbo diesmal weit mehr mit der wertvollen Probe im Sinn: «Wir suchen beim Neandertaler aus der Kleinen Feldhofer Grotte eine gute Probe, die viel Neandertaler-DNA enthält und wenig durch den modernen Menschen kontaminiert ist. Mit Hilfe dieser Probe werden wir dann zusammen mit unseren Partnern in den Vereinigten Staaten eine genetische Bibliothek anlegen.»[5] Das bedeutet, die Wissenschaftler sequenzieren alle greifbaren Schnipsel der Neandertaler-DNS und hoffen, auf diese Weise einen Überblick über das gesamte Genom des Neandertalers zu bekommen. Ähnliche Genomprojekte wurden bereits beim modernen Menschen und einigen Tierarten der Gegenwart und Vergangenheit durchgeführt, doch noch nie hatten sich Forscher an die Entschlüsselung des Erbmaterials eines ausgestorbenen Menschentyps gewagt. Und wieder einmal ist es der Mann aus dem Neandertal, der vielleicht den Sprung in eine neue Erkenntnisebene ermöglicht.

Um neandertalerspezifische Gene zu finden, muss wie schon bei früheren Untersuchungen vor allem die Verunreinigung des Materials durch DNS des modernen Menschen vermieden werden. Pääbo vertraut hier nicht allein auf Schutzkleidung und Bestrahlung: «Nur wenn wir uns auf die Positionen beschränken, in denen sich Neandertaler und Schimpanse gleichen, wir aber anders sind, können wir Veränderungen bestimmen, die entstanden sind, seitdem wir uns vom Neandertaler getrennt haben. Diese Veränderungen sind besonders interessant, weil sie dazu geführt haben, dass wir uns so besonders entwickelt haben in den letzten zweihunderttausend Jahren.»[6]

Die Genetiker suchen nicht etwa deshalb nach Unterschieden zwischen dem Neandertaler und uns oder Gemeinsamkeiten zwischen Neandertalern und Schimpansen, um den Eiszeitler möglichst weit von uns wegzuschieben. Es ist nur einfach sinnvoll, weil es recht unwahrscheinlich ist, dass ein moderner Schimpanse je einen Neandertalerknochen in der Hand hielt und ihn damit dann verunreinigte. Dagegen ist es fast ausgeschlossen, die DNS des modernen Menschen vollständig aus den Knochenproben zu verbannen. Alles, was eher Schimpanse und weniger *Sapiens* ist, muss also original Neandertaler sein.

An die Herstellung der genetischen Bibliothek knüpft Pääbo die Hoffnung, einige der wichtigsten Fragen beantworten zu können, die in der Neandertalerforschung schon immer zu heftigen Auseinandersetzungen führten. Zum Beispiel könnte die Antwort auf die Frage, ob der Neandertaler zu einer Wortsprache, wie wir sie heute kennen, in der Lage war, in greifbare Nähe gerückt sein.

«Wenn wir diese Bibliothek mit allen Unterschieden haben, die den modernen Menschen einzigartig machen, im Vergleich zu Neandertalern und Schimpansen, dann können wir besonders interessante Gene näher anschauen. Ein Beispiel ist das FoxP_2-######Gen, das wir beim Menschen und beim Schimpansen untersucht und beide verglichen haben. Sie unterscheiden sich in zwei Positionen. Wir wissen auch, dass Menschen, bei denen dieses Gen mutiert ist, Probleme mit Sprache und Sprachfähigkeit haben. Besonders für die Artikulationen scheint das Gen mitverantwortlich zu sein, also für die Art und Weise, wie ich meine Zunge und meine Lippen steuere, um artikuliert zu reden. Dieses Gen ist sehr interessant, weil es uns unter Umständen etwas darüber sagen kann, wie die Sprachfähigkeit des Neandertalers war und wie spät in unserer Geschichte unsere moderne Sprachfähigkeit entstanden ist.»[7]

Andere Gene, die die Haarfarbe beim Menschen beeinflussen, könnten Hinweise auf die Haarfarbe des Neandertalers liefern. Waren die Haare bei allen Neandertalern einheitlich gefärbt wie beim Schimpansen, oder variierten ihre Haarfarben wie beim modernen Menschen? Schließlich könnte man anhand bestimmter Gene, die mit Gehirnentwicklung zu tun haben, sogar einiges darüber herausfinden, wie der Neandertaler dachte. Waren seine Denkmuster den unseren ähnlich, oder wäre uns seine Art zu denken völlig fremd?

Noch ist das alles Zukunftsmusik. Nach der Probenentnahme folgt nun eine längere Phase der Sequenzierung, also der Massenproduktion von DNA-Sequenzen und der Analyse. Diese Vorgänge werden die Forscher drei bis vier Jahre beschäftigen. Erst nach dieser Zeit rücken konkrete Ergebnisse in greifbare Nähe. Pääbos Traum ist es, das Neandertalergenom so vollständig wie möglich wiederherzustellen. Die Chancen dafür stehen offenbar nicht ganz so schlecht, wie lange Zeit angenommen. In Bezug auf noch frühere Menschentypen gerät die Paläogenetik allerdings an ihre Grenzen: «Ich würde sagen, die Grenze liegt auf dieser Seite von einer Million

Jahren, vielleicht bei einer halben Million Jahre. Ich halte es für unrealistisch, jemals den *Australopithecus* in Afrika zu untersuchen, aber die Geschichte des Neandertalers zu fassen, ist vielleicht möglich – in unserer oder in der nächsten Generation.»[8]

Mensch versus Mensch?

Die Frage, warum der Neandertaler vor 27 000 Jahren von der Bühne des Lebens abgetreten ist und ob unsere Vorfahren einen aktiven Beitrag zu seinem Verschwinden geleistet haben, bewegte ganze Forschergenerationen. Die Wissenschaftler aus der Frühzeit der Paläoanthropologie, noch geprägt vom Kolonialismus ihrer Tage, sahen ganz klar den modernen Menschen als überlegenen Usurpator, der Europa mit neuer Waffentechnologie unterworfen und dabei den weniger entwickelten Neandertaler kurzerhand ausgerottet hatte.

Dann meldeten einige Forscher Zweifel an, ob denn der frühe *Sapiens* tatsächlich der erfindungsreiche Waffenmeister war, für den man ihn lange Zeit gehalten hatte. Tatsächlich stellten sich fortschrittliche Steinklingen, die immer dem modernen Menschen zugeschrieben wurden, als Werk des Neandertalers heraus, während andere Erfindungen wie die Speerschleuder jüngeren Datums sind als zunächst angenommen. Tatsächlich waren der Neandertaler und unsere Vorfahren lange Zeit waffentechnisch auf dem gleichen Stand.

Dann ging man dazu über, in der kulturellen Unterlegenheit des Neandertalers den Grund für sein Verschwinden zu sehen. Zeigte nicht der moderne Mensch durch seine Kunstwerke, dass er in der Lage war, abstrakt zu denken und seine Gedanken in Symbole und damit auch in Worte zu fassen. Immerhin hatte das abstrakte Denken der Neandertaler offenbar ausgereicht, ihren Lebensunterhalt über einen gewaltigen Zeitraum zu sichern. Welchen Vorteil brachte es den Neuankömmlingen, ihr Weltbild auf Felswände zu malen?

Sie konnten möglicherweise besser kommunizieren, vielleicht sogar anhand der Bilder lernen und Gelerntes für spätere Generationen bewahren. Viele Interpretationen wurden im Laufe der Zeit diskutiert bis hin zu der Annahme, dass nur der moderne Mensch so weit in die Zukunft denken konnte, dass er planmäßig Vorräte anlegte. Was aber, wenn die wundervolle Kunst des Aurignacien gar nicht von den frühen *Homo sapiens*, sondern ganz oder teilweise von den späten Neandertalern geschaffen wurde?

Diese Deutung ist nach den neuesten Datierungen einiger Funde gar nicht mehr so unwahrscheinlich. Ist es also doch nicht unsere Überlegenheit als Künstler und damit als Denker und Planer, die unser Überleben ermöglichte?

Wissenschaftler der Gegenwart misstrauen zunehmend den Thesen, die eine kulturelle Überlegenheit des modernen Menschen in den Vordergrund stellen. Der Anthropologe und Archäologe Jim O'Connel von der Universität in Utah beispielsweise sieht die Ursache für das Aus in ganz einfachen ökologischen Prinzipien. Wenn zwei Arten dieselbe Nische besetzen und dieselben Ressourcen nutzen, dann wird die Spezies, die einen Nachteil hat, zwangsläufig aussterben. «Konkurrenzausschluss» heißt dieses tödliche Knockout-System in der Sprache der Biologie. O'Connel glaubt, dass dieses Prinzip nicht nur für die Tierwelt gilt, sondern auch für unterschiedliche Menschentypen der Vergangenheit, ja sogar für verschiedene Ethnien unserer eigenen Art bis heute. Dabei geht es nicht darum, dass die eine Gruppe technologisch überlegen ist. Er untersuchte zahlreiche Jäger- und Sammlergruppen der Vergangenheit bis in die Gegenwart und fand heraus, dass schon geringfügige Vorteile ausreichen können, um eine Gruppe zu begünstigen und die andere zum Aussterben zu verdammen. Vor 6000 Jahren beispielsweise breitete sich eine Gruppe australischer Ureinwohner, die von der Forschung unter dem Namen Pama Nyungan zusammengefasst wird, über den gesamten Kontinent aus, während nahzu alle Sprecher anderer Sprachfamilien ausstarben. Ganz ähnlich verdrängten die so genannten Numisch-Sprecher, zu denen die aus Karl May gut bekannten Komantschen und Schoschonen gehören wie auch andere Indianerstämme aus weiten Teilen Nordamerikas. Sogar heute noch sind solche Verdrängungsprozesse bei Jäger-und-Sammler-Völkern festzustellen. In Tansania beispielsweise besteht eine Konkurrenzsituation zwischen den Hadza und den Datog. Laut O'Connel ist es bereits abzusehen, dass die Hadza zum Aussterben verdammt sind, während es den Datog vermutlich gelingen wird, das Gebiet und die Ressourcen vollständig für sich zu beanspruchen.

Grundsätzlich stimmen viele Wissenschaftler der These des Konkurrenzausschlusses zu, allerdings herrscht keineswegs Einigkeit darüber, worin der – möglicherweise winzige – Vorteil des *Homo sapiens* gegenüber seinem eiszeitlichen Vetter gelegen haben könnte. Einige Forscher argumentierten rein mathematisch und legten eine Statistik vor, nach der schon eine höhere Sterblichkeitsrate von 2 Prozent ausgereicht hätte, um den Ausschlag für unsere Vorfahren zu geben.[1] Lebten unsere Ahnen also länger? Oder waren sie fruchtbarer als die Neandertaler? Dauerte die Schwangerschaft der Neandertalerin länger und konnte sie dadurch weniger oft gebären? All diese Überlegungen sind durchaus nahe liegend, aber nicht zu beweisen. Neandertaler starben früh, kaum einer erreichte sein 50. Lebensjahr. Unseren Vorfahren zu dieser Zeit erging es allerdings im Großen und Ganzen auch nicht besser. Aus dem fraglichen Zeitraum ist auch vom modernen Menschen kein einziger Methusalem bekannt.[2] Über die Geburtenentwicklung kann man wenig sagen. Bei den Neandertalern machen die Kindergräber über 40 Prozent aller Beerdigungen aus. Aus diesem Befund schließen viele Forscher auf eine hohe Kindersterblichkeit. Das ist nahe liegend, allerdings fehlt die Möglichkeit eines wirklichen Vergleichs mit der Situation des *Homo sapiens* der gleichen Zeit. Gelegentlich werden die

Befunde der Neandertalergräber mit denen jungsteinzeitlicher *Sapiens*-Gräber verglichen. Die Jungsteinzeitler haben im Verhältnis deutlich weniger Kinder begraben, aber folgt daraus zwangsläufig, dass auch weniger Kinder gestorben sind? Möglicherweise begrub *Sapiens* längst nicht jedes Neugeborene.

Eine andere Erklärung für das Verschwinden der Neandertaler stützt sich auf die Überlegung, die modernen Menschen könnten unbekannte Krankheiten aus Afrika eingeschleppt haben, denen das Immunsystem der Neandertaler nichts entgegenzusetzen hatte. Tatsächlich gibt es aus historischer Zeit einige Beispiele dafür, dass über große Strecken transportierte Krankheitserreger ganze Völker ausradierten. Beispielsweise tötete der «weiße Mann» vermutlich mehr Ureinwohner Süd- und Mittelamerikas durch eingeschleppte Masern und Windpocken als mit Feuer und Schwert. Leider lässt sich bisher kein stichhaltiger Beweis für diese These finden. Die Knochen der untersuchten Neandertaler zeigen keine Hinweise auf besondere Krankheitsbilder, die Rückschlüsse auf eine Epidemie zulassen würden.

Gelegentlich wird auch darüber spekuliert, ob sich eine zu gute Anpassung an die Eiszeit als evolutionäre Sackgasse für den Neandertaler erwiesen haben könnte. Zum Beispiel soll sein Energiebedarf zu groß gewesen sein. Unsere weniger muskulösen Vorfahren hätten, so die Forscher, Hungerzeiten besser überstanden, weil deren Bedarf geringer gewesen sei. Der Hamburger Paläoanthropologe Günter Bräuer kombiniert sogar den von frühen Forschern immer wieder ins Spiel gebrachten kulturellen Überlegenheitsanspruch mit der Bedarfsthese: «Ihr stämmiger Körperbau mag sich im Wettbewerb mit den neuen Einwanderern letztlich als Nachteil erwiesen haben, da Aufbau und Unterhalt eines solchen Körpers deutlich mehr Energie und damit mehr Nahrung erforderten. Die wiederkehrenden Nahrungskrisen trafen die Neandertaler deshalb sicher härter als die weniger muskelbepackten Modernen, die es zudem verstanden, ihren Kalorienverbrauch durch die Entwicklung verbesserter Behausungen, genähter Kleidung und eine effizientere Wärmeausnutzung der Feuerstellen zu reduzieren.»[3]

Wie man es auch dreht und wendet, in den meisten Szenarien scheinen im Grunde zwei Gedanken die Regie zu führen: Zum einen versichern wir uns immer wieder, dass wir dem Neandertaler biologisch und/oder intellektuell überlegen waren und natürlich heute erst recht sind. Zum anderen machen wir es uns ein bisschen leichter zu akzeptieren, dass der Neandertaler ausgestorben ist, indem wir ihm quasi selbst die Schuld zuweisen. Er war entweder zu dumm, zu unflexibel oder zu verfressen, um weiter zu überleben. Und die ganze Übung gründet vermutlich einfach in dem Bedürfnis, uns selbst gegenüber sicherzustellen, dass uns ein ähnliches Schicksal nie ereilen kann, denn wir sind dem Neandertaler ja eben überlegen – schlau, flexibel und im Notfall sogar sparsam.

Erst ganz allmählich nimmt offenbar die Zahl der wissenschaftlichen Arbeiten zu, die sich nicht mehr vorwiegend um den *Homo sapiens* drehen und stattdessen den Fall Neandertaler noch einmal von Grund auf neu aufrollen. 2004 beispielsweise veröffentlichte eine internationale Gruppe von Wissenschaftlern unterschiedlicher Fachbereiche einen erstaunlichen Bericht. Das Team unter der Leitung des Geoarchäologen Tjeerd H. van Andel trug aus den unterschiedlichsten Forschungsgebieten Einzelergebnisse zusammen, bündelte das angesammelte Wissen und kombinierte die Datenmenge am Computer zu eindrucksvollen Szenarien. Ihr Resümee ist erstaunlich:

Mit der Kälteanpassung der Neandertaler war es gar nicht so weit her. Im Gegenteil, wann immer das Eis nach Europa griff, starb der Neandertaler lokal aus. Wurde es wärmer, begannen die Populationen, die in wärmeren Gebieten, zum Beispiel am Mittelmeer, überlebt hatten, Europa von neuem zu besiedeln. Dieser Wechsel von Weichen und Zurückkehren wurde schon länger vermutet, neu an der vorliegenden Studie ist vor allem die Präzision der Klimadarstellung.[4]

Nach den Ergebnissen des Van-Andel-Teams zeichnete sich die Zeit vor 38 000 bis vor 28 000 Jahren, die Phase also, in der der Neandertaler ausgestorben sein soll, nicht etwa durch ein Kältemaximum aus. Das Verblüffende an dieser Zeit ist vielmehr, dass die Wettersituation extrem instabil war. Innerhalb weniger Jahrzehnte stiegen die Jahresdurchschnittstemperaturen um bis zu sieben Grad Celsius und stürzten dann ebenso unvermittelt wieder in die Tiefe. Die Klimaforscher nennen diesen Zeitraum, in dem ein völliges Wetterchaos in Europa herrschte, Dansgaard-Oeschger-Oszillation.

Was diese schnellen Wechsel der Jahresdurchschnittstemperaturen für die Pflanzen- und Tierwelt und damit für die Neandertaler bedeutet hat, können wir uns kaum vorstellen. Jeden Sommer fliegen wir an ferne, tropische Strände und jeden Winter zum Skifahren in kalte Gebirgszonen. Können denn sieben Grad mehr oder weniger im Jahresdurchschnitt so viel ausmachen? Dieser Mittelwert lässt nicht sofort erkennen, dass die Unterschiede der Jahreszeiten natürlich viel extremer sein können. Außerdem wirken sich Wärme und Kälte auch auf die Wassermenge aus, die für den Pflanzenwuchs zur Verfügung steht. Mit anderen Worten: Bei jedem Kälteeinbruch trocknet die Landschaft aus, weil das Wasser als Eis gebunden ist. Folgt eine wärmere Phase, wird es auch wieder feuchter.

Auf diese sehr unterschiedlichen und stets wechselnden Bedingungen können sich nur wenige Generalisten einstellen. Jeder, der einen Garten hat, kann sich vorstellen, was passieren würde, wenn man ein Jahr lang jeden Monat die Bedingungen ändern würde. Im Januar wäre es kalt und trocken, im Februar heiß und feucht und immer so weiter. Vermutlich hätten am Ende des Jahres bestenfalls einige Löwenzahnpflanzen den hektischen Wechsel der Lebensbedingungen überlebt, wenn hungernde Gartentiere diese nicht völlig aufgefressen hätten. Tatsächlich stellten die Forscher für den

Untersuchungszeitraum aufgrund von Bodenprobenanalysen eine deutliche Abnahme der Biomasse fest. Auch für eine Verarmung des Artenreichtums fanden die Ökologen nördlich der Alpen eine Menge Hinweise. Der Neandertaler ist am Ende der Dansgaard-Oeschger-Oszillationen ebenfalls nur noch an ganz wenigen Stellen in Europa wie etwa auf der Iberischen Halbinsel oder auf der Krim nachweisbar.

Warum er es nicht schaffte, wieder in Europa Fuß zu fassen, als sich die Wettersituation beruhigt hatte, bleibt unklar. Natürlich könnte man vermuten, dass er letztlich doch am modernen Menschen scheiterte, indem er den Besiedlungswettlauf in Europa verlor. Möglicherweise reichte aber auch einfach die Zahl der überlebenden Neandertaler nicht aus, um eine neue europaweite Population aufzubauen. Rechnet man mit mindestens 250 Individuen als absolute Untergrenze für den nötigen Genpool, dann könnten die weit versprengten Neandertalergruppen diese kritische Marke unterschritten haben. Wie viele andere Arten könnte auch der Topjäger der Eiszeit ein Opfer der Klimakapriolen geworden sein – ganz ohne unser Zutun.

Im Zeitalter von *Star Trek* und *Star Wars* kann man kaum noch verstehen, weshalb uns die Auffindung des Neandertalers, also eines anderen intelligenten menschlichen Wesens, bis heute so bewegt. Lange schon haben wir uns an den Gedanken gewöhnt, dass fremdartige Intelligenzen wie Darth Vader oder Mr. Spock ganz selbstverständlich mit uns die Laser-Klingen kreuzen oder ein Tässchen vulkanischen Entspannungstee trinken – je nachdem.

Trotzdem fällt es uns noch genauso schwer wie den frühen Entdeckern, den «anderen Menschen» als intelligentes Gegenüber anzuerkennen. Meist unterschätzen wir ihn, gelegentlich vereinnahmen wir ihn, aber nie bleiben wir neutral, wenn wir über ihn nachdenken. Im Großen und Ganzen finden wir ihn abstoßend und fühlen uns als Überlebende überlegen. Der Grund dafür ist ebenso einfach wie schwerwiegend. Der Neandertaler ist real. Zumindest in der Vergangenheit sind Neandertaler aus Fleisch und Blut kreuz und quer durch Europa gezogen, zum Teil auf denselben Wegen, auf denen sich heute die Blechlawinen unserer Gegenwartskultur entlangwälzen. Ihre Hinterlassenschaften kann man im Museum besichtigen, und wenn man das Gebäude verlässt, stellt sich nicht das gute Gefühl ein: «War ja alles nur Film …»

Mich würde nach dieser langen Beschäftigung mit den Neandertalern brennend interessieren, was sie wohl von uns Heutigen halten würden oder welche Gedanken ihnen durch den Kopf gingen, als sie erstmals unsere Vorfahren entdeckten, die nach und nach in ihren Lebensraum eindrangen. In einem älteren Dokudrama erschienen die *Sapiens* den Neandertalern als Lichtgestalten, von denen sie vermuteten, sie kämen aus dem Jenseits. Ich halte es für ziemlich unwahrscheinlich, dass die Neandertaler dem Charme unserer Ahnen unmittelbar erlagen. Und auch wir Gegenwartsmenschen fänden vor ihren Augen vermutlich keine Gnade. Hätten die Neandertaler überlebt und wir wären ausgestorben, hielten Neandertalerforscher uns sehr wahrscheinlich für äußerst dumm, da unser Gehirn kleiner ist. Der seltsame Fortsatz am unteren Kopfende, unser Kinn, würde sicher ebenso für Stirnrunzeln und Kopfschütteln sorgen wie die Überaugenwülste der anderen bei uns. Eine spöttische Neandertalerpresse würde uns als «Flachgesichter» bezeichnen, und um das Höhlenmenschenklischee kämen wir vermutlich auch nicht herum. Aber die Geschichte ist anders verlaufen. Wir sind die Überlebenden, und so ist es auch unsere Neandertalergeschichte, die wir erzählen.

Glossar

Altpaläolithikum
ältere Altsteinzeit, Zeit des *Homo erectus / Homo heidelbergensis*; in Europa vor ca. 1 000 000 bis vor 300 000 Jahren

Ante-Neandertaler
ältester bekannter Vorfahr des Neandertalers mit noch sehr schwach ausgeprägten Neandertalermerkmalen

Blattspitze
Steinspitze, die die Form eines Blattes hat und beidseitig bearbeitet ist

Brörup
gemäßigte Klimaphase der letzten Kaltzeit, vor ca. 100 000 Jahren

^{14}C-Methode
Die Radiokohlenstoffdatierung ist eine Methode zur Altersbestimmung von Materialien bis zu einem Alter von 50 000 Jahren, deren Grundlage der Zerfall des Kohlenstoffisotops ^{14}C ist.

Cleaver
Spalter; keilartiges Werkzeug, dessen Schneide quer zur Längsachse steht; meist aus Abschlägen hergestellt

Dendriten
dunkle, pflanzenförmige Mineralablagerungen aus eisen- oder manganhaltigen Lösungen auf der Oberfläche von Knochen

DNA/DNS
Desoxyribonucleic acid/Desoxyribonukleinsäure; in einer Doppelhelix angeordnetes Molekül, das die primäre genetische Erbinformation trägt

DNS-Sequenz
die Abfolge der Basen innerhalb der DNS

Durchgangshöhle
Höhle mit mehreren Eingängen

Eem-Interglazial
Warmphase vor 127 000 bis 115 000 Jahren; nach dem holländischen Fluss Eem benannt

Eiszeitalter
Abschnitte der Erdgeschichte, in denen das Klima durch extreme Wechsel von Warm- und Kaltphasen gekennzeichnet ist

Enzym
Substanz, die als Katalysator für chemische Reaktionen wirkt

Erosion
Abtragung von Gestein oder Erde durch Eis, Wasser oder Wind

Exhumieren
einen bestatteten Leichnam wieder ausgraben

Faustkeil
steinzeitliches Werkzeug, das auf beiden Seiten bearbeitet ist

Faustkeilblatt
sehr dünn gefertigter Faustkeil

Femur
Oberschenkelknochen

Feuerstein
Gestein mit glasähnlichem Bruchverhalten, das in Knollen oder Platten vorkommt

Fossilien
Überreste von Pflanzen und Tieren der Erdgeschichte

Gattung
in der Systematik den Arten übergeordnete Einheit

Genetik
Vererbungslehre

Genfluss
Austausch von Genen zwischen Populationen

Genom
Gesamtheit der in einer Zelle vorhandenen Erbanlagen

Genpool
Gesamtheit der Gene in einer Bevölkerung zu einer bestimmten Zeit

Genus
Gattung

Geschiebe
Gesteinsstück, das vom Gletschereis bewegt wurde

Glazial
Eiszeit

Grabungshorizont
Grabungsschicht, in der Artefakte einer bestimmten Entwicklungs- oder Kulturstufe nachweisbar sind

Habitat
Lebensraum einer Tier- oder Pflanzenart

Hämatit
Eisenmineral (Fe_20_3), das zerrieben und mit Wasser vermischt einen leuchtend roten Farbton ergibt

Höhlenbär
ausgestorbene Bärenart

Holozän
jüngste Abteilung des Quartärs; geologische Gegenwart. Geologen sind heute sicher, dass das Holozän lediglich eine Warmphase zwischen zwei Kältephasen darstellt

Hominiden
Familie der fossilen und modernen Menschen

Hominoiden
Überfamilie, beschreibt fossile und moderne Menschen sowie Menschenaffen und Gibbons (Menschenartige)

Hornstein
Feuerstein

Hybride
Mischling; ein Organismus, der aus der Kreuzung zweier Arten hervorgegangen ist

Interglazial
Warmzeit zwischen zwei Eiszeiten

Interstadial
Warmphase innerhalb einer Eiszeit

Isotop
Atom, das sich nur durch die Anzahl der Neutronen im Kern von einem anderen des gleichen chemischen Elements unterscheidet. Die chemischen Eigenschaften sind bei unterschiedlichen Isotopen gleich. Es gibt stabile und radioaktive Isotope. Die radioaktiven Teilchen zerfallen mit einer isotopenspezifischen Halbwertszeit.

Jungpaläolithikum
jüngere Altsteinzeit, vor ca. 40000 bis 14 000 Jahren

Jungpleistozän
Zeitraum vor ca. 127000 bis 11500 Jahren (= Beginn des Eem-Interglazials bis zum Ende der letzten Kältephase)

Kalksinter
aus wässriger Lösung ausgefällter Kalk

Karstformation
Felsformation, die durch chemische Stoffe aus Kalkgestein herausgelöst wurde

Kieselschiefer
Gestein aus Kieselskeletten mikroskopisch kleiner Meeresbewohner

Lamelle
Klinge mit einer Breite unter einem Zentimeter

Leitfossil
versteinerter Organismus, der typisch für einen bestimmten Zeitabschnitt ist

Levallois-Kern
speziell präparierter Kern; typisch für die Zeit des Neandertalers

Löss
gelbe bis gelbgraue Staubablagerung

Magdalénien
Kulturstufe vor 18000 bis 14000 Jahren

Mesolithikum
Mittelsteinzeit; Zeit der nacheiszeitlichen Jäger- und Sammlerkulturen; in Mitteleuropa bis zum Auftauchen der jungsteinzeitlichen Ackerbaukulturen vor rund 7500 Jahren

Mitochondrien
Zellorgane, in denen durch Sauerstoffverbrennung Energie gewonnen wird (Kraftwerke der Zelle)

Mittelpaläolithikum
mittlere Altsteinzeit; vor 300000 bis 35000 Jahren

Mittelpleistozän
Abschnitt des Pleistozäns vor 700000 bis 127000 Jahren

Morphologie
Wissenschaft von den Gestalten und Formen allgemein; in der Medizin und Biologie speziell die

Wissenschaft von der Gestalt und dem Bau des Menschen, der Tiere und der Pflanzen

Morphometrie
Gestaltmessung; Ausmessung der äußeren Form (z. B. von Körpern oder Organismen)

Moustérien
nach dem französischen Fundort Le Moustiers, Kulturstufe der älteren Altsteinzeit. Gerätschaften dieser Periode von der Iberischen Halbinsel markieren das Ende der Neandertaler

mt-DNS
Träger genetischer Information, der im Gegensatz zur Kern-DNS nicht im Zellkern, sondern nur in den Mitochondrien zu finden ist. Die mt-DNS wird nur von der Mutter vererbt.

Paläander
griechisch: «alter Mensch»; F. C. J. Mayer bezeichnete den Neandertaler zunächst so

Paläoanthropologie
Wissenschaft von den fossilen Menschenartigen (neben den verschiedenen Menschentypen auch die Menschenaffen und Gibbons)

Paläogenetik
Teilbereich der Genetik, der sich mit fossilen Organismen beschäftigt

Paläolithikum
Altsteinzeit; vor einer Million bis 11 500 Jahren

Paläontologie
Wissenschaft von den Lebewesen vergangener Erdperioden

Pathologie
Wissenschaft von den Krankheiten, ihrer Entstehung und den von ihnen hervorgerufenen organisch-anatomischen Veränderungen

Pleistozän
Zeit vor 2,4 Millionen bis 11 300 Jahren

Polygynie
Eheform, bei der es einem Mann gestattet ist, mehr als eine Frau zu heiraten

Population
Gesamtheit der Individuen einer Art in einem definierten Raum

Präneandertaler
unmittelbare Vorfahren der Neandertaler

Primaten
«Herrentiere»; eine die Halbaffen, Affen und Menschen umfassende Ordnung der Säugetiere

Profil
senkrechter Schnitt durch ein Stück der Erdkruste; die Sedimentschichten bilden aufeinander geschichtete Lagen, die sich in Farbe und Körnung voneienander unterscheiden

Quartär
umfasst Pleistozän und Holozän; jüngstes Erdzeitalter

Quarzit
Gestein, das zur Herstellung

von Steingeräten verwendet wurde

Retuscheur
Werkzeug für das Bearbeiten von Steingerätekanten

Rückenmesser
Steingerät mit einer scharfen Längskante und einem flachen Rücken

Sediment
abgelagerte Schicht aus Sand, Kies oder Löss

Sondage
Suchgrabung

Stratigraphie
Schichtkunde; Teilgebiet der Geologie

Tertiär
Stufe der Erdneuzeit; vor 65 bis 2,4 Millionen Jahren

Topographie
Beschreibung und Darstellung geographischer Örtlichkeiten

Typusexemplar
namengebendes Fossil

Überaugenwulst
durchgehender, hervorragender Knochenbogen über den Augenhöhlen von Primaten

Urgeschichte
Wissenschaft zur Erforschung der Menschheitsgeschichte von den Ursprüngen bis zum Auftauchen erster schriftlicher Zeugnisse

Varietät
Spielart, Bezeichnung der biologischen Systematik für abweichende Formen innerhalb einer Art

Fundorte

Anmerkungen

Der Tote aus dem Kalk

1 Aus: «Sieh her, hier bin ich Ehrenkönig», vgl. Husemann, S. 8
2 Vgl. Eggers, 1959, S. 60
3 Fuhlrott, 1859, S. 137
4 Schaaffhausen, 1859, S. 167f.
5 Fuhlrott, 1859, S.153
6 Mayer, 1864, S. 14–21
7 Brief Pruner-Buy 1863 an Schaaffhausen, zit. nach Zängl-Kumpf, 1990
8 Virchow, 1872, S. 159 u. 162f.
9 Fuhlrott, 1859, S. 137
10 Schaaffhausen, 1866, S. 48
11 Fuhlrott 1851, S.134f.

Europa vor 42 000 Jahren

1 Vgl. Koenigswald, 2002 und 2006
2 Wighart von Koenigswald, 2006
3 Wighart von Koenigswald, 2006
4 Schmitz, S. 123
5 Vestermann, S. 68ff.
6 Wighart von Koenigswald, 2006
7 Koenigswald et al. 1974 und 1975
8 Husemann, S. 73
9 Vgl. MacPhee, 2001
10 Katharina II, Brief an Voltaire, 1771

Starke Typen

1 Zollikofer, 2006
2 Vgl. Schmitz und Thissen, 2000
3 Marcia Ponce de León, Interview 2005

4 Zollikofer und Ponce de León, 2006
5 Laughlin, S. 79
6 Larsen, 2001, S. 69
7 Michael Schultz, Interview 2006

Der Jäger des Mammuts

1 Naumann, 1932, S. 224
2 Richards, Interview in der ZDF-Dokumentation «Der Neandertaler», 2006
3 Ibid.
4 Flannery, 2006, S. 98f.
5 Cachel, 1997, S. 579f.
6 Schley, 2002, S. 8
7 Müller, 1989
8 Vgl. Finlayson, 2004, S. 98f.
9 Binford, 1992, S. 366
10 Stringer und Gamble, 1993, S. 163f.
11 Thieme und Veil, 1985, S. 44
12 Farizy, 1994, S. 239f.
13 Verkateswar, 1999, S. 58f.
14 Goodall, 1963, S. 39f.
15 Vgl. Bartsch, Schulze und Tetzlaff, 1991, S. 16
16 Janmart, 1952, S. 21
17 Morwood, Interview in «Hobbits – Die Zwerge vom Ende der Welt», National Geographic / ZDF, 2004
18 Haury, 1953, zit. nach Lund und Möller-Wiering, 1991
19 Ibid., S. 30
20 Berger, 1928, S. 97f.
21 Ibid.
22 Thieme, 1997, S. 807f.
23 Kuhnert, 1918, S. 69f.
24 Gamble, 1994, S. 37

Hightech im Neandertal

1 Michael Bolus und Ralf W. Schmitz, 2006, S. 89
2 Vgl. Müller, 1989

3 Interview in «Der Neandertaler»
4 Pawlik, Interview im Zusammenhang mit der ZDF-Dokumentation «Der Neandertaler», 2006
5 Hardy, 2004, S. 547 f.
6 Müller Beck: Interview ZDF 2006

Schöngeist Neandertaler

1 Kraft, 1942, S. 99
2 Tattersall, 1995, S. 164 f.
3 Vgl. Liebermann, 1989, S. 391 f.
4 Blood und Zatorre, 2001
5 Reynolds, 1965
6 Tattersall, S. 164 f.
7 Mania, 1990
8 Vgl. Lorblandet. In: Burdukiewicz, 2003, S. 51 f.
9 Zilhão, S. 47
10 Terberger und Street, S. 584
11 Conard, S. 584
12 Johanson, S. 102
13 Tattersall, S. 230

Eiszeitmediziner

1 Schultz, Interview in «Der Neandertaler», ZDF 2006
2 Binford, 1985, S. 292 f.
3 Solecki, 1975, S. 880
4 Sommer, 1999, S. 127–130
5 Solecki, 1971
6 Wolters, 2000
7 Hürter, Rösing nach Braem, S. 71
8 In der Dokumentation «Homo Sapiens», Teil 2, ZDF 2004
9 Vgl. S. 157
10 Wolters, 2000
11 Kenneth Kamler: Überleben in der Todeszone. Bergisch Gladbach 2004, Seite 12 f.
12 Vgl. hierzu auch Karen R. Rosenbergs Thesen zur Geburtshilfe, Seite 102

Schädelkulte und Schamanen

1 Emil Bächler, S. 17
2 Koby, S. 103
3 Blanc, S. 211 f.
4 White und Toth, 1991, S. 123
5 Braem, 1987, S. 97 f.
6 Rohrbach, 2006
7 Hamer, S. 174
8 Newberg, S. 53

Kannibalismus

1 Gorjanović-Kramberger, 1906, S. 268
2 Neumann, Carl W., S. 113
3 Conan Doyle, 1890, S. 113
4 Venkateswar, 1999, S. 58 f.
5 Defleur 1999, S. 11
6 Eibl-Eibesfeld, S. 79
7 Schley, 2002, S. 8
8 Eibl-Eibesfeld, S. 80
9 Russell, 1987, S. 381 f.
10 Ullrich, S. 64
11 Bergounioux, Sibeth, Haberstein

Die Neandertalerin

1 Richter, 2006
2 Schley, 2002, S. 8
3 Binford, 1985, S. 292 f.
4 Stewart und Harcourt, 2003, S. 113
5 Morris, 1967
6 Spuhler, 1968, S. 128 f.
7 De Waal, 1998, S. 109
8 Ibid.
9 Parish, 1993, S 157 f.
10 Venkateswar, 1999, S. 60
11 Rosenberg, 2002, S. 30 f.

12 Ibid.
13 Wolters, 2000, S. 79
14 Hodgeschurz, 1992, S. 110f.
15 Hrdy, 1999, S. 58
16 Ibid., S. 63

Gene lügen nicht

1 Wilson und Sanch, 1969, S. 1088–1093
2 Higuchi, 1999, S 282–284
3 Mullis, 1987
4 Bei dieser Methode wird im Grunde genommen im Reagenzglas die Verdopplung der DNS-Stränge nachempfunden, wie sie in jeder Zelle stattfindet. Um an die wertvollen Erbinformationen überhaupt heranzukommen, muss man zunächst die an sich recht stabile Doppelhelix-Struktur des DNS-Moleküls zerstören. Das gelingt beispielsweise durch Erhitzen. Wie ein Reißverschluss öffnet sich das Riesenmolekül in zwei Stränge. Aus jedem Einzelstrang ragen quasi als Zähne des Reißverschlusses die Bausteine des Lebens, die Basen Adenin, Cytosin, Guanin und Thymin, hervor.
Um aus den beiden Einzelsträngen jeweils wieder vollständige DNS-Moleküle herstellen zu können, benötigt man nun noch einen Vorrat an Basen und einen «Handwerker», der die Bausteine des Lebens so an die beiden halben Moleküle anlagert, dass am Ende zwei komplette DNS-Stränge vorhanden sind. Diese Aufgabe übernimmt das Enzym Polymerase. Es sorgt dafür, dass die in der Lösung schwimmenden Basen an ganz bestimmte Partnerbasen angelagert werden. So passt Adenin nur an Thymin und Cytosin nur an Guanin. In nur 3 Stunden und nach etwa 30 Durchläufen kann das erstaunliche Protein auf diese Weise weit über eine Milliarde identischer Kopien des Ursprungsmoleküls herstellen.
5 Svante Pääbo, Interview in «Der Neandertaler», ZDF 2006
6 Svante Pääbo, Interview in «Der Neandertaler», ZDF 2006
7 Svante Pääbo, Interview in «Der Neandertaler», ZDF 2006
8 Svante Pääbo, Interview in «Der Neandertaler», ZDF 2006

Mensch versus Mensch

1 O'Connell, 2004
2 Zubrow, 1989, S. 212–231
3 Bräuer, 1997, S. 239
4 van Andel, 2004

Bildnachweis

Jan Prillwitz, Mainz: Tafeln 1, 10, 11 oben. Aus: Ralf W. Schmitz & Jürgen Thissen, Neandertal. Die Geschichte geht weiter, 2002 © Elsevier GmbH, Spektrum Akademischer Verlag, Heidelberg: Tafeln 2 oben (Foto: Horst Hütten, Mettmann), 3 rechts. Aus: Illustrirte Zeitung, Leipzig, Berlin, Wien, Budapest, New York, Nr. 2589, 11. Februar 1893, S. 151: Tafel 2 unten links. Manfred Schürmann, Düsseldorf: Tafel 2 unten rechts. akg-images, Berlin: Tafeln 3 links, 4 oben. Rheinisches Landesmuseum, Bonn: Tafel 4 unten (Foto: F. Willer). Michael Schultz, Göttingen: Tafel 5. picture-alliance/dpa, Frankfurt am Main: Tafel 6 oben. Landesamt für Denkmalpflege und Archäologie Sachsen-Anhalt, Halle: Tafel 6 unten (Foto: Juraj Lipták). ZDF, Mainz (Foto: Jan Prillwitz): Tafeln 7, 9, 11 unten, 12. Ruth Omphalius, Mainz: Tafel 8 oben. Rheinisches Landesmuseum, Bonn/ZDF, Mainz: Tafel 8 unten (Foto: Manufaktur).

Literatur

Allgemeines

Auffermann, Bärbel und Orschiedt, Jörg: Die Neandertaler. 2002
Bolus, M. und Schmitz, Ralf W.: Der Neandertaler. Ostfildern 2006
Bosinski, Gerhard: Der Neandertaler und seine Zeit. – Archäologie im Ruhrgebiet. 1993
Burla, Hans: Darwin und sein Werk. In: NGZ-Neujahrsblatt 1959
Johanson, D. und Edgar, B.: Lucy und ihre Kinder. Heidelberg, Berlin 1998
Krause, E.-B. (Hrsg.): Die Neandertaler. Feuer im Eis. Gelsenkirchen-Schwelm 1999
Kuckenburg, M.: Lag Eden im Neandertal? Auf der Suche nach dem frühen Menschen. Düsseldorf 1997
Mania, D.: Die ersten Menschen in Europa. Sonderheft Archäologie in Deutschland. Stuttgart 1998
Meister, M.: Der verkannte Mensch. In: GEO 4, 22–53
Orschiedt, Jörg, Auffermann, Bärbel und Weniger, G.-C. (Hrsg.): Familientreffen. Deutsche Neandertaler 1896–1999. Mettmann 1999
Schmitz, Ralf W. und Thissen, Jürgen: Neandertal. Die Geschichte geht weiter. Heidelberg, Berlin 2000

Evolution/Forschung

Bonani, G., Hofmann, H.-J. und Synal, H.-A.: Zehn Jahre Beschleunigermassenspektrometrie in der Schweiz. In: PSI Proceedings 1991
Continenza, B.: Darwin. Ein Leben für die Evolutionstheorie. 1999
Darwin, Charles: Über die Entstehung der Arten durch natürliche Zuchtwahl. Stuttgart 1876
Darwin, Charles: Die Abstammung des Menschen und die geschlechtliche Zuchtwahl. In: Darwins gesammelte Werke. Bd. 5/6, Stuttgart 1903

Geo Epoche 1: Das Millennium. Bilanz eines Jahrtausends. Die wichtigsten Erfindungen. Hamburg 1999

Laughlin, William S.: Aleutische Jäger, zitiert nach George B. Dyson: «Das Kajak der Aleuten.» In: Spektrum der Wissenschaft, 9/2000

Sibeth, A.: Mit den Ahnen leben. Batak, Menschen in Indonesien. Stuttgart/London 1990

Stringer, C. B. und Gamble, C.: In Search of the Neanderthals: Solving the Puzzle of Human Origins. London 1993

Tanner, Nancy M.: Wie wir Menschen wurden. Frankfurt/New York 1994

Tattersall, Ian: Puzzle Menschwerdung. Auf der Spur der menschlichen Evolution. Heidelberg, Berlin 1997

Der Tote aus dem Kalk

Drell, J. R. R.: Neanderthals. A history of interpretation. In: Oxford Journal of Archaeology 19.1, 1–24, 2000

Eggerath, H.: Im Gesteins. Das ursprüngliche Neandertal in Bildern des 19. Jahrhunderts. In: Bergische Forschung, Bd. 26. Köln 1996

Eulner, L. und Schürmann, M.: Steinbruchlandschaft Neandertal. In: Niederbergische Geschichte, Bd. 1, 1994

Fuhlrott, J. C.: Menschliche Ueberreste aus einer Felsengrotte des Düsselthals. Ein Beitrag zur Frage über die Existenz fossiler Menschen. Verhandlungen des naturhistorischen Vereins der preußischen Rheinlande und Westphalens 16, 131–153. Bonn 1859

Fuhlrott, J. C. und Schaaffhausen, H.: Verhandlungen des naturhistorischen Vereins der preußischen Rheinlande und Westphalens 14, 50–52. Bonn 1857

Lyell, C.: The geological evidence of the antiquity of man. London 1863

Narr, K.-J. und Weniger, G.-C. (Hrsg): Der Neandertaler und sein Entdecker: Johann Carl Fuhlrott und die Forschungsgeschichte. Mettmann 2001

Schaaffhausen, H.: Zur Kenntnis der ältesten Rasseschädel. Jahrbücher und Jahresbericht des Vereins für mecklenburgische Geschichte und Altertumskunde 24, 167–188. Schwerin 1859

Schaaffhausen, H.: Der Neanderthaler Fund. Bonn 1888

Virchow, R.: Untersuchung des Neanderthal-Schädels. In: Zeitschrift für Ethnologie 4, 157–165, 1872

Zängl-Kumpf, U.: Herrmann Schaaffhausen (1816–1893). Die Entwicklung einer neuen physischen Anthropologie im 19. Jahrhundert. Frankfurt 1990

Europa vor 42000 Jahren

Avigliano, R., Di Anastasio, G., Improta, S., Peresani, M., Ravazzi, C.: A new late glacial to early Holocene palaeobotanical and archaeological record in the Eastern Pre-Alps: the Palughetto basin (Cansiglio Plateau, Italy). In: Journal of Quaternary Science, Vol. 15 (8), 2000
Klostermann, J.: Das Klima im Eiszeitalter. Stuttgart 1999
Koenigswald, Wighart von: Lebendige Eiszeit. Klima und Tierwelt im Wandel. 2002
Koenigswald, Wighart von: Die Tierwelt als Schlüssel für die Umwelt des frühen Menschen in Mitteleuropa. In: roots. Ausstellungskatalog. Bonn 2006
Küster, H.: Geschichte der Landschaft in Mitteleuropa. Von der Eiszeit bis zur Gegenwart. München 1995
Lang, G.: Quartäre Vegetationsgeschichte Europas. Jena, Stuttgart, New York 1994
Larsen, Clark Spencer: Die Indianer von La Florida. In: Spektrum der Wissenschaft. 5/2001
Liedtke, H. (Hrsg.): Eiszeitforschung. Darmstadt 1999
MacPhee, Ross: «How did the Mammoth Die?» Discovery Channel, 7. März 2001
Vespermann, J.: Geologie und Paläontologie des Eiszeitalters. In: Boetzkes, M., Schweitzer, I. und Vespermann, J. (Hrsg.): EisZeit. Das große Abenteuer der Naturbeherrschung. Hildesheim/Stuttgart 1999

Starke Typen

Gerassimow, M. M.: Ich suche Gesichter. Gütersloh 1968
Hublin, J. J., Spoor, F., Braun, M. und Condemi, S.: A late Neandertal associated with Upper Paleolithic artifacts. In: Nature 381, 224–226
Moser, S.: Ancestral images. The iconography of human origin. Stroud 1998
Ponce de León, M. S. and Zollikofer, Christoph P. E.: New evidence from Le Moustier 1: Computer-assisted reconstruction and morphometry of the skull. In: The Anatomical Record 254. 1999, 474–489

Prag, J. and Neave, Richard: Making Faces. Using Forensic and Archaeological Evidence. London 1997
Stringer, C. and Gamble, C.: In Search of the Neanderthals. Solving the puzzle of Human Origins. New York 1995
Trinkaus, E. und Shipman, P.: Die Neandertaler. Spiegel der Menschheit. München 1993
Winkler, E.-M.: Methoden der Weichteilrekonstruktion. In: Knußmann, R. (Hrsg.): Handbuch der vergleichenden Biologie des Menschen. Wesen und Methoden der Anthropologie. Band 1. Stuttgart, New York 1988
Zollikofer, Christoph P. E., Ponce de León, M. S., Martin, R. D. and Stucki, P. (1995): Neanderthal computer skulls. Nature 375, 283–285
Zollikofer, Christoph P. E. and Ponce de León, M. S. (1995): Tools for rapid prototyping in the biosciences. In: IEEE Comp. Graph. Appl. 15, 48–55.
Zollikofer, Christoph P. E., Ponce de León, M. S. and Martin, R. D. (1998): Computer-assisted paleoanthropology. In: Evol. Anthropol. 6, 41–54

Kultur

Bartsch, Andreas; Schulze, Niklas und Tetzlaff, Marcus: Elefantenjagd in Lehringen. In: Jagdtechniken der Steinzeit. Verden 1991
Bergounioux, F. M.: Notes on the Mentality of Primitive Man. In: Washburn, S. L. (Hrsg.): Social Life of Early Man. London 1961, S. 106–117
Binford, Lewis R.: Debating Archaeology. San Diego/New York 1989
Churchill, Steven E. and Snith, Fred: Makers of the Early Aurignacian of Europe. In: American Journal of Physical Anthropology 43. 2000
d'Errico, Francesco and Zilhão, João: The Chronology of the Earliest Aurignacien and its Implications for Neanderthal Extinction. In: Journal of World Prehistory 13. 1999
Haberstein, R. W. and Lamers, W. M.: Funeral Customs the World Over. Milwaukee 1963
Husemann, Dirk: Die Neandertaler. Genies aus der Eiszeit. Frankfurt, New York 2005
Johanson, Donald und Blake, Edgar: Lucy und ihre Kinder, Heidelberg 1998
Koby, Édouard: Les vavernes du cours moyen du Doubs. In: Actes de la Société jurassienne d'emulation 48. 1945
Kraft, Georg: Der Urmensch als Schöpfer. Berlin 1942, S. 99

Müller, E. Wilhelm: Geschlechterrollen bei den Inuit. Wandel im hohen Norden und in der wissenschaftlichen Darstellung

Neumann, Carl W.: Das Werden des Menschen und der Kultur. Leipzig 1932. S. 224

Tattersall, Ian: Neandertaler. Streit um unsere Ahnen. Basel 1995

Die Jäger des Mammuts

Adam, K. D.: Der Waldelefant von Lehringen, eine Jagdbeute des diluvialen Menschen. 1951

Berger, Arthur: Die Jagd aller Völker im Wandel der Zeit. Berlin 1928

Cachel, Susan: Dietrary Shifts and the European Upper Palaeolithic Transition. In: Current Anthropology 38/1997, S. 579–603

Farizy, C., David, J. et Jaubert, J.: Hommes et Bisons du Paléolithique Moyen à Mauran (Haute-Garonne). Gallia-Préhistoire Supplément 30. Paris 1994

Flankery, Kent: Bread Spectrum Revolution. In: Peter J. Ucko/G. W. Dimpley (Hrsg.): The Domestication and Exploitation of Plants and Animals. Chicago 1969, S. 73–100

Fraedrich, Wolfgang: Spuren der Eiszeit. Landschaftsformen in Europa. Berlin, Heidelberg 1996

Gamble, Clive. In: Barry Cunliffe (Hrsg.): The Oxford Illustrated Prehistory of Europe. Oxford 1994

Gaudzinski, S.: Ein mittelpaläolithisches Rentierjägerlager bei Salzgitter-Lebenstedt. In Boetzkes, M., Schweitzer, I. und Verspermann, J. (Hrsg.): EisZeit. Das große Abenteuer der Naturbeherrschung. Hildesheim/Stuttgart 1999, S. 165–176

Goodall, Jane von Lawick: Feeding Behaviour of Wild Chimpansees – A Primary Report. In: Symposia of the Zoological Society of London. Nr. 10. 1963, S. 39–48

Haunry, E. W.: Artefacts with Mammoth Remains, Naco, Arizona. In: American Antiquity 19/1. 1953

Kuhnert, Wilhelm: Im Land meiner Modelle. Leipzig 1918

Lampe, Heike, Nowatzyk, Gabriele und Subbert, Julian: Was geschah in Lehringen. In: Jagdtechniken der Steinzeit. Begleitheft zur Ausstellung. Hamburg/Verden 1991

Lund, Marquardt und Möller-Wiering, Susan: Mammutjagd in Nordamerika. In: Jagdtechniken der Steinzeit. Verden 1991

Mania, D.: Auf den Spuren des Urmenschen. Die Funde von Bilzingsleben. Stuttgart 1990

Neumann, Carl W.: Das Werden des Menschen und der Kultur. Leipzig 1932

Reynolds, Vernon and Reynolds, Frances: Chimpanzees of the Budongo Forest. In: Irven De Vore (Hrsg.): Primate Behaviour – Field Studies of Monkeys and Apes. New York 1965, S. 425–473

Reynolds, Vernon and Frankie: Status of Chimpanzees in Uganda. 1965

Stringer, Christopher and Gamble, Clive: In Search of the Neandertals. London 1993

Thieme, Hartmut: Lower Palaeolithic Hunting Spears from Germany. In: Nature 385/1997, S. 807–810

Thieme, Hartmut und Veil, Stephan: Neue Untersuchungen zum Elefantenjagdplatz Lehringen. In: Die Kunde. 1985

Verkateswar, Sita: Die Adamanen-Insulaner. In: Spektrum der Wissenschaft, 7/1999

Hightech im Neandertal

Barton, N.: Mousterian Hearths and Shellfish: Late Neanderthal Activities on Gibraltar. In: Stringer, C. B., Barton, R. N. E. and Finlayson, J. C.: Neanderthals on the edge. Oxford 2000, 211–220

Berger, T. D. and Trinkaus, E.: Patterns of Trauma among the Neanderthals. In: Journal of Archaeological Science 22. 1995, 841–852

Binford, L. R.: Ancient Men and Modern Myths. New York (Academic Press) 1981

Binford, L. R.: Changing Views of Behavior. In: J. Anthrop. Arch. 4 1985

Bocherens, H., Fizet, M., Mariotti, A., Langer-Badre, B., Vandermeersch, B., Borel, J.-P. and Bellon, G.: Isotopic biochemistry (13C, 15N) of fossil vertebrate collagen application to the study of a past food web including Neanderthal man. In: Journal of Human Evolution 20. 1991, 281–492

Bocherens, H., Billiou, H., Mariotti, A., Toussaint, M., Patou-Mathis, M., Bonjean, D. und Otte, M.: New isotopic evidence for dietary habits of Neanderthals from Belgium. In: Journal of Human Evolution 40. 6. 2001, 497–505

Conard, N. J., Prindiville, T. J.: Hunting economies of the Rhineland. In: International Journal of Osteoarchaeology 10. 2000, 286–309

Defleur, A., Dutour, O., Valladas, H. and Vandermeersch, B.: Neanderthal Cannibalism at Moula-Guercy, Ardèche, France. 1999

d'Errico, F., Villa, Pinto Llona, A. C., Ruiz Idarraga, R.: A middle Paleolithic origin of music? Using cave-bear bon accumulations to assess the Divje Babe I bone «flute». In: Antiquity 72. 1998, 65–79

d'Errico, F. and Soressi, M.: Systematic use of manganese pigment by Pech-de-l'Azé Neandertals: implications for the origin of behavioral modernity. In: Journal of Human Evolution 42/3, A13, 2002

d'Errico, F., Zilhão, J., Julien, M., Baffier, D. and Pelegrin, J.: Neanderthal acculturation in Western Europe? A critical review of the evidence and its interpretation. Current Anthropology 39, Supplement 1–44, 1998

Grünberg, J. M., Graetsch, H., Baumer, U. und Koller, J.: Untersuchung der mittelpaläolithischen «Harzreste» von Königsaue, Ldkr. Aschersleben-Staßfurt. In: Jahresschrift für mitteldeutsche Vorgeschichte 81. 1999, 7–38

Kahlke, H. D.: Kleber aus der Urzeit. In: GEO 5/2001, 215–217

Omphalius, Ruth: Planet des Lebens. Köln 1996

Orschiedt, Jörg: Manipulation an menschlichen Skelettresten. Taphonomische Prozesse, Sekundärbestattungen oder Kannibalismus? In: Urgeschichtliche Materialhefte 13, Tübingen 1999

Owen, L.: Der Gebrauch von organischen Materialien bei den Indianern und Inuit und seine Bedeutung für die Urgeschichte. In Ethnographisch-archäologische Z. 33. 1992, 25–34

Patou-Mathis, M.: Neanderthal subsistence behaviours in Europe. In: International Journal of Osteoarchaiology 10. 2000, 379–395

Pettitt, P. B.: Neanderthal lifecycles: Developmental and social phases in the lives of the last archaics. In: World Archaeology 31/3. 2000, 351–366

Richards, M. P., Pettitt, P. B., Stiner, M. C. and Trinkaus, Erik: Stable isotope evidence for increasing dietary breadth in the European mid-Upper Paleolithic. In: Proceedings of the National Academy of Science 98.11. 2001, 6528–6532

Russel, M. D.: Bone breakage in the Krapina hominid collection. In: American Journal of Physical Anthropology 72. 1987, 373–379

Russel, M. D.: Mortuary practices at the Krapina neanderthal site. In: American Journal of Physical Anthropology 72. 1987, 381–397

Schley, Gernot: Indianer. Der Traum vom Jahrtausend der indigenen Völker. 2002

Shea, J. J.: Middle Paleolithic spear point technology. In: Knecht, H.: Projectile Technology. New York 1997, 79–106
Steguweit, L.: Intentionelle Schnittmarken auf Tierknochen von Bilzingsleben – Neue lasermikroskopische Untersuchungen. In: Praehistoria Thuringica 3. 1999, 64–79
Thieme, H.: Altpaläolithische Holzgeräte aus Schöningen, Ldkr. Helmstedt. In: Germania 77. 1999, 451–487
Thieme, H. und Veil, S.: Neue Untersuchungen zum eemzeitlichen Elefanten-Jagdplatz Lehringen, Ldkr. Verden. In: Die Kunde N. F. 36. 1985, 11–58
Trinkaus, Erik: Cannibalism and burial at Krapina. In Journal of Human Evolution 14/2. 1985, 203–216
Trinkaus, Erik: Neanderthal Mortality Patterns. In: Journal of Archaeological Science 22. 1995, 121–142
Villa, P. and d'Errico, F.: Bone and ivory points in the Lower and Middle Paleolithic of Europe. In: Journal of Human Evolution 41. 2001, 69–112

Schöngeist Neandertaler

Blood, Anne J. and Zatorre, Robert I.: Intensely pleasurable responses to music correlate with activity in brain regions implicated in reward and emotion. Montreal 2001
Conard, Nikolas u. a.: Unexpectedly Recent Dates for Human Remains from Vogelherd. In: Nature 430/2004, S. 200
Liebermann, Philip: The Origins of Some Aspects of Human Language and Cognition. In: Mellars, Paul and Stringer, Christopher (Hrsg.): The Human Revolution. Behavioural and Biological Perspectives in the Origin of Modern Humans. Edinburgh 1989, S. 391–414
Lorblanchet, Michel: Zitiert in von Berg, Axel: Mittelpaläolithische Siedlungsstrukturen ... In: Burdukiewicz (Hrsg.): Erkenntnisjäger – Festschrift für Dietrich Mania. Halle 2003
Mania, Dietrich: Auf den Spuren des Urmenschen. Die Funde von Bilzingsleben. Stuttgart 1990
Marshack, Alexander: A Middle Paleolithic Symbolic Composition from Golan Hights. In: Current Anthropology 31/1996, S. 357–365
Terberger, Thomas und Street, Martin: Jungpaläolithische Menschenreste im westlichen Mitteleuropa und ihr Kontext. In: Burdukiewicz (Hrsg.): Erkenntnisjäger – Festschrift für Dietrich Mania, Halle 2003

Eiszeitmediziner

Binford, Lewis R.: Human ancestors: Changing views of their behavior. In: Journal of Anthropological Archaeology 4. 1985
Solecki, Ralph: Shanidar IV – a Neandertal Flower Burial in Northern Iraq. In: Science 190. 1975
Sommer, Jeffrey D.: The Shanidar IV «Flower Burial» a Reevaluation of Neanderthal Burial Ritual. In: Cambridge Archaeological Journal 9. 1999
Wolters, Bruno: Zur Entwicklung der Altsteinzeitlichen Phytotherapie im westlichen Eurasien und der Indianischen Medizin in Sibirien und Nordamerika. Düsseldorfer Institut für amerikanische Völkerkunde. Düsseldorf 2000

Schädelkulte und Schamanen

Braem, Harald: Die magische Welt der Schamanen und Höhlenmaler. 1994
d'Aquili, Eugene und Newberg, Andrew: «Der gedachte Gott». 2004
Defleur, A. u. a.: Neanderthal Cannibalism at Moula-Guercy, Ardèche, France. In: Science 286, 1999
Eibl-Eibesfeldt, Irenäus: Krieg und Frieden aus der Sicht der Verhaltensforschung. München 1997
Hamer, Dean: The God Gene: How Faith is Hardwired into our Genes. 2004
Ullrich, Herbert: Kannibalismus im Paläolithikum. In: Schlette, F. und Kaufmann, D. (Hrsg.): Religion und Kultur in ur- und frühgeschichtlicher Zeit. Berlin 1989
Tattersall, Ian: Neandertaler. Der Streit um unsere Ahnen. Basel 1999
White, Tim D. and Toth, Nicholas: The Question of Ritual Cannibalism at Grotta Guattari. In: Current Anthropology 32. 1991

Kannibalismus

Ulrich, Herbert: Kannibalismus im Paläolithikum. In: Friedrich Schlette (Hrsg.): Religion und Kult in ur- und frühgeschichtlicher Zeit. Berlin 1989

Die Neandertalerin

Conan Doyle, Arthur: Das Zeichen der Vier. 1920. Originalausgabe 1890
Harcourt, Alexander and Stewart, Kelly: Gorilla Society. Conflict and compromises between the sexes. University of Chicago Press, 2003
Higuchi, Russel: The Quagga breeding project. In: Nature 312. 1984
Hrdy, Sarah B.: Mother Nature: A history of mothers, infants and Natural Selection. New York 1999
Morris, Desmond: Der nackte Affe. 1967
Murdock, George Peter: Ethnographic Atlas 1962–1980
Parish, Ami R.: Sex and food control in the «uncommon chimpanzee»: How bonobo females overcome a phylogenetic legacy of male dominance. In: Ethology and Sociobiology 15. 1993
Richter, Jürgen: Vielseitige Spezialisten: Die Archäologie der letzten Neandertaler. In: roots. Ausstellungskatalog. Bonn 2006
Rohrbach, Carmen: Botschaften im Sand. Reise zu den rätselhaften Nasca-Linien in Peru. 2006
Rosenberg, Karen R.: Hilfe bei der Geburt. In: Spektrum der Wissenschaft. Januar 2002, S. 30–35
Schley, Gernot: Indianer – Der Traum vom Jahrtausend der indigenen Völker. 2002
Spuhler, James N.: Assortive mating with respect to physical characteristics. Eugen 1968
Wilson, Allan and Sarch, V. M.: A molecular time scale for human evolution. 1969

Gene lügen nicht

Cann, Rebecca; Sarich, Vincent und Wilson, Allan: Mitochondrial DANN and Human Evolution. In: Nature 325. 1987, S. 31–36
Krings, M.: Neandertaler DNA-Sequenzen und der Ursprung des modernen Menschen. München 1998
Pääbo, Svante: Die Wurzeln der Menschheit – die Evolution des humanen Genoms. In: Die Architektur des Lebens – über Gene, Organismen und Personen. 2003

Mensch versus Mensch

Bar-Yosef, O. and Pilbeam, D. (Hrsg.): The Geography of Neanderthals and Modern Humans in Europe and the Greater Mediterranean. In: Peabody Museum Bulletin 8. Cambridge, Massachusetts 2000

Bocquet-Appelt, J.-P. and Demars, P. Y. : Neanderthal contraction and modern human colonization of Europe. In: Antiquity 74. 2000, 544–552

Fuhlrott, J. C.: Der fossile Mensch aus dem Neanderthal und sein Verhältniß zum Alter des Menschengeschlechts. Duisburg 1865

Hublin, J. J., Spoor, F., Braun, M., Zonneveld, F. and Condemi, S.: A late Neanderthal associated with Upper Palaeolithic artefacts. In: Nature 381, 224–226. London 1996

Pettitt, P. B.: Disappearing from the World: An archaeological perspective on Neanderthal extinction. In: Oxford Journal of Archaeology 18/3. 1999, 217–240

Richter, J.: Das Ende einer Menschenform. In: Archäologie in Deutschland. 2. 1998, 34–39

Stringer, C. B., Barton, R. N. and Finlayson J. C. (Hrsg.): Neanderthals on the Edge. In: Papers from a conference marking the 150th anniversary of the Forbes' Quarry discovery, Gibraltar. Oxford 2000